大飞机出版工程

民用飞机实时监控与健康管理技术

Real-time Monitoring and Health Management Technology for Civil Aircraft

徐庆宏 任 和 马小骏 等编著

上海交通大学出版社
SHANGHAI JIAO TONG UNIVERSITY PRESS

内容提要

本书介绍了民用飞机实时监控与健康管理涉及的各种关键问题及实现技术。全书分 10 章：第 1 章概述了 PHM 国内外发展现状、基本概念与内涵、民机 PHM 研究内容；第 2 章介绍了 PHM 系统的功能需求、设计方法、软件架构、硬件架构等总体架构设计因素；第 3 章介绍了传感器、信息系统接口、数据链路等机载实时监控系统关键技术及应用；第 4 章介绍了故障诊断的基本流程，基于维修类手册、系统原理及其他方法的故障诊断原理与方法；第 5 章介绍了故障模式分析与寿命预测技术；第 6 章介绍了飞机健康状态评估方法；第 7 章介绍了实时监控与健康管理系统验证技术；第 8 章介绍了健康管理技术对维修保障的影响以及基于 PHM 的维修决策与控制方法；第 9 章介绍了 PHM 系统的工程应用实例；第 10 章总结归纳了 PHM 相关国际标准。

本书可供工程技术人员参考，也可作为相关专业的教科书。

图书在版编目（CIP）数据

民用飞机实时监控与健康管理技术/徐庆宏,任和,马小骏 等 编著.—上海：上海交通大学出版社,2018

（大飞机出版工程）

ISBN 978 - 7 - 313 - 14851 - 3

Ⅰ.①民⋯ Ⅱ.①徐⋯②任⋯③马⋯ Ⅲ.①民用飞机－监视控制－研究 Ⅳ.①V267

中国版本图书馆 CIP 数据核字（2016）第 084997 号

民用飞机实时监控与健康管理技术

编　著：徐庆宏　任　和　马小骏　等	
出版发行：上海交通大学出版社	地　　址：上海市番禺路 951 号
邮政编码：200030	电　　话：021 - 64071208
出 版 人：谈　毅	
印　　制：苏州市越洋印刷有限公司	经　　销：全国新华书店
开　　本：710mm×1000mm　1/16	印　　张：17.75
字　　数：347 千字	
版　　次：2018 年 2 月第 1 版	印　　次：2018 年 2 月第 1 次印刷
书　　号：ISBN 978 - 7 - 313 - 14851 - 3/V	
定　　价：150.00 元	

版权所有　侵权必究
告读者：如发现本书有印装质量问题请与印刷厂质量科联系
联系电话：0512 - 68180638

大飞机出版工程

丛书编委会

总主编

顾诵芬（中国航空工业集团公司科技委原副主任、中国科学院和中国工程院院士）

副总主编

贺东风（中国商用飞机有限责任公司董事长）

林忠钦（上海交通大学校长、中国工程院院士）

编委会（按姓氏笔画排序）

王礼恒（中国航天科技集团公司科技委主任、中国工程院院士）

王宗光（上海交通大学原党委书记、教授）

李　明（中国航空工业集团沈阳飞机设计研究所科技委委员、中国工程院院士）

刘　洪（上海交通大学航空航天学院副院长、教授）

任　和（中国商飞上海飞机客户服务公司副总工程师、教授）

吴光辉（中国商用飞机有限责任公司副总经理、总设计师、中国工程院院士）

汪　海（上海市航空材料与结构检测中心主任、研究员）

张新国（中国航空工业集团副总经理、研究员）

张卫红（西北工业大学副校长、教授）

陈宗基（北京航空航天大学自动化科学与电气工程学院教授）

陈迎春（中国商用飞机有限责任公司 C919 飞机常务副总设计师、研究员）

陈　勇（中国商用飞机有限责任公司 ARJ21 飞机总设计师、研究员）

陈懋章（北京航空航天大学能源与动力工程学院教授、中国工程院院士）

金德琨（中国航空工业集团公司科技委委员、研究员）

赵越让（中国商用飞机有限责任公司副总经理、研究员）

姜丽萍（中国商用飞机有限责任公司总工程师、研究员）

敬忠良（上海交通大学航空航天学院常务副院长、教授）

曹春晓（中国航空工业集团北京航空材料研究院研究员、中国工程院院士）

傅　山（上海交通大学电子信息与电气工程学院研究员）

总　序

　　国务院在 2007 年 2 月底批准了大型飞机研制重大科技专项正式立项,得到全国上下各方面的关注。"大型飞机"工程项目作为创新型国家的标志工程重新燃起我们国家和人民共同承载着"航空报国梦"的巨大热情。对于所有从事航空事业的工作者,这是历史赋予的使命和挑战。

　　1903 年 12 月 17 日,美国莱特兄弟制作的世界第一架有动力、可操纵、比重大于空气的载人飞行器试飞成功,标志着人类飞行的梦想变成了现实。飞机作为 20 世纪最重大的科技成果之一,是人类科技创新能力与工业化生产形式相结合的产物,也是现代科学技术的集大成者。军事和民生对飞机的需求促进了飞机迅速而不间断的发展和应用,体现了当代科学技术的最新成果;而航空领域的持续探索和不断创新,为诸多学科的发展和相关技术的突破提供了强劲动力。航空工业已经成为知识密集、技术密集、高附加值、低消耗的产业。

　　从大型飞机工程项目开始论证到确定为《国家中长期科学和技术发展规划纲要》的十六个重大专项之一,直至立项通过,不仅使全国上下重视我国自主航空事业,而且使我们的人民、政府理解了我国航空事业半个多世纪发展的艰辛和成绩。大型飞机重大专项正式立项和启动使我们的民用航空进入新纪元。经过 50 多年的风雨历程,当今中国的航空工业已经步入了科学、理性的发展轨道。大型客机项目产业链长、辐射面宽、对国家综合实力带动性强,在国民经济发展和科学技术进步中发挥着重要作用,我国的航空工业迎来了新的发展机遇。

　　大型飞机的研制承载着中国几代航空人的梦想,在 2016 年造出与波音 B737 和空客公司 A320 改进型一样先进的"国产大飞机"已经成为每个航空人心中奋斗的目标。然而,大型飞机覆盖了机械、电子、材料、冶金、仪器仪表、化工等几乎所有工业门类,集成数学、空气动力学、材料学、人机工程学、自动控制学等多种学科,是一个复杂的科技创新系统。为了迎接新形势下理论、技术和工程等方面的严峻挑战,迫切需要引入、借鉴国外的优秀出版物和数据资料,总结、巩固我们的经验和成果,编著一套以"大飞机"为主题的丛书,借以推动服务"大飞机"作为推动服务整个航空科学的切入点,同时对于促进我国航空事业的发展和加快航空紧缺人才的培养,具有十分重要的现实意义和深远的历史意义。

2008 年 5 月,中国商用飞机有限公司成立之初,上海交通大学出版社就开始酝酿"大飞机出版工程",这是一项非常适合"大飞机"研制工作时宜的事业。新中国第一位飞机设计宗师——徐舜寿同志在领导我们研制中国第一架喷气式歼击教练机——歼教 1 时,亲自撰写了《飞机性能及算法》,及时编译了第一部《英汉航空工程名词字典》,翻译出版了《飞机构造学》《飞机强度学》,从理论上保证了我们的飞机研制工作。我本人作为航空事业发展 50 多年的见证人,欣然接受上海交通大学出版社的邀请担任该丛书的主编,希望为我国的"大飞机"研制发展出一份力。出版社同时也邀请了王礼恒院士、金德琨研究员、吴光辉总设计师、陈迎春副总设计师等航空领域专家撰写专著、精选书目,承担翻译、审校等工作,以确保这套"大飞机"丛书具有高品质和重大的社会价值,为我国的大飞机研制以及学科发展提供参考和智力支持。

编著这套丛书,一是总结整理 50 多年来航空科学技术的重要成果及宝贵经验;二是优化航空专业技术教材体系,为飞机设计技术人员的培养提供一套系统、全面的教科书,满足人才培养对教材的迫切需求;三是为大飞机研制提供有力的技术保障;四是将许多专家、教授、学者广博的学识见解和丰富的实践经验总结继承下来,旨在从系统性、完整性和实用性角度出发,把丰富的实践经验进一步理论化、科学化,形成具有我国特色的"大飞机"理论与实践相结合的知识体系。

"大飞机出版工程"丛书主要涵盖了总体气动、航空发动机、结构强度、航电、制造等专业方向,知识领域覆盖我国国产大飞机的关键技术。图书类别分为译著、专著、教材、工具书等几个模块;其内容既包括领域内专家们最先进的理论方法和技术成果,也包括来自飞机设计第一线的理论和实践成果。如:2009 年出版的荷兰原福克飞机公司总师撰写的 *Aerodynamic Design of Transport Aircraft*(《运输类飞机的空气动力设计》);由美国堪萨斯大学 2008 年出版的 *Aircraft Propulsion*(《飞机推进》)等国外最新科技的结晶;国内《民用飞机总体设计》等总体阐述之作和《涡量动力学》《民用飞机气动设计》等专业细分的著作;也有《民机设计 1 000 问》《英汉航空双向词典》等工具类图书。

　　该套图书得到国家出版基金资助,体现了国家对"大型飞机"项目以及"大飞机出版工程"这套丛书的高度重视。这套丛书承担着记载与弘扬科技成就、积累和传播科技知识的使命,凝结了国内外航空领域专业人士的智慧和成果,具有较强的系统性、完整性、实用性和技术前瞻性,既可作为实际工作指导用书,亦可作为相关专业人员的学习参考用书。期望这套丛书能够有益于航空领域里人才的培养,有益于航空工业的发展,有益于大飞机的成功研制。同时,希望能为大飞机工程吸引更多的读者来关心航空、支持航空和热爱航空,并投身于中国航空事业做出一点贡献。

2009 年 12 月 15 日

民用飞机实时监控与健康管理技术 编委会

主 编 简 介

徐庆宏，南京航空航天大学博士，研究员。曾供职于上海飞机设计研究所，美国波音公司，上海航空工业集团等单位。现任中国商飞上海飞机客户服务有限公司执行董事、总经理、科学技术委员会主任，上海市民机健康监控工程技术中心主任(兼)。曾获中国民用航空局科技进步一等奖、中国商飞公司 ARJ21 首飞一等功、中国一航新支线二等功等奖项，发表多篇学术论文和专著。参与过运七 - 200B，MD82，MD90，MPC75，AE100，ARJ21，C919 等飞机型号的研制工作。

任和，西北工业大学博士，澳大利亚国防科技组织(DSTO - AMRL)博士后，教授。曾任西安飞机设计研究所适航可靠性研究室副主任，澳大利亚纽卡斯尔大学(Newcastle)研究教授，皇家墨尔本理工大学(RMIT)航空学院博士生导师等。现任中国商飞上海飞机客户服务有限公司副总工程师、上海市民机健康监控工程技术中心常务副主任(兼)、工业设计所所长(兼)等。同时还兼任皇家墨尔本理工大学(RMIT)荣誉教授，国际自动机协会(SAE)顾问委员，西北工业大学、上海交通大学兼职教授和博士生导师；国际学术期刊《航空运行》(英文)副主编等。参与过 JH7，MPC75，AE100，B707 加油机，PAX750，A380，JSF35，ARJ21，C919 等型号飞机的科研工作。发表论文 100 多篇，科技成果约 20 项，专著多部。

马小骏，南京航空航天大学博士，研究员。现任中国商飞上海飞机客户服务有限公司副总经理，C919 项目客服工程行政指挥和技术负责人，上海市民机健康监控工程技术中心工程技术委员会常务副主任。曾获部级科技成果二等奖、部级国防科工委三等奖、中航工业集团二等功、中国商飞 ARJ21 首飞三等功等多项奖项,发表多篇学术论文和专著。曾担任工信部民机科研结构强度专业"十一五"规划编制组组长,工信部民机科研运营支持专业"十二五""十三五"规划编制组组长。参与过运七,运八,MD82,MD90,AE100,ARJ21,C919 等飞机型号的研制工作。

序 一

中国商飞客服公司组织编写了《民用飞机实时监控与健康管理技术》一书，并在国产民机发展中得到实践应用，我感到十分高兴。

研制和发展大型客机，是党中央和国务院的重大战略部署，体现了国家意志；它是一个国家科技水平、高端制造业和综合实力的集中表现，是中国梦的重要组成部分。

经过8年的艰苦奋斗，中国商用飞机有限责任公司作为实施国家大型客机重大专项的主体，坚持以"创新、创业、创造"为理念，在型号研制上取得了重大进展。去年，C919大型客机实现了总装下线；ARJ21新支线飞机项目获得了型号适航合格证(TC)，并成功交付航空公司。中国商飞攻克了一系列重大技术难题，走完了"设计、试制、试验、试飞、取证、生产、交付运营"的全过程；初步具备了喷气式客机的研制、适航审定、供应商管理、交付和运行支援能力；培养了一支素质过硬的队伍；建立了一套技术创新和管理创新机制；积累了宝贵的民机研制经验。这些都为进一步完善我国民机产业体系奠定了良好基础。

未来国际航空市场十分广阔，但竞争会越来越激烈。客户服务工作贯穿于民机全寿命周期，是实现商业成功的重要组成部分。中国商飞客服公司自成立以来，在探索中发展，在创新中超越，从无到有，已经初步建立了功能完备的民机客户服务和技术能力体系。在许多领域，商飞实现了中国民机产业的重要突破；2014年，客服公司筹建了"上海民用飞机健康监控工程技术研究中心"，把实时监控、故障诊断、健康管理等现代先进技术应用到国产大型客机项目当中，并在某型国外飞机上得到验证，取得了一定的成果。本书由从事民机实时监控与健康管理方面的科研人员编写而成，是中国商飞公司自主创新能力的重要体现。

大飞机事业任重而道远，中国商飞公司将持续弘扬大飞机"长期奋斗、长期攻关、长期吃苦、长期奉献"的航空报国精神,牢记习总书记对商飞人的嘱托:"一以贯之、锲而不舍、扎扎实实、脚踏实地",让中国的大飞机早日翱翔在祖国的蓝天。

中国商用飞机有限责任公司董事长①

2016 年 2 月 14 日

---

① 金壮龙自 2017 年 8 月起任中央军民融合办常务副主任,不再担任中国商用飞机有限责任公司董事长——编辑注。

序　二

　　现代民用飞机的研制是一个高度综合和极其复杂的系统工程。随着民用航空运输市场竞争日益激烈,其对民机使用和维护的要求也不断提高。民机主制造商与航空公司都重视飞机投入运营后的持续安全、运营成本和经济效益,并想方设法采取各种技术手段确保飞机安全可靠经济地运行。近期一系列航空飞行安全事故,特别是马航 MH370 失联事件,在公众视野引起了极大的冲击,航空运输安全性也再次成为备受关注的焦点,并引起国家层面对航空安全的高度重视,研究并提出航空安全的战略规划和整体解决方案,通过加快建设我国民机地面监测基础设施,获得民机健康管理关键技术,制订民机健康管理标准,提升我国自主研制民机的信息化和智能化水平,进而实现安全等级的提升。

　　近年来,ARJ21 新支线飞机已经获得了型号适航合格证(TC),已经交付航线运行。C919 大型客机的研制取得了重大进展,实现了总装下线。我国在民用飞机实时监控与健康管理技术研究以及工程应用等方面也积累了一定的经验。中国商飞客服公司得到了上海市科委的批准,专门成立"上海市民用飞机健康监控工程技术研究中心"。本书以民机实时监控与健康管理为核心,结合国内外民机实时监控与健康管理的工程经验,由长期从事民机实时监控与健康管理技术研究、系统设计和工程应用的人员编写而成。

　　本书总结了国内民机实时监控与健康管理技术和经验,系统地提出了民机实时监控与健康管理的总体架构、服务模式、基本流程和实现方法。对民机实时监控与健康管理实践具有现实的指导意义。同时,本书对我国民机产业的发展具有重要的参考价值,为我国的民机产业走向商业成功打下了坚实的基础。

　　本书的编辑出版凝聚了许多学者的心血和汗水。希望本书的出版对从事相关专业工作的人员有所帮助。

林忠钦

上海交通大学校长

2017 年 12 月 20 日

前　言

现代大型飞机的实时监测与健康管理技术是在"机内测试(BIT)"技术的基础上发展起来的。进入 20 世纪 80 年代,技术先进国家采用"飞行数据记录仪(FDR)"进行状态监测取得成功,该技术得到推广。90 年代中期,不少航空器制造商和航空公司又利用空地数据链对飞机的状态进行监测,将数据服务于航务、机务等部门。

民用飞机实时监控和健康管理系统可以通过诊断、预测和异常状态推理程序来确定飞机可能出现的故障,并生成状态报告。报告通过机载超高频设备直接传送给地面站,在飞机到达下一站之前,地勤人员可以提前做好维修方案,确保航班高效运行。目前国外典型的飞机制造商都已建立起自己的监控系统。如波音 AHM 系统、空客 AIRMAN 系统、安博维的飞机健康分析和诊断(AHEAD)系统、庞巴迪的飞机故障诊断解决方案(ADS)。

我国在飞行器实时监测与健康管理技术研究方面虽然起步较晚,但在理论方面做了一些重要的研究工作,并开发出一些诊断系统和原型。如在民机的电源系统、动力系统、飞控系统、电传操纵系统、液压系统、起落架系统等中我国进行了故障检测与诊断系统的开发和原理验证,在直升机健康管理系统(HUMS)、远程故障诊断系统、故障诊断技术研究等相关领域有了较大的突破。

我国航空公司也在这方面开展了有益的探索与实践。南方航空公司于 2006 年开发了"飞机远程诊断系统"并获得专利,其开发的系统已经应用于南方航空公司机务工程部维修控制中心、运行控制中心以及各分公司维修基地,改变了民航机务维修排故的传统模式;东方航空公司于 2007 年实现了无线 QAR 技术;中国国际航空公司于 2009 年应用波音飞机健康管理(AHM)系统监测 B737 机队的航行状况并逐步扩大其使用范围。这些监测系统和技术的应用都大大地促进了航空公司对飞机实时监测和健康管理的能力的提升。

大飞机项目是我国确定的 16 项重大科技专项之一(见《国家中长期科学和技术发展规划纲要(2006—2020)》)。研制和发展大型客机成为建设创新型国家,提高我国自主创新能力,促进产业转型和增强国家核心竞争力的重大战略举措;大型客机项目已成为新时期改革开放的标志性工程和建设创新型国家的标志性工程。中国商飞初步完成了大型客机的实时监控与健康管理系统的研制与开发,并于2014年成立了"上海市民用飞机健康监控工程技术研究中心"。

本书以我国大型客机研制工程为背景,在分析研究民机面向客户服务的健康管理业务需求和应用需求的基础上,借鉴国际先进的民机健康管理的技术、规范和成功经验,对民机健康管理系统方案和总体架构、功能定义、实时监测技术、面向航线维修的故障诊断方法以及面向维修计划的寿命预测、飞机健康状态评估、基于飞机健康管理的维修决策、健康管理系统的验证、健康管理相关的国内外标准规范等进行全面的论述,为民机健康管理系统的相关功能开发和应用提供必要的理论与工程应用参考。本书可作为工程技术人员的参考资料,也可作为大专院校的教科书。

本书是在"工信部民机专项""上海市浦江人才计划"等项目的研究成果基础上编写而成,其中还借鉴了部分协作单位的研究成果,借此机会作者向上海航空测控技术研究所、中国飞机强度研究所、中国民航大学、上海交通大学、南京航空航天大学、北京航天测控技术有限公司、西北工业大学、广州飞机维修工程有限公司、厦门航空有限公司等单位表示感谢。

本书在编写过程中得到了中国商飞原董事长金壮龙,现董事长贺东风,C919总设计师吴光辉,AJR21飞机总设计师陈勇,中国商飞客服中心党委书记徐峻等同志的关怀、支持和帮助,在此一并致谢。

由于时间仓促,加之作者的水平有限,书中存在的错误和疏漏之处,敬请广大读者批评指正。

编著者

2017 年 12 月

目　　录

1 绪 论

1.1 民机健康管理研究的背景及意义

大型民用飞机产业是典型的知识密集、技术密集和资本密集的高技术、高附加值、高风险的战略性产业,是一个国家工业、科技综合实力的集中体现,被誉为"现代工业之花"和"现代制造业的一颗明珠"。2006 年 2 月,国务院发布《国家中长期科学和技术发展规划纲要(2006—2020 年)》,把研制和发展大型飞机定为 16 项重大科技专项之一。研制和发展大型客机成为建设创新型国家,提高我国自主创新能力,促进产业转型和增强国家核心竞争力的重大战略举措;大型客机项目已成为新时期改革开放的标志性工程和建设创新型国家的标志性工程。

随着民用飞机技术复杂性的不断提高,民机使用和维护的要求也不断提高。目前在民用航空运输市场竞争日益激烈的环境下,航空公司等运营客户对主制造商提出了更多的需求,全方位、客户化的客户支援具有十分显著的价值。主制造商的客户支援能力不仅直接关系到客户的运营成本和主制造商的经济效益,也关系到飞机投入运营后的持续安全和持续销售能力等。随着全球制造业转型升级,制造业服务化是一种必然趋势,企业将以产品为中心的制造业向服务增值延伸,不再是单一的产品提供者,而是集成服务提供商。在民机产业链中,客户服务已成为民机产业中相比产品本身更高层次的竞争手段,提供了形成民机产品附加价值和巨大竞争优势的潜力。主制造商的客户服务能力与水平已经成为决定其产品能否取得市场成功和商业成功的关键要素之一[1]。

民机客户服务是指由飞机制造商独立或组织供应商及第三方客户服务机构提供的,以其专有技术向航空公司提供培训、技术出版物、航材支援、维修支援、飞行运行支援、运营商务管理等技术支持和服务的总称。民机客户服务是联系适航当局、民机设计与制造商、供应商、航空公司以及其他运行支持单位的桥梁和纽带,是航空公司运营与持续适航不可或缺的重要组成部分。民机客户服务过程支持航空公司保持飞机的持续适航,实现飞机固有的安全性、可靠性和维修性目标,提高飞机签派可靠性,减低飞机运营成本[2];同时通过采集、分析、反馈飞机运行和维修等信息,改进飞机设计、制造和服务水平,进而向客户提供更具市场竞争力的民用飞机。目前,国外的民机客户服务已经比较成熟,形成了以波音、空客为主导,供应商和 MRO(maintenance,repair & operations)以及其他相关企业参与的服务市场。向飞机的所有人和运营人提供服务,在这个服务市场中,服务提供商之间各有分工及合作,共同为客户提供满足客户全方位运行的支援服务。对我国民机产业参与国际竞争而言,其大型客机的客户服务工作经验的积累还比较薄弱,其能力和水平与国际先进水平相比还有较大的差距。因此,对我国大型民用飞机的客户服务技术进行深入研究、加快服务能力建设,尽快提高服务技术水平成为我国民机发展的迫切需要,也是当前和今后的重点突破方向。

民用大型飞机健康管理是民机客户服务中的重要项目,对于提升航空运输安全性、经济性具有重要意义,代表了先进民机客户服务技术的发展方向和趋势之一,也是当前国际民机客户服务技术竞争的重要领域。我国大型客机必须运用相应的先进服务技术,在健康管理等关键技术方面全面突破,以达到或接近世界先进水平,把握市场方向开发高端的服务产品。民用飞机健康管理系统和技术历经十余年的发展和沉淀,逐渐成为主制造商提供的主要增值服务项目之一,系统的应用极大地提高了航空公司的运营、维护工作效率和航空安全,优化了航空公司的维修模式,得到航空公司的广泛认同,成为提升机型竞争力的重要手段。另一方面,飞机健康管理系统也有利于主制造商提高排故效率,提升客户服务质量,收集飞机的运营、维护数据,改进飞机的设计。健康管理系统目前已逐渐成为国际上新交付的大型客机(如B787、A380/A350)的标准配置,同时逐渐成为提高飞机维修效率、提高签派率的重要手段和核心技术。

针对我国大型客机的研制,我们进行健康管理相关领域的关键技术研究攻关,研制我国大型客机健康管理系统,具有重要的现实意义和必要性。第一,提升民机航空运输安全。近期一系列航空飞行安全事故,特别是马航 MH370 失联事件,在公众视野引起了极大的冲击,航空运输安全性也再次成为备受关注的焦点,并引起国家层面对航空安全的高度重视。研究提出航空安全的战略规划和整体解决方案,通过加快建设我国民机地面监测基础设施,获得民机健康管理关键技术,制定民机健康管理监控标准,提升我国自主研制民机的信息化和智能化水平,进而实现安全等级的提升。第二,降低飞机维修成本与运营成本。通过对飞机飞行状态的实时监控、故障诊断和全面把握飞机健康状态,我们为运行监控人员和航空公司的维修保障人员及时确定故障原因、性质、部位、维修措施,合理安排维护时间、任务及应急措施等提供技术支持,能够显著改善航空公司关注的非计划停场、准点率、飞机延误/取消、飞机利用率/签派率、维修计划等项目,从而降低维护成本,提高航空公司效益和客户满意度。第三,改变传统的民机客户服务商业模式。我们可通过健康管理系统的应用实现我国大型客机全球化服务网络、全寿命周期服务解决方案、航空公司数字化解决方案等领先客户服务业务,达到高度数字化、网络化、集成化、实时化和智能化的电子化运营支持服务的目标。

目前,我国大型客机健康管理技术与国外先进水平相比仍存在很大的差距。我国民机健康管理技术研究方面主要以跟踪国外相关技术发展为主,技术研究储备比较薄弱。随着近年来我国大型客机型号的设计研发,我国在飞机健康管理领域进行了部分关键技术攻关,取得了许多重要的成果,但是,在基于特定客户服务模式的基础上,对健康管理系统的总体技术、集成技术及系统实现及验证方面研究还很不充分。

本书以我国大型客机研制工程为背景,针对客户服务领域中民用客机健康管理的各个研究领域,在分析研究我国大型客机面向客户服务的健康管理业务需求和应用需求的基础上,借鉴国际先进的民机健康管理的技术、规范和成功经验,本书对我国民用飞机健康管理系统方案和总体架构、功能定义、实时监测技术、面向航线维修的故障诊断方法及面向维修计划的寿命预测、飞机健康状态评估、基于飞机健康管理的维修决策、健康管理系统的测试、健康管理相关的国内外标准规范等进行了全面的论述。本书为民用飞机健康管理系统的相关功能开发和应用提供必要的理论与工程应用参考。

1.2　健康管理研究的国内外研究现状

1.2.1　健康管理的内涵及起源

健康管理的核心基础是利用先进的传感器技术集成,借助各种算法和智能模型来完成系统的状态监测、故障诊断/预测[3],然后依据诊断或预测信息(预先诊断部件或系统完成其功能的状态,包括确定部件的残余寿命或正常工作的时间长)、可用的资源、使用需求对维修活动做出适当的决策,避免"过修"和"失修"问题,提高系统的利用率,从而合理地权衡使用、维修中安全和经济的矛盾,确保全寿命周期的成本最低[4]。

飞机健康管理系统充分利用数据通信技术,大量获取飞机运行信息,通过监测飞机状态,及时发现故障,为剩余寿命预测提供基础,提前采取措施,以提高飞机利用率,降低飞机运营和服务成本,在飞机的运营和管理上有较好的实用性。美国早在 20 世纪 70 年代便由 NASA 提出了航天器综合健康管理(integrated vehicle health management,IVHM)的概念[5]。进入 21 世纪后,在新一代发射技术计划的带动下,一个由多家研究中心组成的联合团队应运而生,致力于进行综合系统健康监测(integrated systems health management,ISHM)研究[6]。美国海军发起的开放架构状态维修(open system architecture condition-based maintenance,OSA-CBM)的研究[7],代表了今后复杂系统综合健康管理(complex system integrated health management,CSIHM)结构的发展方向。波音公司和洛克西德·马丁公司在投标下一代联合攻击战斗机时都在其设计中综合了预测与健康管理能力的设计。英国 Smith 航空航天工业是致力于健康使用监控系统(health usage monitoring system,HUMS)技术的领先者,长期从事状态监测、故障诊断、预测及系统健康管理的研究及产品开发,Smith 工业把最初 HUMS 中的健康监测的概念发展到了如今的健康管理[8]。

　　现代大型飞机的实时监测与健康管理技术是在机内测试（built-in test，BIT）技术的基础上发展起来的。进入 20 世纪 80 年代，技术先进国家采用飞行数据记录仪（flight data record，FDR），根据所记录的数据进行状态监测并取得成功，得到推广；90 年代中期，不少航空器制造商和航空公司又利用空地数据链对飞机的状态进行监测，将数据服务于航务、机务等部门。中国民航也从采用飞行数据记录仪所记录的数据进行飞行事故分析，发展到具备利用飞机通信寻址和报告系统（aircraft communications addressing and reporting system，ACARS）和甚高频空地数据链对飞机的状态进行监测的条件[7]。

　　先进民用飞机所采用的预测和健康管理系统（prognostics and health management，PHM）可以通过诊断、预测和异常状态推理程序来确定飞机可能出现的故障，并生成状态报告。在飞行过程中，如果预测和健康管理系统的状态报告对近期任务产生影响，则通过机载超高频设备直接传送给地面站，在飞机到达下一站之前，地勤人员可以提前做好维修方案，确保航班高效运行。自 20 世纪 90 年代末以来，实时监测与健康管理向测试、监测、诊断、预测和维修管理一体化方向发展，并从最初侧重的电子系统扩展到由电子、机械、结构、动力等各主要分系统形成的综合故障诊断、预测与健康管理系统[9]。

1.2.2　国外民机健康管理系统开发应用现状及发展趋势

　　自 20 世纪 90 年代国际领先的民用飞机制造商引入飞机健康管理的概念和技术以来，经过了 20 多年的发展，目前已经建立起了基于空地双向数据通信系统的实时监控与健康管理系统，实时收集飞机的状态信息，及时获取飞机的健康状态，并对飞机的全寿命周期内的健康状态进行有效管理。目前，PHM 技术在美国、欧洲的主要航空发达国家的工业界和研究机构得到了充分的认可和研究并推广应用，正在朝着更加综合化、标准化和智能化的方向发展。当前，健康管理系统的典型代表是波音 AHM 系统、空客 AIRMAN 系统、Embraer 飞机健康分析和诊断（aircraft health analysis and diagnosis，AHEAD）系统、庞巴迪的飞机故障诊断解决方案（aircraft diagnostics solutions，ADS）。

　　1）波音

　　波音民用航空服务公司（CAS）联合霍尼韦尔、SMI 公司、日本航空公司联合开发了 AHM 系统。波音的飞机健康管理体系架构是基于中央维护系统 CMS/AHM 平台＋网络化的软件平台 e-Enabled 环境＋空地维护网络。这套体系覆盖范围很广，可以实现空地一体化的管理，提高了飞行安全和航班运营效率；支持机型众多，目前主要有 B737NG、B747、B757、B767、B777、B787 等。波音公司的电子使能工具和服务的相关产品主要包括电子飞行包（electronic flight bag，EFB）、AHM 和维修性能工具箱。AHM 收集飞行中的数据，主要来自于中央维护计算机或者是飞机状态监控系统（aircraft condition monitoring system，ACMS）等，并由 EFB 的电子飞行日志（electronic log book，ELB）提供一些补充信息，ELB 包括驾驶舱和技术日志。信息的下传工作由飞机的 ACARS 数据链完成,并通过 MyBoeingFleet 网站实时向客户指定的地点发送报警或者通知地面维护人员在飞机降落前准备好零备件和资料,同时还可帮助航空公司识别一些重复出现的故障和性能趋势,支持机队长期可靠性计划的实现。AHM 的功能架构如图 1-1 所示。

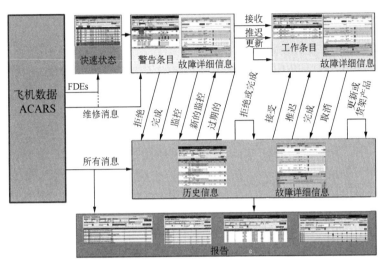

图 1-1　波音的 AHM 系统功能架构

　　AHM 的功能组成主要包括:①机队监控(fleet status):通过处理来自空地数据链的实时数据,获得每架飞机的信息,实现实时航行动态监控、实时故障监控、实时飞机状态参数监控;②激活任务分析(actionable items):接收来自空地数据链的故障飞行数据,按预先编辑的逻辑将警告信息显示给机务维修人员,由维修工程师筛选虚警,进行任务派发;③故障详情分析(fault details):为排故工程师提供与故障相关的详细信息,综合显示历史故障情况,故障处理流程,相似故障案例;④工作任务分析(work items):根据故障现象,通过一定的算法逻辑,综合应用维修类手册、维修历史案例等信息,实现对飞机故障的快速诊断,给出合适的排故方案;⑤历史记录分析(history items):显示半年内所有相关故障的处理情况,提供历史数据分析工具;⑥报告发布(reports):提供多种分析报表及自定义报表发布功能。

　　波音每年会根据用户需求持续升级完善,及时发布新版本,确保 AHM 系统的生命力和竞争力,也为航空公司带来持续的使用价值。波音的 AHM 系统,为全球75%以上的 B777 飞机和 50%以上的 B747-400 飞机提供实时监控和决策支持服务,并以 AHM 服务为重要组成部分推出了 Gold Care 服务包,提高了飞行安全和航班运营效率。据波音的初步估计,通过使用 AHM 可使航空公司节省约 25%的因航班延误和取消而导致的费用。

　　2)空客

　　空客飞机健康管理体系基于飞机中央维护系统 OMS 平台＋AIRMAN 软件＋空

地维护网络,AIRMAN 支持众多机型,包括 A320/A330/A340/A380,也将支持 A350。AIRMAN 开发的初衷是为了弥补机载中央维护系统的不足,消除各机载子系统 BITE 大量的虚警。AIRMAN 由 3 部分组成:第一部分是实时信息获取模块,通过空地数据链实时采集和管理一个机队多架飞机上机载维护系统的信息;第二部分是 AIRMAN 知识库,包含飞机过往执行飞行任务的历史报告、《排故手册》、维修经验案例库;第三部分是电子排故功能(e-troubleshooting),对故障信息进行深入分析、诊断和进行统计学运算,算出出现大故障的可能性、排故措施和最优化的维修时机。

　　AIRMAN 从 1999 年问世以来,一直深受各类飞机运营商的青睐,由于具有极高的数据分配效率,大大提高了用户的运营效率。AIRMAN 的主要功能是监测飞机系统在飞行途中的状况,把实时信息传送给地面维护部门,依靠这些早期信息,维护人员在飞机着陆前就能清楚判断出故障所在;AIRMAN 能最大限度地缩短由于飞机维护而造成的运营时间延误,从而保证准点签派;这种技术先进的系统也有助于降低飞机的计划外维修次数。经过多年的探索和实践,空客的健康管理机载和地面系统的功能一直不断扩展和优化。AIRMAN 功能架构如图 1-2 所示。

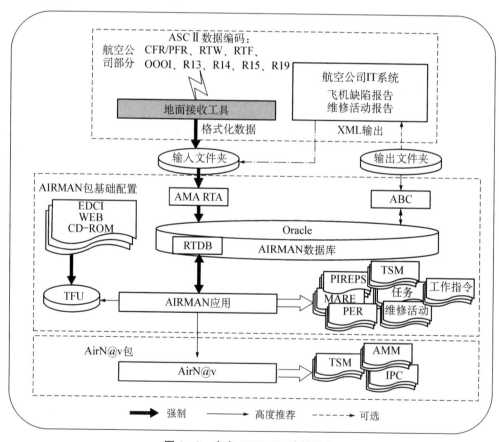

图 1-2　空客 AIRMAN 功能架构

AIRMAN 作为空客设计研发的专业数字化排故及维护管理软件,其主要作用是:帮助地面航站基地对整个机队的维修信息进行跟踪管理;简化和优化排故维修工作,提高排故效率;提供更为积极的预防性维修措施,减少非定期的排故维修任务,从而提高调度可靠性,降低维修成本。对 50 架空客电传动操纵飞机进行的长达 1 年的研究结果显示,安装 AIRMAN 系统避免了 3200 余起维修活动、节省了近 900 份飞行员日志报告、避免了 70 多次签派延误事件的发生。据此推算,航空公司安装该系统后,至少可以为每架飞机每飞行小时节约 4~6 美元费用。此外,应用该系统还能降低飞机停场次数及相应的巨额费用。

通过安全的互联网技术,用户可以在世界上任何地方访问 AIRMAN 系统。通过友好的用户界面,AIRMAN 提供了通往集中存储的实时维护资料和飞机或机队分析资料的门户,可很容易地和航空公司 IT 系统整合一起,为航空公司提高运营效率提供了宝贵知识。AIRMAN 和空客其他运营支持系统之间具有互操作性,用户能从中获得全面的飞机服务。

空客新的实时健康监控软件(Airbus realtime health monitoring, AiRTHM)更进一步,作为新型飞机的系统提供更多参数,使空客能远程实时收集和分析数据。AiRTHM 与空客维护控制中心的飞机停场技术中心系统(Airbus technical AOG center, AirTAC)集成,能够提供实时排故支援,指导备件供应,监控预期故障下的系统健康状态。

3) 巴西 Embraer

巴西航空工业公司于 2006 年 6 月,为 E170/190 飞机推出了基于网络的飞机健康、分析和诊断(AHEAD)系统。截至 2012 年,约有一半的 E-Jet 飞机和 40% 的 Embraer 用户在使用。

这个集成的 PHM-GSS 系统将飞机系统的数据和网络数据库中的数据合并,对 E-Jet 飞机进行监测并提供维护建议,最新版本 AHEAD-PRO 能够覆盖未来所有的商业飞机。Embraer 与其客户共同享用数据。AHEAD 使用程度对于获得的收益是不同的。Embraer 维护和支援副总裁 Luiz Hamilton 说:"精简集成的 AHEAD 软件能够对非计划维护和计划维护间隔、零件库存数量、每个维护点的人力配备及更换退化零部件的最佳时刻做出最佳预测。"他估计使用 AHEAD 软件能够将飞机的可用性提高 35%。

AHEAD 可自动向地面传送飞机系统发出的报警信息,在飞行过程中持续地监控飞机的健康状况并通过 ACARS 接收飞机数据,更多的数据是在着陆时下载。该系统跟踪零部件状态和实时的报警和维修信息,其中包括在飞行过程中生成但没有在驾驶舱显示的信息,为改进故障分析和确定其发展趋势进行提前筛选,同时还可提供个性化的报告,包括每个机队的信息、故障类型和故障分析等,并推荐纠正和预防维护措施。航空公司接收到飞机的健康信息后会形成故障报告。巴西航空工业公司称,通过 AHEAD 的使用,可以明显地提高飞机的技术签派率。

4）庞巴迪

庞巴迪(Bombardier)的电子化服务产品,主要是 2009 年其门户网站提供的飞机故障诊断解决方案(aircraft diagnostics solutions，ADS),在加拿大 CaseBank 公司帮助下开发完成,应用了 CaseBank 的 SpotLight®、ChronicX™ Reporter & Manager 软件系统方案。ADS 是一个决策支持系统,通过基于网络的故障诊断知识库(基于手册和专家经验)和故障树推理机进行排故。ADS 还支持与庞巴迪技术帮助中心的协同工作。这些新型的诊断和分析工具可以将 CRJ 和 Q 系列飞机的维修资源提升至新水平。

1.2.3　国外民机健康管理技术发展现状和趋势分析

欧洲、美国等国外发达国家的工业界和研究机构近年来一直活跃在 PHM 技术的各个领域。从理论研究到工程应用取得了大量的重要成果和应用实例。

(1) 民机 PHM 技术研究。

1997 年,NASA 民用航空安全项目(aviation safety program，AVSP)成立。这一项目的研究目的在于降低民用航空事故率,其中包括发动机的健康管理(engine health monitoring，EHM)。作为 EHM 的一个组成部分,基于模型的控制和诊断(model-based controls and diagnostics，MBCD)得到了深入的研究。MBCD 包括实时的机载发动机模型和控制结构。

2004—2009 年欧盟投入 4000 万欧元 TATEM(technologies and techniques for new maintenance concepts)研究项目,目标是使航空公司飞机运营维护成本 10 年内降低 20%,20 年内降低 50%。其核心研究内容是参考 OSA - CBM 标准研究民用客机下一代的健康管理技术,分为 5 个研究专题:①健康监测;②基于健康管理的集成数据管理;③基于健康管理的维护规划;④维修业务流程再造;⑤移动维护。该项目由 12 个国家的 57 家承包方共同完成,由 GE AVIATIONS 牵头、AIRBUS、EADS、SNECMA、BAE、THALES AVIONICS、EUROCOPTER、SAGEM 等欧洲一流航空制造、服务企业和研究机构参与。

2005—2008 年,空客飞机高级状态监控功能项目(advanced aircraft condition monitoring function，A - ACMF),以 ACMS 作为飞机的信息汇聚和处理中心平台,提供统一的飞机状态和性能趋势数据/报告给各类客户和利益相关方(航空公司、机场、MRO、系统/发动机供应商、主制造商等)。

2007—2008 年,空客飞机运营维护质量提升项目(quality enhancement of total operative maintenance，QUANTOM)主要研究了无缝的飞机健康管理战略框架(标准、指南、准则、服务相关性),运营模式(业务模型、流程、业务实体与接口),系统设计(机载、地面、功能、方法)等飞机健康管理的各个领域。

荷兰 PHM 联盟提出了基于模型的信号解释预测技术的理念(即 prognostics

by model-based interpretation of signals，PROMIS），并将其用作为 PHM 系统开发的通用技术。美国圣地亚国家实验室（SNL）与美国能源部、国防部、工业界和学术界合作建立了预测与健康管理（PHM）创优中心，支持 PHM 技术开发和技术验证与确认。美国马里兰大学成立了预测与健康管理联合会，致力于电子产品预测与管理方法的研究。人们普遍认为，电子预测技术目前虽然远未达到成熟，尚不能进入应用，但它代表了 PHM 未来的一种重要发展趋势。

（2）PHM 地面支持系统体系架构及国际标准研究。

国际标准化组织 ISO 和 IEEE 等许多国际组织和机构专门组建了联盟来推动 PHM 相关标准的研发和推广，如由波音等 50 多家公司和组织组成的机械信息管理开放系统联盟 MIMOSA 就一直致力于开放的使用与维护信息标准的研发，这为 PHM 架构设计提供了指导。其中，国际标准化组织（ISO）发布的状态监测和诊断（condition monitoring and diagnostics，CM&D）系列标准中 ISO13374 给出了 CM&D 系统的信息流结构，将 PHM 系统划分成 6 个处理模块：数据采集（data acquisition，DA）、数据处理（data manipulation，DM）、状态检测（state detection，SD）、健康状态评估（health assessment，HA）块、预测评估（prognostics assessment，PA）、提出建议（advisory generation，AG）。标准描述了信息流中各模块的主要功能，并概括性地描述了通信方法和表达形式，在此基础之上 ISO13374 - 2 详细描述了各数据处理模块的输入、输出及所执行的操作，这为 PHM 硬件系统的搭建和软件模块的设计提供了指导。

MIMOSA 组织发布的 OSA - CBM 是 ISO - 13374 功能规范的一个应用。OSA -CBM 增加了数据结构，定义了 ISO 标准中定义的功能模块的接口方法。OSA - CBM 是一个接口标准，定义了 CBM 系统内部功能模块之间的接口。开发方可以开发这些模块内部的算法，将精力放在信息处理而不必关心如何传递。这种分离使得私有代码和算法隐藏在每个功能模块中。它还拥有即插即用的功能，能够在不影响其他模块或功能模块程序的情况下，轻松地升级或者退回到以前的版本。波音使用 OSA - CBM 标准开发了 AHM 系统，极大地降低了系统更新和修改所需的费用和时间。欧盟 TATEM 项目的核心研究内容就是参考 OSA - CBM 标准研究民用客机下一代的健康管理技术。

此外，美国在军用飞机的 PHM 总体架构方面进行了深入研究，F - 35 已经成功地应用开放式的 PHM 架构，并解决了实际健康管理问题，主要从 3 层结构来进行规划和设计，包括软硬件监控层、分系统管理层、平台管理层。其系统架构原理如图 1 - 3 所示。

F - 35 提出的 PHM 系统与机载系统相对应，对发动机、机电、航电、结构等进行地面故障诊断与健康管理功能处理。主要由中央数据库、专家系统和接口系统构

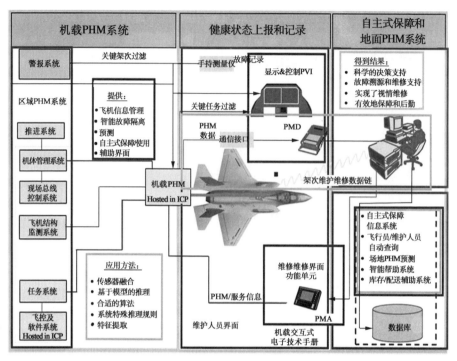

图 1-3　美军 F-35 的 PHM 架构

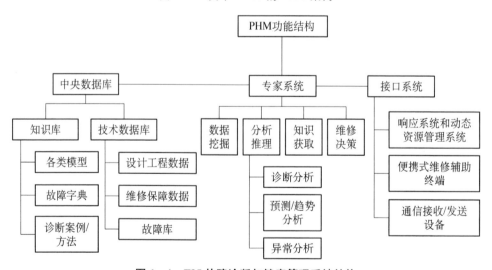

图 1-4　F35 故障诊断与健康管理系统结构

成,其系统结构如图 1-4 所示。

　　美国 NASA 和波音等定义的飞行器综合健康管理 IVHM 框架,提供了 11 个机载管理功能模块,实现完整的飞行器管理,不仅提升了飞行器的安全性和任务的成功率,而且使飞行器操作更有效率(见图 1-5)。其中地面 IVHM 进行实时诊断,根据故障历史信息发送给后勤保障系统,同时提供事后诊断,将诊断数据保存在数据库服务器中。地面维护系统确定需要进行的维护工作,优化组织人员,维护资源配置,记录维护数据,测试和验证维修结果。

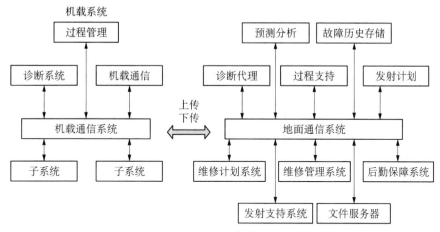

图 1-5　NASA 和波音的 IVHM 架构

GE 公司提出的 PHM 系统架构如图 1-6 所示,主要包括:整个信息流程由机载传感器感知各个部件或系统的工作情况,之后对数据进行滤波、特征提取,完成数

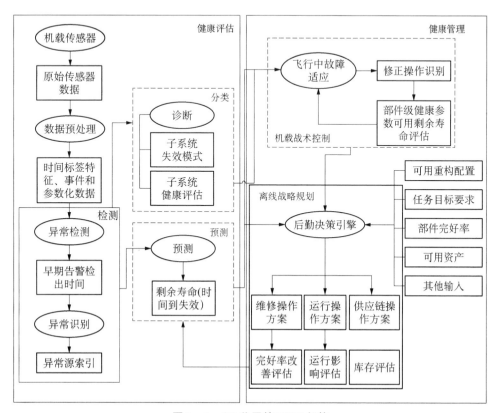

图 1-6　GE 公司的 PHM 架构

据的采集、异常检测、诊断、确定故障部件运行至失效的剩余可用寿命、故障适应、对后勤决策引擎进行离线战术规划,确定最佳的维修、运行及供应链的方案和操作。

霍尼韦尔公司提出了一种可用于飞行器的下一代 IVHM 系统功能架构(见图 1-7)。该架构采用分层设计反映保障装备的类型以及如何与装备交互。这种分层关系反映了 IVHM 系统的平台部分及地面部分的分布。地面部分为维修人员提供信息,并提供维修控制、技术支持、功能与维修规划等企业级功能。

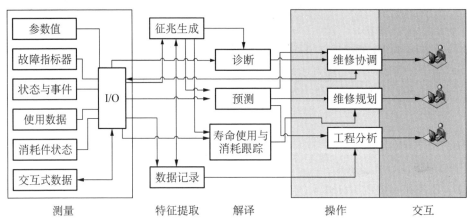

图 1-7　霍尼韦尔公司的下一代 IVHM 架构

目前,欧美航空技术发达国家的水平已由过去的部件/系统级监控技术逐步发展到今天的整机级健康综合管理技术。通过人工智能、先进传感器、先进通信技术等的综合,民机 PHM 系统朝着更加综合化、标准化和智能化的方向发展,使得飞机能对故障进行推理、诊断、预测,并能给出解决方案建议。随着新技术的发展和应用的不断进步,飞机健康管理技术的未来发展方向和趋势是以系统级集成应用为牵引、提高故障诊断与预测精度,推动数据挖掘模型及分析推理模型的持续开发与优化,横跨部件、系统、整机层次的信息融合。

1.2.4　国内民机 PHM 技术发展现状

目前,国内飞机制造商建立的故障预测与健康管理系统尚未成熟,更多的成果是在军用飞机的故障预测与健康管理方面,而在民用客机故障预测与健康管理方法及相关技术的应用方面,仍处于起步阶段,更多的是限于个别预测方法的理论研究,没有工程化的应用。

从健康监测与故障诊断技术层面来讲,国内在飞行器实时监测与健康管理技术研究方面虽然起步较晚,但在理论方面做了一些重要的研究工作,并开发出一些诊断系统和原型。自“十五”以来,国内在航空系统故障诊断领域开展了多项预先研究项目,在飞机状态监测方面已经开展广泛的研究。我国在民机的电源系统[10]、动力系统[11, 12]、飞控系统[13, 14]、电传操纵系统[15]、液压系统[16, 17]、起落架[18]等系统中进行了故障检测与诊断系统的开发和原理验证,在直升机健康管理系统(HUMS)、远程故障诊断系统、故障诊断技术研究等相关领域有了较大的突破。相关科研院所和高等院校,如航空各研究院所、北京航空航天大学、南京航空航天大学、西北工业大学、华中科技大学、哈尔滨工业大学等单位在健康管理相关的不同领域取得了许多重要成果。

针对健康管理的研究而言:宁东方等针对飞控系统健康管理的需求,结合专家经验和故障树的方法,解决专家系统建立过程中的关键技术,并采用面向对象的编程方式实现了飞控系统的异常现象故障诊断[19]。陈银超等针对电传飞控系统中的监测与健康管理问题,引入了贝叶斯决策方法,用最大似然估计法对故障特征向量概率密度函数进行参数估计,监测飞控系统故障特征概率密度分布相对于正常状态的偏离,将不易检测的故障信号转化为容易观测到的偏离信息,实现飞控系统状态的健康状态评估[15]。姜彩虹等在文献中针对航空发动机的健康管理,研究了其健康管理(EPHM)系统的定义、设计目标及其功能,结合 EJ200,F119 等国外第 4 代战斗机发动机健康管理系统的技术特点,设计了航空发动机预测健康管理系统与飞机、发动机的交联方案;完成了航空发动机在线机载 EPHM 系统及离线 EPHM 系统的基本结构设计;提出了航空发动机机载预测健康管理系统应实现的技术指标;总结归纳了航空发动机预测健康管理系统设计的关键[20]。韩建军等研究了我国在航空发动机健康管理的系统技术及标准,认为与国外先进国家相比,我国在健康管理系统技术发展上存在较大差距,目前我国尚未建立起健康管理系统的设计体系,部分健康管理关键技术还停留在理论研究阶段[21]。

在民机健康管理系统设计方面,李书明等对民用飞机健康管理实施方案及健康管理系统功能和信息分层给出了初步的建议[22],但敏等对部件的健康管理方法给出了建议[23]。从目前的研究成果来看,虽然就民机健康管理有不少相关的理论、方法研究,但受限于实际工程条件、试验平台及依托单位等多因素的限制,对健康管理系统的设计缺乏全局统筹,需要借鉴国外的架构模型。

从健康管理系统的应用方面来讲,国内航空公司已经在这方面开展了有益的探索与实践。南方航空公司于 2006 年开发了"飞机远程诊断系统"并获得专利,其开发的系统已经应用于南方航空公司机务工程部维修控制中心、运行控制中心及各分公司维修基地,改变了民航机务维修排故的传统模式;东方航空公司于 2007 年实现了无线 QAR 技术;中国国际航空公司于 2009 年应用波音飞机健康管理(AHM)系统监测 B737 机队的航行状况并逐步扩大其使用范围。这些监测系统和技术的应用都大大促进了航空公司对飞机实时监测和健康管理的能力的提升。目前,国内能进行实时监测的主要机型有:A320、A330、A340、B737NG、A380、B747-400、B777、B787、ERJ145(50 座)等,国内三大航空公司及海南航空公司、深圳航空公司、厦门航空公司等都在对其主要机队进行实时监测,并将实时监测的主要部门运控中心、维修控制中心、航线部引向更多部门,如工程技术部门、质量管理部门等。

2　PHM 系统的总体架构设计

2.1　概述

2.1.1　总体架构设计

飞机健康管理系统(prognostic and health management，PHM)总体架构如图 2-1 所示，主要包括 3 个部分：机载总体架构、空地传输总体架构及地面系统总体架构。机载系统通过传感器或 BITE 采集机体结构、机载设备、发动机、环境的原始状态信息，通过机载通信网络将数据传输到机载中央处理系统，通过中央处理系统对原始状态信息进行处理，并对机体结构、机载设备、发动机故障或损伤进行初步诊断，对已发生的故障或损伤及时处理，防止故障传播。地面系统一方面通过无线网络实时接收故障和临界故障信息，做深层次诊断，必要时通知飞机更改飞行策略并通知地勤人员做好维护准备，另一方面在飞机着陆后通过下载接口下载更详尽的状态信息，执行单机关键部件剩余寿命预测和飞机状态趋势分析，并结合故障或损伤诊断结果制定视情维护策略。

机载健康管理系统设计是根据机载系统的故障模式及影响分析，布置关键特征信息检测的多传感器网络；多种传感器感知的信息通过信号处理进行特征提取，输入到区域管理器推理机中。推理机采用先进的推理和数据融合技术，监控健康状态、性能降级和故障状态、维修需求及剩余寿命估计结果。其中故障检测采用鲁棒故障特征提取技术，故障诊断采用智能故障诊断算法，通过分层聚类和交叉增强校验提高故障诊断定位能力，减少虚警次数。区域管理器汇总所辖区域的信息，通过故障诊断算法进行异常诊断、预测推理，并将结果传输到飞机管理器。飞机管理器宿驻在飞行管理计算机中，完成最高层次的健康管理综合，借助交叉相关技术和其他系统功能信息融合，确认并隔离故障，将重大故障结果报告驾驶员，以便根据需要对机载系统进行重构或者任务降级，从而有效防止故障蔓延保障飞行安全。同时，空地数据链系统将飞机机载系统健康状态及其维修需求传给地面维护管理系统，使地面维护系统可以及时调度备件和维修设备，为系统后勤保障和维修决策提供依据，缩短维修时间和提高飞机服役效率。

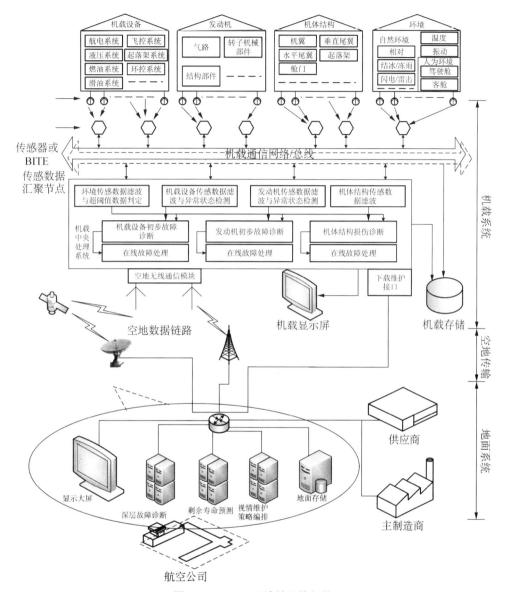

图 2‑1 PHM 系统的总体架构

地面健康管理系统以健康管理数据仓库为核心,实时接受空地数据链系统传输的飞行数据,更新仓储维护的后勤数据和维修数据,对于特定机载系统(如液压系统和飞控作动系统),结合先验知识和设计模型评价其健康状况,对系统或部件的故障进行预先估计,根据故障预测模型进行寿命预测。通过专家知识库决定是否对出现故障或即将发生故障的系统和部件进行替换和维护,并动态调度维修资源,生成自主后勤保障策略,实现快速维修。

2.1.2　功能模块设计

一个典型的健康管理系统构建主要分成 3 个模块,最底层是分布在飞机各子系统中的传感器和监测设备;中间层是飞机健康管理处理中心;顶层是管理层,包括飞机自主保障系统。

PHM 系统一般由机载系统、地面系统及与自主保障系统的接口组成,机载系统本身就是分布式系统,需要分布式计算的支持。而作为未来自主保障核心的健康管理系统,必然存在多系统之间的分布协作关系。因此,该系统就需要采用开放性、模块化和标准化的设计实现方法,运用模块化设计,根据标准的、开放的接口连接各个功能部件,形成模块化系统。下面对 PHM 系统主要模块的功能进行详细描述。

2.1.2.1　数据采集模块

飞机各系统关键部件状态参数的采集是实施故障预测和健康管理的前提,也是自主保障系统的基础。目前,在设计新一代民机时,设计者可在一些关键部件安装传感器,大大降低传感器在飞机整体布局方面的困扰,为飞机健康管理能力的实现创造基础条件。我们利用完善的机载检测设备和飞参记录仪对机上各子系统进行健康监控,为保证数据传输的可靠性和实时性,可采用机载总线传输,将采集到的数据传输到信号处理模块。

2.1.2.2　信号处理模块

飞机状态参数数量大、种类多,必须将实际采集的状态参数统一转化为计算机可读的数据格式,通过提取故障特征信息来准确描述飞机运行的状态,降低故障诊断与预测的复杂程度。由于先进飞机系统交联复杂,故障形式多样,状态和原因之间往往是一种复杂的非线性映射。因此,PHM 系统必须借助多种智能融合算法对飞机部件的多状态参数进行数据融合才能有效地推断飞机故障,最大限度地提高故障诊断、预测的能力和精度。

2.1.2.3　诊断预测模块

当前,故障预测方法主要有基于物理失效模型的方法、基于数据驱动的方法和融合的方法。面对不同的子系统,我们只有综合应用这些预测方法,并结合专家系统、支持向量机和模糊推理等智能算法,才能有效建立飞机的 PHM 系统,确保其预测功能的实现。

2.1.2.4　分析决策模块

全机综合健康管理系统的显著特征在于时效性,而现有系统只有当飞机返航后才能确定相关的维修部件和维修计划。当系统根据诊断预测结果进行分析做出决策后,自主保障系统在飞行过程中,就能完成故障隔离,预计失效时间,并安排必要的维修计划,在返航前就能通知地面安排维修任务。系统所具有的这种持续的状态监控、故障诊断和预测、分析决策能力能够有效降低并大幅减少飞机再次出动的时间。

飞机健康管理系统的核心优势是将机载系统健康状态与后勤保障衔接起来,能够实时向飞机维修人员和用户提供机载系统所必需的信息,动态调度维修资源,生成后勤保障决策和快速维修策略,实现快速维修和自主式后勤保障。快速维修保障策略支持以维修保障时间最短作为决策依据。

2.1.3 硬件架构设计

按照飞机空地一体化健康管理的要求,全机硬件结构从组织架构上应该将飞机健康管理系统组织成两大分系统:

(1) 机载健康管理系统。

(2) 地面健康管理系统。

整个系统采用实时处理与分布处理相结合、协同合作和有所侧重的方式工作,每个系统的管理覆盖范围如图2-2所示。

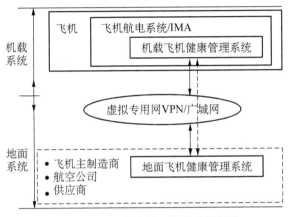

图 2-2　飞机健康管理覆盖范围划分

在图2-2中,机载健康管理系统提供飞机状态信息,并实施机上故障管理功能。地面健康管理系统可以放在不同的区域,发挥不同的作用,一般来说可以放在飞机主制造商、航空公司或系统供应商。机载健康管理系统属于飞机航电系统的一个子部分,它的设计要与整个航电系统的设计统一起来。机载健康管理系统与地面健康管理系统之间通过空地数据链连接起来。

地面系统负责飞机的故障诊断、维修决策功能,为复杂系统维修提供帮助,可实时支持飞机复杂故障的诊断,提供专家支持,收集的故障数据资料还为技术改进服务。

按照 ARINC(Aeronautical Radio Incorporation) 624 标准,PHM 系统硬件架构如图2-3所示。

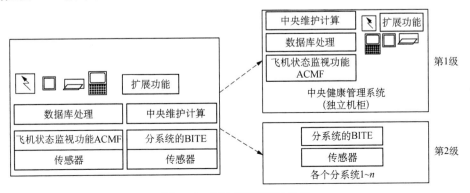

图 2-3　PHM 系统硬件架构

　　第1级包括以下功能模块：中央维护计算功能、飞机状态监视功能 ACMF、数据库处理功能、扩展功能、数据链功能、打印功能、显示功能、交互按钮或键盘。第1级组成独立的处理机柜。

　　第2级包括的功能模块为各分系统的 BITE。第2级分布在各个子系统的控制机柜 LRU/LRM 中。国际航空电子系统技术朝着 IMA（综合模块化航空电子）的方向发展，IMA 系统的特点为

　　（1）基于嵌入式计算机系统。

　　（2）模块化，软硬件模块通用化、可互换。

　　（3）软件可重构和动态分配。

　　（4）分布式交换网络。

　　（5）余度备份。

　　我国民用飞机航空电子系统也采用这种 IMA 结构，机载健康管理系统属于 IMA 中的一个子系统，同样也要按 IMA 系统设计的基本原则进行设计。图2-4 给出了机载健康管理系统与 IMA 系统的关系。

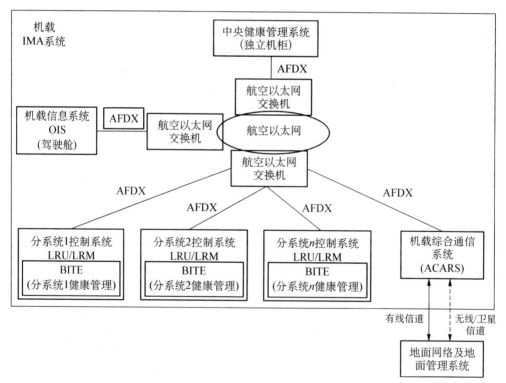

图2-4　机载健康管理硬件系统与飞机 IMA 系统的关系

　　在图2-4中，机载健康管理系统从飞机各个分系统的控制系统中收集分系统状态和故障数据；飞机的各分系统之间的数据通信采用航空以太网 ARINC

664/AFDX 协议;飞机的各分系统的内部控制模块之间的通信采用 ARINC 659 总线(个别系统局部也可采用 ARINC 429/ARINC 629 总线等);中央健康管理系统的处理机柜的背板采用 ARINC 659 总线标准。

机载健康管理系统与地面健康管理系统之间可以利用空地数据链 ACARS 进行通信,机载健康管理系统与机载信息系统(onboard information system, OIS)之间可以利用 AFDX 方式进行通信,驾驶员可以及时了解飞机的健康状况(见图 2 - 5)。

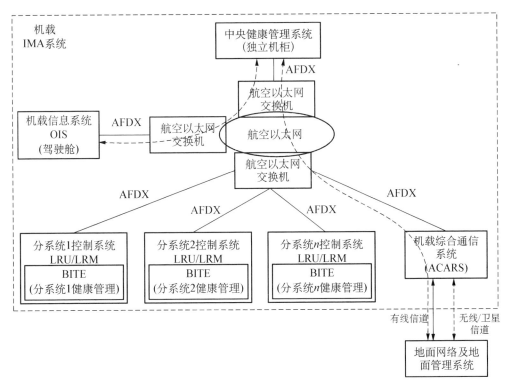

图 2 - 5 机载健康管理系统与地面系统的通信关系

在图 2 - 5 中,通信采用公共的通信方式和设施,这是由机载综合通信系统提供的,通信方式和媒介对健康管理系统来说是透明的,空地数据链采用类 TCP/IP 协议,点与点通信通过虚拟地址进行识别。

实际的健康管理系统的硬件系统需要采用双系统热备份方式工作,以保证可靠性,需要设置两套相同的健康管理硬件系统。一套硬件系统放在一个机柜里,两个机柜分别通过不同的两台交换机接到 IMA 网络上,双硬件系统可以进行互测,保证健康管理系统自身的正常工作;网络的数据通道也是余度的(见图 2 - 6)。

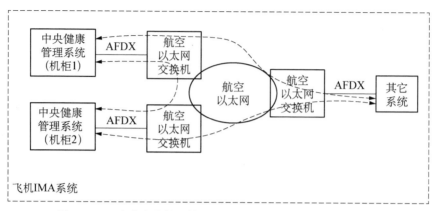

图 2 - 6　双余度中央健康管理硬件系统与飞机 IMA 系统的关系

机载中央健康管理系统的硬件系统采用分布并行处理方式,采用标准通用件搭建系统,主要使用 3 类计算机：①通用处理计算机;②硬盘控制计算机;③通信处理计算机。

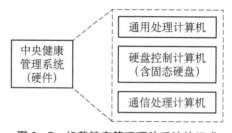

图 2 - 7　机载健康管理硬件系统的组成

这 3 类计算机通过 ARINC 659 总线连接在一起,组成一个控制机柜,机柜中可以根据需要插入多个计算机处理板,图 2 - 8 是波音的 B777 的 IMA 系统所采用的基于 ARINC 629 总线标准的机柜照片。

图 2 - 8　波音 B777 的 IMA 系统所用的基于 ARINC 629 总线标准的机柜照片

图 2 - 7 的中央健康管理系统所用的 3 类计算机主要承担以下任务：
(1) 通用处理计算机和硬盘控制计算机主要承担健康管理任务的计算工作。

（2）通信处理计算机负责健康管理系统与其他分系统及地面系统的数据交换。

机载健康管理系统的软件系统通过实时分区式操作系统 ARINC 653 动态地分配到上述 3 类计算机上。

（1）机载中央健康管理系统的硬件系统采用总线结构互连（见图 2-9）。

（2）健康管理系统机柜内各计算机间通过 ARINC 659 总线进行通信。

（3）各个处理机板采用 ARINC 650 标准进行机械结构设计。

（4）线缆插头采用 ARINC 600 标准设计。

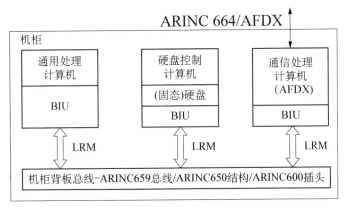

图 2-9　机载健康管理系统内部硬件结构

在操作系统 ARINC 653 支持下，健康管理的任务被分配到各个计算机上。

图 2-9 的基于总线的结构非常容易进行系统升级，只要插入相应数量的标准处理板即可（见图 2-10）；而操作系统将根据计算负载情况自动将任务分配到各个板上。

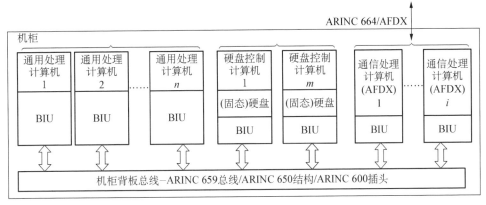

图 2-10　机载硬件系统结构易于扩充升级

另外，机载健康管理系统也用到以下硬件设备：

（1）航空以太网交换机。

（2）机载综合通信系统。

这两类设备属于 IMA 系统重要基础部件的设计范畴,健康管理系统可以直接利用这两类设备,但可以提出功能和性能需求(见图 2－11)。

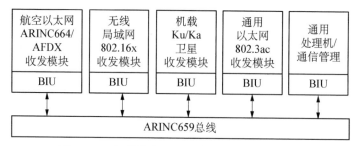

图 2－11 机载综合通信系统模块硬件基本结构

2.1.4 机载 PHM 软件架构设计

PHM 系统采用分区域分层级的软件架构。监控区域覆盖机体结构、机载设备、发动机和环境四大系统;监控层级(针对机载设备和发动机)由小到大分为元器件级、SRU(shop replaceable unit)级、LRU(line replaceable unit)级、子系统级、系统级,每一级均有对应。其中,机载系统的故障诊断和隔离执行到 LRU 级,地面系统进行更深入的 SRU 和元器件级的故障诊断。图 2－12 展示了机载系统的分级软件架构:

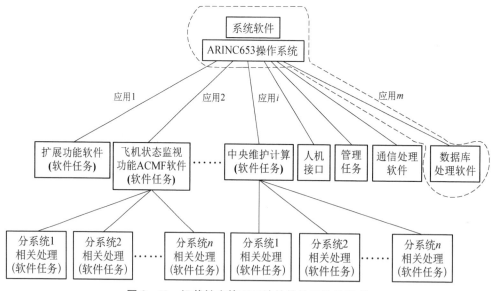

图 2－12 机载健康管理系统的软件系统的组成

(1) 中央维护计算软件及其相对应的各个分系统的健康管理算法软件。
(2) 飞机状态监视功能软件及其相对应的各个分系统的状态监视算法软件。
(3) 扩展功能软件。

（4）嵌入式实时分区式操作系统 ARINC 653（如 VxWorks653）。

（5）数据库软件，采用嵌入式实时数据库（如 eXtremeDB）。

（6）管理任务，逻辑上综合管理所有分系统健康管理任务的执行。

（7）通信处理任务，建立健康管理系统和飞机各分系统之间的联系。

（8）人机接口处理任务，负责人机交互、打印、显示等功能的处理。

2.2 机载总体架构设计

PHM 的机载系统实现对机载故障探测和健康状态监测的支持，并为地面 PHM 系统提供足够的基础条件和数据，满足地面故障诊断/预测分析与健康管理所需。飞机健康管理机载功能与地面 PHM 系统相互协调，共同实现飞机故障预测与健康管理能力。PHM 的机载系统主要是指与 PHM 系统相关的机上系统或设备单元，主要包括机载维护系统（OMS）、信息系统（IS）及通信系统等，机上各模块的组成及各自接口如图 2-13 所示。

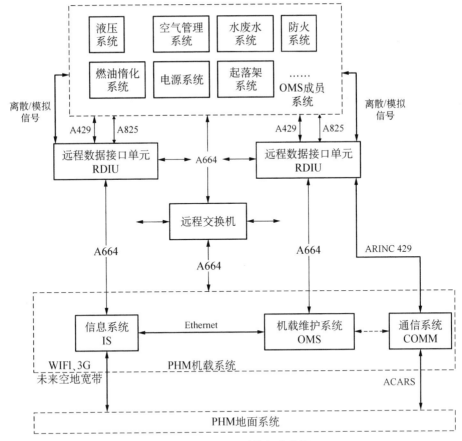

图 2-13 PHM 系统机上模块

（1）机载维护系统：机载维护系统部分主要监控飞机各成员系统失效状态，探测、接收并存储从各成员系统报告来的故障数据，判断、确认各成员系统的故障状态，并将故障状态隔离到单个的 LRU 或接口。同时，系统将所探测的故障、状态等信息通过通信系统 VHF 设备（即 ACARS 链路）实时下传至地面 PHM 系统。此外，机载维护系统还将自身所收集的所有参数数据、报文及处理结果发送至信息系统，以便存储并导入 PHM 地面系统数据库中，供航后维护人员使用。

（2）信息系统：信息系统主要负责收集各分系统所发送的状态量参数、模拟/离散量参数、故障信息等数据，并将其按照一定的格式进行存储，供航后导入 PHM 地面系统使用。同时，信息系统提供对未来基于空地宽带的地面实时监控功能的支持以及机上故障预测与健康管理功能的扩展等。

（3）通信系统：通信系统部分主要负责将 OMS 等系统所产生的故障、参数等报文，依据空地数据传输规范，将其下传至地面 PHM 系统。同时，通信系统也将其自身产生的部分 AOC 报文，实时下传至地面 PHM 系统，以供地面实时监控功能应用。

PHM 机上模块功能设计如图 2-14 所示，机上模块功能由信息系统、机载维护系统及通信系统共同完成。具体而言，PHM 机上模块功能应至少包括以下几部分内容。

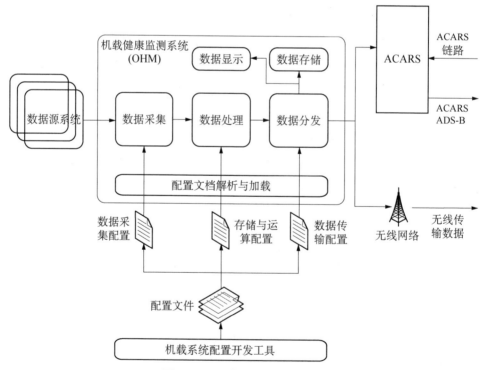

图 2-14 机载系统的功能组成

（1）数据采集：实现对集中数据的采集功能，能够具备采集飞机以下数据的能力。

① 系统在总线上传输的所有数据；

② 系统所有传感器采集的数据的参数值；

③ 系统的组件级、LRU 级、系统级 BIT 数据（包括每次 BIT 结果、BIT 摘要）；

④ OMS 输出的故障信息、状态参数信息；

⑤ EICAS 生成的警告信息；

⑥ EFB 中的飞行日志功能、客舱记录本功能记录的故障信息；

⑦ 飞机各系统的构型信息、OMS 生成的构型报告信息。

（2）数据处理：对获取到的数据进行预处理，应用采集到的数据，进行简单的逻辑判断或数值计算，形成健康信息报告，进行健康事件监控。主要的处理应用能力包括以下几类。

① 具备飞机参数逻辑处理能力，能在参数发生超限、参数满足相应逻辑方程式、探测到飞机系统异常事件等情况下，触发健康信息报告。

② 能对飞机各系统的软硬件构型信息进行处理，在构型发生变更时（如硬件部件拆换、软件部件更新等），能自动发送构型信息报告。在接收到地面系统构型信息请求时，能发送构型信息报告。

（3）数据存储管理。提供对处理过的数据或原始数据的机上存储记录功能，将数据存储到机载大容量数据存储装置中，并将大量的数据进行统一管理。

（4）数据显示功能。提供人-机界面，实现相关信息的显示。

（5）数据传输与转发。应提供有线传输、地面无线传输等方式实现将飞机机上模块所能获取和存储的所有数据传输至地面系统，并在未来空地宽带成熟之后，具备将获取和存储的所有数据实时传输至地面系统的能力。机载系统具备如下两个方面的数据传输功能。

① 在飞行过程中，将特定的数据、信息或报告实时发送至地面系统；

② 飞机在地面时，通过无线网络或者有线连接，将数据传送至地面系统。

（6）配置文档解析与加载功能：具备以下 3 个方面的配置文档解析与加载功能。

① 数据采集配置解析与加载。机载运行软件可以根据用户配置的数据采集配置文件，进行采集功能的配置与扩展，包括采集参数选择、采集周期配置等。

② 数据存储与运算配置解析与加载。机载系统软件具有数据存储与运算逻辑的用户配置与扩展功能，运行软件可以根据配置文件的不同，更改机载软件的参数存储类型、存储周期、存储条件等内容，解析并加载处理的判定条件和阈值范围、分析处理规则、分析处理条件等。

③ 数据传输配置解析与加载：运行软件在飞机飞行过程中，可以根据用户配置文件的配置内容，解析出数据传输的参数类型、传输周期、传输链路及传输条件等。

2.3　空地传输总体架构设计

空地数据链是机载电子系统综合化的关键支撑技术,是机载电子系统各子系统、功能区之间的系统互联技术,是一个在航空工程领域苛刻的空间限制条件下,对信息密集型的机载子系统进行信息综合和功能综合的关键技术。不同于一般的商用计算机网络,航空总线网络互联技术特别强调系统的严格实时性、强的容错能力和可靠性。民用飞机机载电子系统架构直接关系到机载电子系统集成、综合测试及验证的手段、策略和方法,是民用飞机研制的关键技术问题,可以引领未来机载电子系统的发展方向,是集成创新的核心问题。

为了提高航空运输的能力、效率性和安全性,我们必须发展新航行系统(CNS/ATM),即新的全球通信导航监视和空中交通管理系统。该系统主要基于卫星技术和数据链技术,卫星技术保证由原来的陆基通信、导航、监视系统逐步向星际通信、导航、监视系统过渡,并逐步以星际系统为主;数据链技术则实现空地、地地可靠的数据交换,是新航行系统基础中的基础。导航和监视系统所形成的各种数据都是通过通信系统来传输的。对于陆地航线占 95% 以上的中国,选择甚高频(VHF)数据链进行开发和技术研究符合中国国情。

Very high frequency(VHF)空地数据通信系统(又称 VHF 空地数据链)由机载航空电子设备、遥控地面站(remote ground station,RGS)、地面数据通信网、网络管理与数据处理系统(network management data process system,NMDPS)和各用户子系统构成。

机载航空电子设备是甚高频数据通信系统的空中节点,其主要功能是将机载系统采集的各种飞行参数信息通过空地数据链路发到地面的遥控地面站(RGS),并接收地面网中通过 RGS 站转发来的信息。

遥控地面站是甚高频数据链系统的地面节点,用于飞机与地面数据通信网的连接,并可实现地面数据通信网节点间数据通信。RGS 站通过 VHF 接收机接收来自飞机的数据,信道间隔 25 kHz,采用单信道半双工工作方式。数据传输速率为 2400 bit/s(位数/秒),发射或接收数据采用 MSK 调制方式。RGS 站对于下行信息进行处理,解调出来的数据将存储在缓存器中,直到获得网络管理中数据处理系统(NMDPS)取消数据的命令才释放存储器的数据。

网络管理与数据处理系统(NMDPS)是 VHF 空地数据网的中心,它采用以太网的拓扑结构,使用工业标准的 TCP/IP 网络协议。NMDPS 作为 VHF 空地数据通信网的核心,它的功能主要是:

(1) 对航空公司地面用户经过 RGS 到达飞行器上的信息进行交换,完成数据信息的寻址、路由选择及一系列的处理。

(2) 对飞行器发射的报文,经过 RGS 到达航空公司地面用户所在地的信息进行交换寻址和传输。

（3）记录发送和接收的信息。此信息可实时查阅,同时可下载到公告栏里以供分析等。

（4）提供系统管理功能,包括RGS的控制和监测,整个子系统状态的监控、配置、管理,实施对射频（radio frequency,RF）信道的分配及组件和运行时间的控制。

（5）可以灵活地根据管理者的需求增加许多功能,包括航空公司的各种管理应用、空中交通管理的应用及航空运行保障管理的应用和该子系统自身管理的完善。

（6）用户子系统可按应用对象分为面向航空公司的飞行管理系统、面向空管部门的空管信息系统和面向管理部门的管理信息系统。通过用户子系统的终端,空管中心的地面管制员、航空公司的签派员可以直接看到与之相关的飞机数据报文,包括飞机识别信息、航班号、飞机四维信息（经度、纬度、高度和时间）及起飞和降落报告等。

机载设备作为数据链系统的空中节点,能生成各种与飞行参数有关的报文,并且能将机载系统采集的各种飞行参数信息通过空地数据链发到远地面站（RGS）,同时可以接收地面网中通过RGS转发来的信息。RGS在接收到飞机下发的数据之后,通过地面通信网络将这些数据传送到网络管理与数据处理系统（NMDPS）,NMDPS的网关对数据进行处理后,根据数据中的地址信息和自己的路表将报文通过地面通信网络再路由给目的用户,实现（controller pilot data link communications,CPDLC）和自动相关监视（automatic dependent surveillance,ADS）等管制业务以及为航空公司和民航行政管理部门提供服务。

RGS是甚高频数据链系统的地面节点,用于飞机与地面数据通信网的连接,并可实现地面数据通信网节点间数据通信。RGS通过VHF接收机接收来自飞机的数据,RGS工作在半双工方式,数据传输速率为2400 bit/s（bps）,使用MSK调制方式发射或接收数据,采用CSMA协议。地面通信网络作为VHF空地数据链的地面数据传输网络,为其提供地面通信线路,可准确、快速地实现网络上任意两点之间报文数据的传输与交换。目前,中国民航的VHF空地数据链地面数据传输网络采用民航的X.25分组交换网。网络管理与数据处理系统（NMDPS）是VHF空地数据链系统的中心处理系统。该子网与外部网络连接,并与全国范围的RGS和应用系统子网互联构成一个计算机广域网（WAN）。

PHM空地数据传输由空地数据链和地面通信链路两部分组成,分别满足飞行中的实时数据下传和回到地面后的数据传输。PHM地面系统与飞机之间的数据传输机制总体设计方案如图2-15所示。在飞机运行过程中,地面系统需要飞机传输以下几类信息。

（1）飞机运行基本信息:OOOI报、POS报及RTG报。

（2）故障信息:故障报。

（3）ACMF事件信息:ACMS事件报文。

（4）构型信息:构型报。

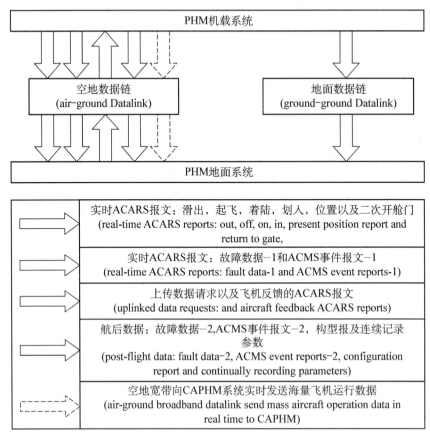

图 2-15   PHM 系统与飞机之间的数据传输机制总体设计

（5）连续记录参数信息。

当飞机在空中时,飞机和地面 PHM 系统之间通过空地 ACARS 数据链为主进行数据交联,同时也可以通过未来的空地宽带实现海量数据的空地实时传输。当飞机落地后,飞机和地面 PHM 系统之间的数据交联方式是以无线数据传输方式（航后 ACARS 报文,无线 Wi-Fi/3G）为主,同时还可以通过人工手动下载的方式进行有线数据的传输。因此,飞机主要通过以下几种方式向地面系统传输所需要的信息:

（1）实时 ACARS 报文。

（2）航后 ACARS 报文。

（3）航后无线 Wi-Fi/3G。

（4）空地实时宽带。

（5）人工手动下载。

以下是对图 2-15 的几点补充说明。

（1）所有信息均为飞机在每一次飞行过程中需要发送到地面系统的信息。

（2）故障数据（fault data）：fault data-1 和 fault data-2 应该包括飞机在一次飞行过程中所触发的所有故障信息。

（3）ACMS 事件报告（ACMS event reports）：ACMS event reports-1 和 ACMS event reports-2 应该包括飞机在一次飞行过程中所触发的所有 ACMS event reports。

（4）构型报告（configuration report）指的是机载设备的软硬件件号、版本号等用于了解机载设备软硬件状态的信息。

（5）连续记录的参数（continually recording parameters）：该类参数应至少涵盖 QAR 及 flight data recorder（FDR）中记录的参数信息，同时允许航空公司进行一定程度的客户化，挑选其需要的参数进行记录。

（6）上行数据请求及飞机反馈的 ACARS 报文（uplinked data requests and aircraft feedback ACARS reports）：当飞机在空中接收到地面 APHM 系统的上行数据请求时，飞机应该通过 ACARS 报文将相应请求数据反馈给地面系统。所有的故障信息，ACMS event reports 及其他维护相关的数据都可以通过该种方式获取。

（7）通信系统（communication system，CMM）：ACARS 数据链的接口系统，所有的 ACARS 报文都必须通过通信系统才能发送到地面。

（8）信息系统（IS）：空地无线数据传输的接口系统，需要通过无线传输的数据都必须通过 IS 才能发送到地面；IS 同时也是机载空地宽带功能、机载 EFB 的 ELB 功能及机载健康管理功能模块的接口系统。

（9）机载维护系统（OMS）：产生维护相关数据的系统，大部分机载系统的维护相关数据都是由 OMS 系统产生并存储后才发送给其他机载系统的。

（10）空地宽带数据链（air-ground broadband data-link）：能够实时下传大容量的地面系统所需要的数据。

以上各种数据或者文件对地面系统必须是开放的，并且方便地面系统进行二次处理的。

2.4　地面系统总体架构设计

地面系统的总体层次结构如图 2-16 所示。

总体层次结构具体如下。

（1）基础设施、系统环境层。主要有基础设施（包括网络、计算机等硬件及网络保障网络安全、数据安全等的硬件和软件）、系统环境（包括操作系统、数据库管理系统、办公软件、应用服务器等），为系统构建一个运行稳定、安全可靠的基础支撑环境。

（2）数据存储层。主要为上层业务系统提供数据和知识的支持，包括报文数据库、基础数据库、基础知识库、故障诊断和业务知识库；在设计上充分考虑大数据量数据存储的效率、可靠性等因素。依靠数据总线，数据存储层可以方便地进行扩展，

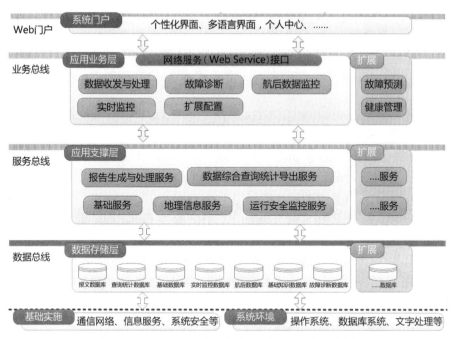

图 2－16 实时监控与故障诊断系统的层次结构图

以满足日后不断增长的数据需求。

（3）应用支撑层。主要为上层业务系统提供基础的软件服务，包括基础服务、报表服务、地理资讯系统（geographic information system，GIS）服务等。在之后若需要增加新的应用支撑，只需要满足数据总线接口和服务接口增加新的应用支撑。

（4）应用业务层。主要满足系统的三大业务需求，即运行服务业务需求（包括实时监控、故障诊断）、扩展配置管理业务需求、数据及知识管理业务需求（包括海量数据管理和综合知识处理）。在后续添加故障预测和健康管理时，只需要面向服务总线提供服务接口，同时将业务开放到系统门户供用户使用。

（5）系统门户层。主要实现各个业务系统的集成和综合，为用户提供门户服务，包括个性化界面、多语言界面、个人中心等。

系统功能组成包括以下几个方面。

（1）地面运行系统：进行机载系统数据的接收、存储与处理，通过调用诊断案例、维修类手册、评估方法等知识库内容，实现飞机关键参数、运行状态的实时监控功能；实现系统级故障诊断定位功能。因此，地面运行系统主要需要完成以下几部分的研制内容：①数据收发与处理系统；②实时监控系统；③故障诊断系统；④航后数据监控系统。

（2）扩展配置系统：为保障整个地面运行系统的扩展性，需要对地面运行系统的功能逻辑及应用的知识库和算法具有配置扩展开发的功能，能够完成知识库内容的更新、编辑、加载等功能。因此，地面配置开发系统需要完成以下几个部分的研制内容：①监控参数配置；②故障诊断知识配置；③知识挖掘与自学习；④系统基础信息配置。

（3）应用支撑系统：该系统需要为上层的业务系统提供基础的软件服务，包括基础服务，数据综合查询、统计、导出服务，报告生成与处理服务，地理信息服务，运行安全监控。因此，应用支撑系统需要完成以下几个部分的研制内容：①基础服务；②数据综合查询、统计、导出服务；③报告生成与处理服务；④地理信息服务；⑤运行安全监控。

3　飞机实时监控系统

为了更好地解决飞机健康状态监控,故障诊断及寿命预测方面的难题,先进民用飞机采集的数据量不断增长,这对整个飞机健康管理系统提出了更高的要求。因此,整个健康管理系统逐渐从集中式的 PHM 向分布式发展。为了避免早期飞机的故障显示系统的功能限制,先进飞机采用的分布式 PHM 系统既保留了中央维护系统(CMS)的功能,又由于采取了分散式的架构,避免了大量数据采集和数据处理方面的问题。

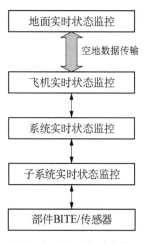

图 3 - 1　飞机实时监控系统的分层架构

飞机实时状态监控系统是 PHM 系统中极为重要的组成部分,其对应的分层式架构如图 3 - 1 所示。

在以上分层架构中,主要组成部分所实现的功能简要介绍如下:

1) 机载实时状态监控系统

(1) 部件 BITE/传感器:主要通过自身的功能特性为机载实时状态监控系统提供第一手的状态监测数据,包括各种连续的、离散的测量数据用于表征飞机各个系统、部件的运行状态。

(2) 子系统实时状态监控:主要通过内部的运算或者控制逻辑,利用子系统内部组件的输入数据,对整个子系统的状态进行监控。

(3) 系统实时状态监控:与子系统功能类似,但是在此基础上会承担整个系统各个子系统与外部其他系统的接口管理功能,从而实现对整个系统的状态监控功能。

(4) 飞机实时状态监控:主要负责对整个飞机各个系统运行状态的实时监控功能,具体来说主要包括对机载数据的实时采集、处理、显示、告警、记录及打包下传等功能。

2) 空地数据传输

主要负责利用先进的无线电数据传输技术,将机载状态监控数据传输至地面,从而实现地面维护人员对飞机飞行状态的全程监控;同时,地面也可以通过上传数据请求的方式在一定范围内获取所需的飞机运行数据,从而实现空地之间双向的数据通信。

3)地面实时状态监控

主要负责接收飞机下传的运行状态数据,并进行即时处理后将结果在地面显示,从而方便地面人员对飞机的运营及维护状态的监控。

3.1　机载实时状态监控

图3-2所示为机载实时状态监控系统的组成原理图。从图中可以看出,机载实时状态监控系统可以分为部件级、子系统/系统级及飞机级状态监控3个级别。

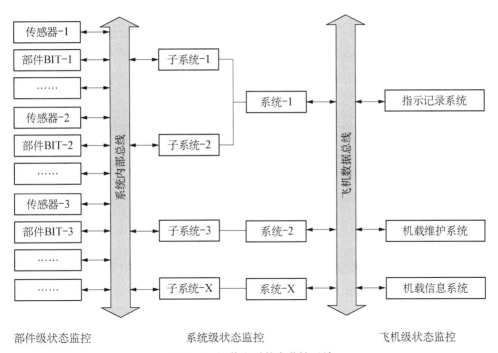

图3-2　机载实时状态监控系统

本节将从不同层面对机载实时监控系统进行简要介绍。

3.1.1　部件级状态监控

部件级状态监控主要是指飞机上的各个部件利用自身所具备的特性,对自身状态或者周围环境状态进行监测,从而为整个飞机状态监控系统提供最基本的数据源。从监测数据来源来讲,部件级状态监控主要有两种:一种是利用自身的特性对周围环境的状态监测即传感器技术;另一种是利用自检测技术对自身状态的监测即BIT技术。

3.1.1.1 传感器技术

1) 传感原理

在民用飞机领域,主要有以下几种常用的传感技术[24]:

(1) 温度测量。

民用飞机上主要采取两种方式来进行温度测量:热电阻式和热电偶式。热电阻式测温是依据加热时导体阻抗会变化的原理。大多数金属的电阻会随着温度升高而增大。其中,金属材料中铂(Pt)是最常用的材料,其电阻与温度在很大温度范围内呈线性关系。热阻式温度传感器是目前测量最准确的温度传感器。热电偶式温度传感器是根据塞贝克效应(Seebeck effect)制成。所谓塞贝克效应是指两种不同成分的导体或半导体的温度差异会引起两种物质间的电压差的热点效应。根据其材料类型,就可以得到相同温度差异下的电动势差。

(2) 压阻式传感。

压阻式传感技术利用导体样件的压阻效应,即导体样件受到应变或弹性形变时会产生阻抗变化。一般压阻式传感器通过硅膜片得到被测物理量。压阻式传感器有易于微型化、测量范围宽、频率响应好和精度高等特点。但是需要注意的是,硅压阻式压力传感器对温度非常敏感,在具体的应用电路中必须进行温度补偿。

(3) 压电式传感。

压电式传感技术利用某些电介质的压电效应,即压电材料受力后表面产生电荷,经过转换电路转化成电物理量。压电传感器的优点是体积小、频带宽、灵敏度高、信噪比高、工作可靠、结构简单和重量轻。缺点是某些压电材料要特别注意防潮,而且输出的直流响应差。压电传感器一般只适用于动态测量。

(4) 电容式传感。

电容式传感器把被测的机械量(如压力、位移等)经过转换电路转换为电容量变化。电容式传感器的优点是灵敏度高、过载能力强、温度稳定性好、动态响应好和适应性强;缺点是由于输出阻抗高,导致负载能力差,并且寄生电容影响大。

(5) 光电传感。

光电传感是将被测量(位移、速度、加速度)的变化转换成光信号,然后进一步将光信号转换成电信号。可以检测直接引起光强变化的非电物理量,也可以用于检测可以转换为光量变化的其他非电物理量。优点是响应快、性能可靠、可实现非接触测量。

(6) 电磁传感。

电磁传感又称磁电式传感,利用电磁感应原理将被测量(振动、位移、转速等)转换成电信号。由于其输出功率大,且性能稳定,具有一定的工作带宽(10~1000 Hz),所以得到普遍应用。另外,这种传感器能够应用在很大的温度范围中。

(7) 电涡流式传感。

电涡流式传感利用电涡流效应,将非电被测参数(振动、位移、转速等)转化成线圈的电感或阻抗的变化,是一种非接触的线性化计量技术。电涡流传感器因其长期工作时可靠性好、测量范围宽、分辨率高、灵敏度高响应速度快、抗干扰能力强、不受油污、结构简单等优点,在现代工业中得以广泛应用,尤其是民用飞机发动机的实时监测和故障诊断。

(8) 惯性传感。

惯性传感依据的是微型的质量-弹簧共振原理。主要用于检测和测量加速度、倾斜、冲击、振动、旋转和多自由度运动。在新技术中,惯性传感还应用了多普勒效应。

(9) 磁光检测。

磁光检测基于磁光效应原理,通过外加电磁场作用使通过材料的光波偏振性质发生变化,检测光的变化从而得到外加磁场的变化。这种方法可以进行三维温度成像,是一种有前景能应用于空间温度分布感知的技术。由于施加的电磁场会引起光学偏斜的变化,这种方法也可以进行位置测量。

2) 传感器应用现状

(1) 温度测量。

热电阻。阻抗温度装置(resistant temperature devices, RTD)常用的阻抗检测材料为镍和铂。铂 RTD 具有很好的长期使用稳定性,优于 0.1℃/年。在最新推出的 RTD 中,铂线由沉积在陶瓷基底小区域上的铂薄膜取代。典型的用于航空领域的 RTD 类型如表 3 - 1 所示,典型的 RTD 测温传感器如图 3 - 3 所示。

表 3 - 1　典型 RTD 类型

类型	常用名称	温度范围/℃
铂	DIN 43760	−40～850
镍	MIL - T - 7990	−40～400

图 3 - 3　典型的 RTD 测温传感器

热电偶。热电偶是自供电温度传感器。典型的标准热电偶类型如表 3 - 2 所示。

表 3 - 2　典型的标准热电偶类型

类型	常用名称	温度范围/℃
B	铂铑合金(铑含量 30%)～铂铑合金(铑含量 6%)	0～1700
E	镍铬-铜镍	0～850

（续表）

类型	常 用 名 称	温度范围/℃
J	铁-铜镍	−200～750
K	镍铬-镍铝	−180～1 100
N	镍铬硅-镍硅	−180～1 100
R	铂铑合金(铑含量 13%)～纯铂	0～1 500
S	铂铑合金(铑含量 10%)～纯铂	0～1 500
T	纯铜-铜镍	−250～370

图 3-4　压电式压力传感器

（2）压力测量。

压力测量中,应用最广泛的是压阻测量技术。压阻测量一般有硅-硅及硅-蓝宝石两种技术。

压电式压力传感器可应用于极限温度环境的动态压力测量(见图 3-4)。这类传感器工作温度可超过 700℃,主要用于航空发动机管路共振检测。当前此类装置一般采用双通道设计,提供物理冗余,为机内测试功能提供接口。

（3）光电传感技术。

对飞机液压系统污染情况和油液品质的检测,以前只能靠地面监测仪器进行离线分析,而且存在二次污染、精度较差、工况不一致的问题。但现在,国外已有多家公司研究出新型光电传感器(见图 3-5 和图 3-6)应用在航空领域,并取得了初步的成果。

图 3-5　槽型红外光电传感器

图 3-6　电涡流式传感器

（4）电涡流式传感。

在飞机维修中,传统方法是利用磁粉、渗透检测工艺,因其工序复杂、控制因素多、时间长,而且存在污染问题,并且磁粉检测对现代飞机广泛使用的铝合金材料作用不大,所以采用电涡流式传感器的涡流检测方法逐渐成为飞机维修,尤其是飞机机体结构和部件检查、维修中的一种最常用的无损检测方法。

(5) 磁光检测。

在试验件表面放置一个能产生磁光效应的材料薄片。通过施加磁场或电磁场,观察偏振光旋转角度的变化,来判断试验件材料的缺陷情况。利用磁光效应制成的无损检测仪器称为 MOI(magneto optical image),可以用来检查飞机蒙皮、钛合金及合金钢部件中存在的裂纹或腐蚀等缺陷[25]。当用在非铁磁性材料部件时需要涡流装置在试验件中产生涡流,而用于铁磁性材料试验件时需要 MOI 内置的磁轭或者外部磁化装置。美国 PRI 公司生产的磁光涡流成像装置已投入到了实际的应用之中(见图 3-7)。

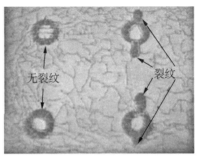

(a)　　　　　　　　　　　　　　　(b)

图 3-7　飞机蒙皮裂纹检测成像装置和效果

(a) 成像装置　(b) 检测效果

3) 新型传感原理

为满足未来传感器的要求,尤其是在严酷环境下(比如,发动机的高温、高压、高振动环境)可靠工作的能力,我们必须要研发新型传感原理和技术。民用航空传感器逐渐向非接触、无侵入和智能化、系统化的方向发展。列举几项典型新技术如下。

(1) 微机电系统(micro-electro mechanical system,MEMS)技术。

MEMS 是解决发动机区域高温和智能传感器需求的很好的途径。MEMS 将电子器件与传感和信号处理在芯片级进行集成,具有小型化、费用低及适用于智能传感器开发等优点[26],结合常规的压阻、压电、电容和感应式传感原理,可以开发、探索出新型传感器。除此之外,质谱分析、气体色谱法、红外傅里叶变换、电离场、表面声波等传感技术可用于开发芯片级气体分析仪。当前硅作为 MEMS 传感器的基底材料,性能优异且有应用前景的电路材料如硅-绝缘体、碳化硅、碳氮化硅、碳氮化硅和铁复合材料等。

(2) 光学 MEMS 技术。

光学 MEMS 技术关键技术是将光学成像嵌入到微芯片中,通过谱分析进行气体组分或温度梯度分布等阵列信息的数字化分析,再由 CPU 处理这些信息。光学

MEMS 阵列的优点是可高温服役、波长灵敏度可扩展。

（3）信号传输。

目前，无线数据传输技术还不够成熟，可靠性达不到使用要求。可靠的连接器和电缆的常规信号传输技术仍然是目前工业应用的主流技术。但高温电子器件的进步将会提高传感器无线数据传输技术的进一步发展。

（4）MEMS 封装。

MEMS 这种微结构嵌入方法有小型化和高可靠性等优点，必须同时由先进的封装方法和策略来保证。目前，MEMS 采用与集成电路一样的封装方法，阻碍了 MEMS 技术的应用进程。所以，MEMS 封装技术要引起足够重视，同步发展。

（5）能谱法。

能谱法通过光谱，识别物质成分，结合使用 MEMS，开发出芯片级的气体分析仪。能谱法传感器与傅里叶变换的红外能谱、激光又发分裂能谱、质量能谱及雷曼能谱等。

（6）可调二极管激光（tunable diode laser，TDL）。

TDL 技术是利用吸收能谱的原理制成。TDL 激光器经济、实用、稳定，并且可以与光纤耦合实现从测量位置的光传输。

4）新型传感器

（1）压力。

波音公司研制了基于 MEMS 技术的压力带。压力带采用模块化、多芯片模块的设计思路，将整个压力带分成若干个小段，每段由一个包含 6 个压力传感器的智能模块。智能模块包含有敏感部分，对应的信号调节和处理电路、校准机构和通信接口。压力带首先用在 B757 - 300 飞机上，对飞机的起落架性能进行测试。之后又用于测量飞机机翼表面的空气动力分布。利用 MEMS 技术研制的压力带，可提高 5 倍的安装效率，和 10 倍的精度。压力带样机在 B757 - 300、B737 - BBJ、B767 - 400 飞机上进行了充分的飞行试验，并在 B737 - 900 飞机上进行了产品的飞行验证。

（2）微流控制。

MEMS 技术可用于飞机边带层流的主动控制，减少流体气动摩擦，实现飞行器减阻或增升、减小抖振载荷、减低噪声辐射、改进飞机操纵等，取代传统的流线型机身设计，制造出飞机灵巧蒙皮，从而改变传统的飞机表面控制技术。据估计，MEMS 微流体主动控制技术能减少飞机 50%～80% 的表面摩擦力。

（3）智能传感器。

智能传感器具有一定的补偿能力能够执行自我诊断、自我校准并具有适应性。使用 MEMS 技术小型化具有小质量、低功耗、高可靠性和高集成度等显著优点。但是，由于常规电路的硅扩散受到温度限制，碳化硅和碳氮化硅制造电路有望能够突破这一限制。用于电路的碳化硅平面制造技术不但能使电路能够在更高的温度状态下工作,而且有助于研制出适用于更高温度环境下的微机电系统。碳化硅是一种半导体材料,当前的研究正致力于碳化硅部件的平面制造技术,碳氮化硅是从热固材料聚合物合成的新材料,目前研究人员只得到了无定型小晶阵的陶瓷材料。

3.1.1.2　BIT 技术

1) 基本原理

BIT(built-in test)定义为系统或设备内部提供的监测和隔离故障的自动测试能力[27]。航空装备机内测试是测试技术的一个重要分支,是实现对装备进行故障预测和状态管理(PHM)的重要支撑技术。BIT 的度量指标主要有故障检测率、故障隔离率、虚警率、故障检测时间、故障隔离时间等。

从原理方面分析,BIT 可分为 4 个方面内容:状态检测、故障诊断、故障预测、故障决策。

(1) BIT 状态检测。

设备状态检测是故障诊断的基础,获取状态信息的准确性与完备性是 BIT 故障检测与诊断能力的重要体现。状态检测包括制订 BIT 检测方案、确定被测信号和参数、选用传感器等。

(2) BIT 故障诊断。

BIT 故障诊断定义是根据所掌握的被测对象的故障模式和特征参量,结合检测得到的系统状态信息,判断被测对象是否处于故障状态,并找出故障部位和故障原因。

(3) BIT 故障预测。

BIT 故障预测包括预测故障的发展趋势和设备的剩余寿命。其中,混沌理论、神经网络在故障预测中都起到了广泛应用。

神经网络一般以两种方式实现预测功能:一是以神经网络作为函数逼近器,对设备工况的某参数进行拟合预测;二是利用输入输出间的动态关系,用动态神经网络对工况参数建立动态模型,从而进行故障预测。

(4) BIT 故障决策。

BIT 故障决策就是综合考虑各方面情况,针对不同的故障源和故障特征,提出最合理的维修策略,维修方案和处理措施。

2) 常规 BIT 技术

BIT 技术不依赖外界设备,仅依靠自身内部硬件及软件实现系统测试。常规 BIT 技术包括:通用 BIT 技术、数字 BIT 技术和模拟 BIT 技术,这些常规技术是 BIT 设计检测、诊断和决策的基础。

(1) 通用 BIT 技术。

BIT 技术相关的理论知识包括 BIT 通用测试性设计准则及余度 BIT 技术、环绕 BIT 技术、并行测试技术。

a. BIT 通用测试性设计准则。

准则包括：在模块连接器上可以存取所有 BIT 的控制信号和状态信号；在模块内装入完整的 BIT 功能和机内测试设备；机内测试设备应该比被测电路具有更高的可靠性；关键电压应该能够进行目视监控；BIT 测试时间应保持在合理水平，模块中的 BIT 程序应该限制在 10 min 以内；自动测试设备能够对每个 BIT 程序进行独立的存取和控制；BIT 程序通常由一个处理机控制。若模块中存在一个这样的处理机，那么该 BIT 程序即可由自动测试设备从外部控制。

b. 余度 BIT 技术。

通过在设计中重复被测的功能电路可实现 BIT。向被测电路和余度单元输入相同的功能输入信号，通过比较这两个电路的输出就可以了解电路的工作状态。如果输出不同并且其差值超过某一范围，那么就说明发生了故障。因为模块式是可重复的，并且需要附加一些用来实现余度的硬件，所以余度 BIT 通常比较昂贵。它的主要优点是可在模块执行其功能的同时运行 BIT，附件的 BIT 电路不会影响功能电路。

c. 环绕 BIT 技术。

环绕 BIT 技术已经成为测试微处理机系统的一种标准方法，被测系统可能是单个微处理机电路板或许多这类电路板所组成的系统。环绕技术要求对微处理机及其输入输出器件进行测试。

d. 并行测试技术。

并行测试技术是指当实施测试时，能同时执行主系统功能。从特性上讲，并行测试可以是无源的，也可以是有源的。无源方法仅利用监控电路确定各级信号是否正确，有源方法则要求施加一个激励，然后进行测量，要求其在分时基础上进行，以便不会干扰系统工作。

（2）数字 BIT 技术。

对于数字电路，许多方法可以实现 BIT。比如，VLSI 芯片 BIT 的单板综合，特征分析，机内逻辑块观察，扫描技术。

（3）模拟 BIT 技术。

模拟 BIT 通常是以传感器或转换器监控电路状态，然后通过模数转换将监控结果传送至数字电路做进一步的分析或用数字信号输出。模拟信号经过变换后可以利用许多数字 BIT 技术。模拟 BIT 技术不容易开发，原因是模拟器件的故障模式非常多。另外与数字电路不同，模拟电路经常会有容差故障，这些故障可由 BIT 检测，但必须确定接受的门限，并将其纳入到 BITE 设计中。常用的模拟 BIT 技术包括两种方法，即电压求和方法和比较器方法。

3）智能 BIT 技术

智能 BIT 是指将智能理论（包括专家系统、神经网络、信息融合、模糊理论）应用到 BIT 设计、检测、诊断、决策等方面，提高 BIT 综合效能，从而降低设备全寿命周期费用。近年来，智能 BIT 技术迅速发展，在实现手段上出现了综合、改进决策、信息增强、维修历史、自适应、暂存监控等多种类型的智能 BIT 技术。

航空机电系统智能 BIT 在传统 BIT 基础上,综合考虑振动、温度、磨损、污染等信息,应用专家系统、神经网络等人工智能技术进行决策,扩大了故障诊断的数据信息源,提高了航空机电系统故障诊断的准确性,其实现方式最具有代表性的结构就是被称为中央故障显示系统(central fault display system,CFDS)的结构。

4) BIT 技术在民机上的应用

BIT 技术是先进飞机现代化的重要标志。飞机在设计之初就已经形成了全机的监控、检测和自诊断系统,航空电子系统设置了数据记录装置,记录全机各个系统BIT 传输的检测数据,如故障 LRU 代码、故障时间和次数、故障模式和危害度等级等。机载 BIT 得到的信息可以显示在维护监控板和多功能显示器上。BIT 能够监控主要工作参数,可以预测未来可能发生的故障,同时可以参与余度管理,对于出故障的系统还可以参与重组。

20 世纪 90 年代初,B747 - 400 飞机的投入使用标志着数字化、规范化和综合化的 BIT 技术得到实际应用,波音公司把这种 CFDS 成为机载维护系统。B777 飞机上的机载维护系统负责收集飞机系统内各外场可更换单元的机内检测信息,具有状态监控、机载数据装载、维修功能测试及其他与维修有关的特点。

3.1.2 子系统/系统级状态监控

由于飞机本身的技术复杂性及其恶劣的运行环境,同一机载系统内部各个部件之间及不同系统部件之间存在着很强的交互作用,这就给部件故障状态的判断带来了困难。因此,目前主流民用飞机各个机载系统都有独立的控制器或者驻留在飞机公共处理平台上的控制软件,通过采集内外部部件级状态数据对系统内部部件进行综合状态监控和诊断。这有助于提高整个状态监控系统的监控效率,降低航空公司后期机队运行和维护的成本。

3.1.2.1 部件级状态数据的采集

在目前主流的大型民用飞机上,比较重要的机载系统如发动机、辅助动力装置(auxiliary power unit,APU)、飞控、电源等,都具有自身独立的控制器对系统内部各个组件的状态进行监控。而控制器与部件之间主要依靠内部数据总线进行交互,比较常用的数据总线技术主要包括 ARINC 429 总线和 CAN 总线两种。

以下对这两种数据总线技术进行简要介绍。

(1) ARINC 429 总线技术。

该协议产生于 1977 年,是美国航空电子委员会提出、发表并获得使用许可的,其全称为数字式信息传输系统。该协议主要定义了航空电子设备之间及系统与系统之间的数据传输标准。目前,该协议是民用航空领域应用最为广泛的协议,国内对应的标准为 HB6096 - SZ - 01。

ARINC 429 协议主要有结构简单、性能稳定、抗干扰等优点,因此该协议可靠性非常高。ARINC 429 协议的具体特性如下。

a. 数据传输方式。

主要采用单向数据传输的方式，即数据从数据源发出，经过传输总线发送至与之相连的设备端口。但是，数据无法实现倒流，即无法实现信息沿发送路径从接收端口到发送端口的传输。如果需要实现两个设备之间的双向数据传输，则需要在每个方向上单独建立传输路径，这样有助于降低数据分发的风险。

b. 总线负载能力。

单向的数据传输总线上可以连接少于 20 个的数据接收设备，这样可以保证数据传输具有充裕的时间。

c. 数据调制方式。

主要采用三态码双极性归零的方式。

d. 数据传输速率。

可以分为高速 429 和低速 429 两种，速率分别为 100 kbit/s 和十几 kbit/s。对于制定传输内容的位速率，其传输误差范围一般在 1% 以内。需要注意的是，单条传输总线无法同时实现高速和低速两种传输速率。

e. 数据同步方式。

数据传输以字（word）为基本单位，每个字由 32 个位（bit）组成。而位同步数据是包含在双极归零信号波形中的，该同步信息以传输同期间至少 4 个位（bit）的 0 电平的时间间隔为基准，后面紧跟该字（word）间隔后发送的新字（word）的第 1 位。

ARINC429 的每一个数据字（二进制或二-十进制）都是长 32 位：

标号位（label）：1~8 位，确定信息的数据类型和参数。例如，若传送 VHF 信息，那么标号位八进制数 030；若是 DME 数据，那么标号为八进制数 201 等。

源终端识别（SDI）域：9~10 位，定义了目的数据域。例如，一个控制盒的协调字要发送到 3 个甚高频收发机上，需要标示出信息的终端，即把调谐字输送到标示的甚高频接收机上。

数据组（data field）：11~28 或 29 位，根据字的类型是 11~28 位或者 11~29 位，用于传输应用数据。例如，BCD 编码数据格式，数据组为 11~29 位，标号为 030，表示 11~29 位是频率数据。

符号状态矩阵位（SSM）：根据字的类型是 29 或 30~31 位，定义了符号矩阵，包含了硬件设备状态、操作模式、数据合法性等。在甚高频中使用 30~31 位（BCD 编码）。

奇偶校验位（P）：用于数据的奇偶校验，一般采用奇校验方法。检查方法是当 1~31 位所出现的 1 的总和为偶数时，则在 32 位上为"1"；如果是奇数，则显示为"0"。

在每组发送的数据后有 4 位零周期，为隔离符号，用来方便发送下一组数据。

f. ARINC 429 协议芯片国产化。

根据 ARINC 429 规范和 HB6096 - SZ - 01 文件，目前很多科研院所和相关单位在这方面做了研究工作，设计出的协议芯片已经完全能够满足 429 规范。恩菲特在 2005 年推出产品 EP - H3280，其性能指标已经达到国外同类产品水平。基于 EP

– H3280 开发的 ARINC 板卡阿德总线包括了 PCI、VXI、PXI/CPCI、PC/104＋/PCMCIA 等；在航空航天和兵器领域内已经得到了应用。

g. 通信控制。

文件、数据采用命令、相应协议进行传输，其传输数据有二进制和 ISO♯5 字符两种。一个文件由 1~127 个记录组成，一个记录又由 1~126 个数据字组成。

（a）文件、数据传输协议：当发送器准备向接收器传送数据时，发送器需要通过传输总线发送"请求发送"的初始字；接收器接收到此请求后，通过另一条总线应答"清除发送"，表示接收器处于可以接收数据的状态；发送器收到此应答后，发送第 1 个记录。

（b）传输控制字：传输字分为初始字、中间字和结束字，以每个字的 30 和 31 位表示字的类型，文件传输数据为 ISO♯5 和二进制数据字；根据文件的应用确定文件传输的标号。

（2）CAN 总线技术。

CAN 最早作为 20 世纪 80 年代末的汽车环境中的微控制器，在各车载电子控制装置 ECU 之间互换信息，形成汽车电子控制网络[28]。CAN 由于其良好的实时性能，在工业控制、安全防护和航空工业中都得到了应用。CAN 的高层协议是一种在现有的物理层和数据链路层之上实现的应用层协议，一些国际组织应经研究并开放了多个应用层标准，以使系统的综合应用变得更加容易。一些高层协议有：CiA 的 CANOpen 协议，ODVA 的 DeviceNet 协议、Stock 公司的 CANaerospace 协议及 Honeywell 的 SDS 协议。

a. 拓扑结构。

CAN 总线拓扑结构如图 3-8 所示。每个节点通过 CAN 通信接口访问总线。图 3-8 中的总线通过查分信号(CAN_H、CAN_L)进行传输。CAN 总线也可以通过双总线进行冗余传输，在双总线 CAN 中，节点可以直接与两条 CAN 总线同时相连。

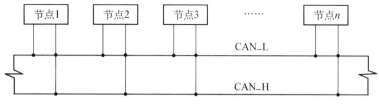

图 3-8　CAN 网络拓扑结构

b. 协议栈组成。

CAN 总线的 ISO/OSI 参考模型层次结构如图 3-9 所示。CAN 协议栈同时实现了 OSI 模型的 3 层协议：物理层、数据链层和应用层。数据链层在 CAN 总线中由 MAC 层和 LLC 层组成。

CAN 总线的 LLC 子层：涉及保温滤波、报文和状态处理等功能。

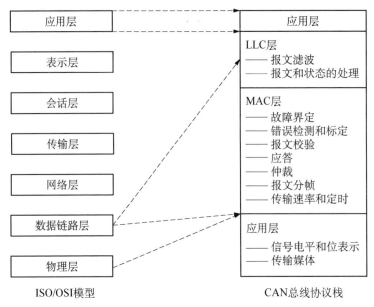

图 3-9　CAN 的 ISO/OSI 参考模型层次结构

CAN 总线的 MAC 子层：属于 CAN 协议的核心，把接收到的报文提供给 LLC 子层，并接收来自 LLC 子层的报文。MAC 子层作用是报文分帧、仲裁、应答及错误检测和标定等。

CAN 总线的物理层：定义线路中信号实际传输的过程，以及传输到位时间、位编码和位同步等。

3.1.2.2　子系统/系统级状态监控

机载系统在通过内部总线收集到各个组件的状态后，会利用其内部的控制逻辑对原始数据进行处理，从而实现对整个系统及内部各个组件运行状态进行监控的目的。

图 3-10 所示为某机型液压系统内部的某个简化的控制逻辑。

```
WOW=Ground  * [(HYD SYS 1 TEMP ≥ -40°C & ≤ -18°C * HYD SYS 1 QUAN < 34%) +
(HYD SYS 1 TEMP > -18°C & ≤ 4°C * HYD SYS 1 QUAN < 40%) +
(HYD SYS 1 TEMP > 4°C & ≤ 27°C * HYD SYS 1 QUAN < 45%) +
(HYD SYS 1 TEMP > 27°C & ≤ 49°C * HYD SYS 1 QUAN < 51%) +
(HYD SYS 1 TEMP > 49°C & ≤ 71°C * HYD SYS 1 QUAN < 57%) +
(HYD SYS 1 TEMP > 71°C & ≤ 93°C * HYD SYS 1 QUAN < 62%)] *
HYD SYS 1 PRESS < 400 PSI * EDP 1A PRESS LO * ACMP 1B PRESS LO

Hold up time: 3 sec
Trigger delay time: 10 sec
Inhibits: Taxi, In-air
Prioritization: none
```

图 3-10　某机型液压系统内部某个简化控制逻辑

图中参数含义如下所示。

WOW：weight on wheel，轮载；

Ground：飞机在地面时，值为"1"；否则为"0"；

HYD SYS 1 TEMP：液压子系统 1 的温度；

HYD SYS 1 QUAN：液压子系统 1 的油量；

HYD SYS 1 PRESS：液压子系统 1 的压力；

EDP 1A PRESS LO：发动机驱动泵 1A 的压力低输出，低压为"1"，高压为"0"；

ACMP 1B PRESS LO：交流电动泵 1B 的压力低输出，低压为"1"，高压为"0"。

此控制逻辑由 5 个并列表达式以"与"门连接，即当且仅当 5 个表达式的值同时为"1"时，触发此控制逻辑。其中，第 2 个表达式（[ ]括号中）由 6 个子表达式以"或"门连接，任何一个条件满足时，此子表达式的返回值即为"1"。例如，当子系统 1 的温度值在 4～27℃之间，且油量<45%时，中括号中表达式的返回值即为"1"。因此，上述控制逻辑表达式的含义为：当飞机在地面时，液压子系统 1 油量小于某阈值（温度不同，阈值不同），且其压力值<400 psi（1 psi＝6.895 kPa）时，发动机驱动泵 1A 压力在低输出状态下，且交流电动泵 1B 的压力也在低输出的状态下，触发此故障逻辑。

随着民用飞机技术的发展，各个机载系统的智能化水平越来越高，对应的内部组成也变得越来越复杂。因此，在系统层面对内部组件进行监控和管理变得越来越难，随之产生子系统的概念。飞机的子系统通常是在机载系统层面下将系统功能进行重新划分后形成的，子系统内部组件之间存在交互较多，而与其他子系统的交互则相对较少。

在系统/子系统的架构下，各个子系统通常负责各自内部组件的状态监控，而系统层面的功能则主要体现在与外部其他机载系统的数据交联方面。

如图 3-11 所示为某机型客舱系统的架构图。

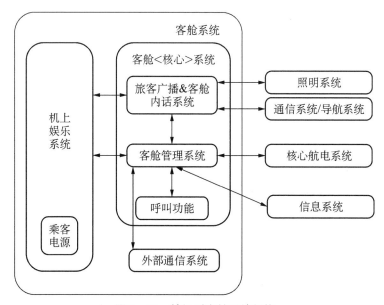

图 3-11 某机型客舱系统架构

客舱系统包括的子系统有客舱核心系统、机上娱乐系统和外部通信系统，客舱系统与照明系统、通信/导航系统、核心航电系统及信息系统交互控制、数据、话音信息，实现如下功能：响应航电控制；实现客舱系统对相关系统的控制、管理、监视；实现旅客广播及客舱内话；实现乘客服务以及娱乐功能；实现乘客终端外部通信功能。

1) 客舱核心系统

客舱核心系统主要负责对客舱内部各个子系统的控制，完成旅客与乘务员的交互，客舱核心系统可以帮助乘务员更好地完成机上服务及对客舱环境的控制，主要包括旅客广播功能，客舱内话功能，呼叫功能及客舱管理功能。

（1）客舱管理系统。

客舱管理系统与其系统有接口，可以通过乘务员控制终端对其他子系统进行相关控制，例如机载娱乐系统、外部通信系统、客舱照明系统等。乘务员可以控制开启机载娱乐系统、外部通信系统；调节客舱内部灯光；对客舱温度进行二次调节；监控水/废水状态、客舱与盥洗室烟雾探测信息。

（2）旅客广播系统。

旅客广播系统供飞行员和客舱乘务员使用，可以通过客舱扬声器向旅客进行广播。旅客广播系统有优先级控制功能，其优先级顺序为：从驾驶舱来的输入信号第一，从乘务员来的输入信号第二，从机载娱乐系统来的输入信号第三。当乘务员进行广播时，扬声器的输出不能影响乘务员的广播。旅客广播系统有侧音功能，保证使用该系统的人员可以及时知道系统状态。在不同的飞行阶段，乘客都可以清楚地听到广播内容。

（3）客舱内话系统。

客舱内话系统用于驾驶员与乘务员，乘务员与乘务员之间的通话。该系统保证驾驶员或者乘务员手持送受话器可以和其他任何一个手持送受话器连接和通话。

（4）呼叫系统。

呼叫系统提供乘务员和驾驶员之间的呼叫、乘务员之间的呼叫、乘客对乘务员的呼叫功能。3种不同的呼叫需要有3种不同颜色的指示灯指示并且有相应的呼叫信息显示在乘务员管理终端，同时需要有呼叫谐音进行提示。乘务员可以通过客舱管理终端控制各个座位上的旅客呼叫功能的开/关。乘客的呼叫指示可以在客舱管理终端或者乘客座椅处被清除。

2) 机载娱乐系统

机载娱乐系统的主要功能是为旅客提供安全通告、安全须知的广播功能，还为旅客在飞行期间提供音视频娱乐功能及相关服务，最大限度提高旅客的舒适度。机载娱乐系统需要有良好的人-机接口界面，并能够简便地进行服务器娱乐内容的更新。旅客个人电源系统提供以下功能：输出 110 V/60 Hz 交流电；当乘客使用个人电源时,有相应的指示灯指示;系统有自检功能,检测结果在乘务员控制终端显示。

3) 外部通信系统

外部通信系统提供乘客打/接电话、收发短信、上网的功能,机组人员可以在不同的飞行阶段对该系统进行开启/关闭。

3.1.3　飞机级状态监控

飞机级的状态监控系统主要是通过采集各个机载系统的源数据实现对所有机载系统运行状态的持续监控,并通过显示系统向机组及维护人员进行实时显示和记录,在必要的情况下通过空地数据通信链路下传至地面或者在飞机上进行存储。

整个系统的架构图如图 3-12 所示。

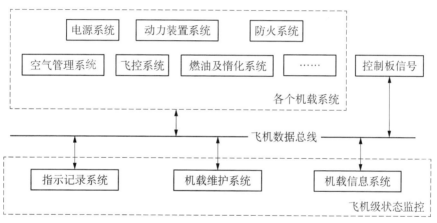

图 3-12　飞机级状态监控架构

3.1.3.1　机载系统数据的采集

与系统级状态监控类似,飞机级状态监控功能的实现的基础也是飞机的数据总线技术,各个系统的状态监控数据也主要是通过数据总线的形式发送至相关的飞机级状态监控的终端系统,这些系统主要包括飞机的指示记录系统、机载维护系统及目前在先进民用飞机上越来越流行的机载信息系统。

目前,飞机级数据总线技术主要有 ARINC 429、ARINC 629 及 ARINC 664 几种。由于 ARINC 429 在上节中已有介绍,因此以下我们仅对 ARINC 629 及 ARINC 664 总线技术进行简要介绍。

1) ARINC 629 总线技术

ARINC 629 总线传输系统是在 ARINC 429 系统的基础上发展而来,其特点是双向传输,传输速度快、可连接的设备多[29]。

ARINC 629 数字总线传输系统由 ARINC 629 终端、总线耦合器、串行接口、分支总线、总线端接电阻、主干总线组成。数据的传输由连接于总线上的终端进行控制。所有终端都通过耦合器并行于单一的主干总线连接。ARINC 629 终端是总线传输的控制部件,包括发送器、接收器、调制器和解调器,除此之外还包括协议逻辑即控制程序和用户子系统接口。

(1) 传输特征及数据类型扩展。

ARINC 629 系统是双向传输,总线上连接的所有终端都可以向总线发送和接收数据,为了保证传输的有效性,系统要求同一时刻只允许有一个终端在收发数据。ARINC 629 采用自主式总线控制来对总线传输进行管理,每个终端建立一套条件协议,只有终端满足协议才能发送数据,发送数据之后,该终端必须等待其他各终端都给定了传送机会和制定时间段之后,才能再次发送数据。

(2) 报文结构及信息类型识别。

ARINC 629 系统以报文为单位,报文与报文之间是下一个要发送数据终端的终端间隙(TG)。字串由标志字打头后接 0~256 个数据字,字串之间有 4 位的时间间隙,字串中字与字之间无间隙。最短的报文只有一个标志字而没有数据字。最长的报文有 31 个标志字,每个标志字后接 256 个数据字及 30 个 4 位时间的间隙(见图 3 - 13)。

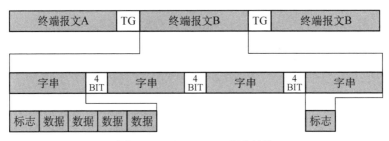

图 3 - 13　ARINC629 报文结构

标志字用于表示后面数据的类型,由 3 位时间的高低同步脉冲、12 位的标志区、4 位通道识别/标志扩展区及 1 位奇偶校验位组成。

数据字中的 20 位由 3 位时间的高低同步脉冲、16 位数据区和 1 位奇偶校验位组成。

2) ARINC 664 总线技术

20 世纪 90 年代,为了适用于航空电子系统的要求,空客对 ARINC 429 技术更新,产生了 AFDX(avionic full duplex switched ethernet),并应用于 A380 飞机。而后,民用航空通用标准组织采纳了 AFDX,制定了航空电子以太网总线标准 ARINC 664[30]。

ARINC 664 协议是一个完整的协议,与开放式系统结构模型对比,其对应关系如图 3-14 所示。

物理层:物理层是指连接到网络的硬件,AFDX 是使用四绞屏蔽电缆,支持 10/100M 带宽,物理层介质必须满足飞机环境(如振动、耐热等)的要求。

MAC 层:实现物理链路的虚拟通道管理和 MAC 层的冗余管理功能,虚拟通道

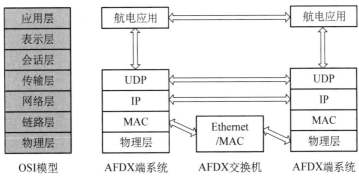

图 3-14 ARINC664 协议模型

管理将每个 MAC 对应的物理链路划分为多个逻辑链路。

IP 层：实现数据报寻址和路由，完成数据报的分片、重组功能。

UDP 层：UDP 层向低层网络协议解析来自一个或多个应用的数据。数据报的传输室无连接、无应答的。

应用层：负责提供与主机系统的接口，应用层需要循环查询主机命令和组织数据传输，并将接收到的数据放到缓冲区，通知主机处理。

3.1.3.2 机载系统数据的显示和记录

机载系统数据显示和记录功能由飞机的指示/记录系统完成，分为显示系统和数据记录系统。

1) 指示系统

指示系统由电子仪表系统（electronic flight instrument system，EFIS）、发动机指示及机组告警系统（EICAS）、平视显示系统（HUD）和时钟组成。其中，EICAS 系统包括中央警告功能。数据记录系统由飞行数据记录器和快速存取记录器组成。

主飞行显示器为正/副驾驶提供主要飞行信息（包括发动机参数和机组告警信息）；仪表板上的多功能显示器主要用来显示无线电导航信息、飞管计划、气象雷达、TAWS、TCAS、系统简图页、电子地图、电子检查单、垂直状态等信息；中央操纵台上的多功能显示器主要用来显示飞行管理、信息系统（如果需要）等相关信息。

EICAS 显示包括：发动机参数（主要及次级发动机参数、推力基准模式、发动机起动、点火、反推指示），机组告警信息，飞机系统状态（包括大气总温、防冰指示、增压指示、飞机构型信息和系统简图页，其中系统简图页包括但不限于环境控制系统、飞行控制系统、液压系统、电源系统、燃油系统、起落架系统、舱门系统、防冰系统。中央警告系统功能是机组告警系统功能的一部分。机组告警系统通过文本、离散通告、语音或它们的组合提供告警功能，告警信息的等级包括警告、警戒、提示及状态。机组告警系统软件驻留于 IMA 中。音响警告系统硬件由音频综合系统提供。

2) 数据记录功能

数据记录系统将由两套（将飞行数据记录功能、驾驶舱语音记录功能、数据链记录功能和图像记录功能组合在一起的）增强型机载飞行记录器（enhanced airborne flight recorder，EAFR）或组合型飞行记录器和一个快速存取记录器组成。

增强型机载飞行记录器作为一个 LRU，提供飞行数据记录功能、驾驶舱语音记录功能和数据链记录功能。增强型机载飞行记录器包含一个防撞击存储卡，支持 ARINC664 接口和模拟接口。系统通过航电以太网获取需要的飞行数据参数，通过模拟接口获取音频信息。为配合实现驾驶舱语音记录功能，驾驶舱内安装一区域话筒和前置放大器（amplifier，AMP）及 cockpit voice recorder（CVR）控制板。增强型机载飞行记录器一般至少提供持续 25 h 的飞行数据记录功能；在多个语音通道上持续获取和存储 2 h 的高质量的语音数据；连续获取和存储机载数据链系统的数据。增强型机载飞行记录器可提供一个接口供维护检测和数据下载，可使用一个便携式电脑，不必从机上移除 EAFR 便可进行数据下载。EAFR 包含一个水下定位信标（underwater locator beacon，ULB），可以不必从飞机上移除 EAFR 便可对 ULB 进行测试。

快速存取记录功能驻留于飞机健康和趋势监控装置（AHTMU）中，由一个可移除的、通过 AHTMU 的前面板可达的 SD 卡来实现。快速存取记录器记录参数通常用于维护或飞行机组性能监控。

3.1.3.3　机载系统维护数据的处理

机载维护系统（OMS）是由一个飞机健康监控单元（aircraft health monitoring unit，AHMU）外加驻留在电子系统平台（ESP）中的功能软件组成的。机载维护系统提供自动的故障和失效探测、隔离与报告。在有些系统，自动化能降低维护成本，机载维护系统也为这些系统建立维护检修程序。

AHMU 是一个数据捕获和处理系统，它收集、存储和向飞机传送或接收预先确定的参数，AHMU 主要记录和处理来自航电系统的数据。

图 3-15 所示为 AHMU 与其他机载系统之间的接口示意图。从图中可以看

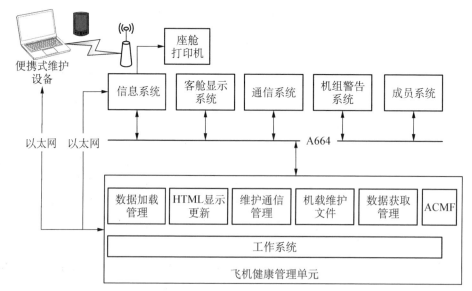

图 3-15　AHMU 与其他机载系统的接口示意

出,AHMU 主要通过航电总线与各个机载系统进行数据交联。其中,AHMU 与信息系统之间还可以通过内部的 ARINC 429 总线进行数据交换。同时,便携式维修设备(portable maintenance device,PMD)电脑还可以通过 AHMU 的以太网接口直接访问 AHMU。

3.1.3.4 机载信息系统功能简介

信息系统提供通用信息、驾驶舱信息和视频监视信息 3 个部分的主要功能,用于辅助飞机的飞行和维护,为驾驶舱内及地面的飞行操作和维护操作提供信息支持,具体是指以下几类功能。

(1) 打印功能。

信息系统能够为驾驶舱提供打印功能,可进行文字和图形的打印。

(2) 安全网关功能。

信息系统能够提供安全网关功能,用于确保信息系统域、客舱系统域、航电系统域和公共开放域之间连接的安全性。

(3) 机场无线通信功能。

在飞机停泊在机场时,信息系统能够与地面进行有线和无线形式的通信。主要的通信形式包括:①与地面系统 USB 和以太网接口形式的通信;②Wi-Fi 形式的无线通信;③可扩展其他无线通信形式。

(4) 以太网通信功能。

①信息系统能够提供信息域内设备的安全的以太网交换能力;②信息系统能够提供与地面支持系统的安全的以太网互联能力;③信息系统能够提供与客舱系统的安全的以太网互联能力。

(5) 与航电其他系统的交联功能。

除在上个功能中描述的以太网交联的系统外,还需提供与以下系统的交联能力:①与机载维护系统的数据交联能力;②与数据链系统的数据交联能力;③与导航系统的数据交联能力;④与航电核心系统的数据交联能力。

(6) 信息系统级应用驻留功能。

信息系统能够为下述信息系统级应用提供驻留及必要的人-机交互接口功能:①信息系统 BIT 应用;②打印服务程序;③其他系统级应用。

(7) 驾驶舱信息功能。

信息系统在驾驶舱内配置电子飞行包,为机组提供下述驾驶舱信息功能:①AC120-76A 中规定的 B 类 EFB 应用程序存储和运行功能;②通过侧显和多功能键盘为信息系统所有应用程序提供必需的人-机交互接口。

(8) 综合视频监视功能。

信息系统能够提供下述视频监视、记录和回放的功能:①飞机前方跑道监视;②飞机主起落架和前起落架监视;③货舱装卸工作监视;④客舱状况监视;⑤为机上娱乐(in-flight entertainment,IFE)提供对地视景监视。

3.2　空地数据传输

为了实现飞机状态监测,我们需要利用空地数据链将机载系统采集或者存储的飞机状态监测数据信息,在航行中实时下传至地面系统或在航后传输到地面系统从而进行状态实时监控。本节将针对不同的地空数据链特点,研究不同的数据传输策略和传输方法,以满足飞机实时监控系统空地数据传输需要。

3.2.1　实时 ACARS 数据传输

ACARS 数据链协议诞生于 20 世纪 70 年代,在数据链系统出现之前,地面人员和飞行人员之间的所有交流只能通过语音进行。通过使用 ACARS 数据链,我们可以减少语音通信,提高通信频带利用率及数据的完整性和准确性,对当前地面链路及飞机其他系统的影响非常小;可以实现与地面进行自动通信,有效降低飞行员和地面人员的工作负担。目前,ACARS 系统的应用基本覆盖国内所有的航空公司几乎所有的主流机型。

3.2.1.1　数据传输链路组成

ACARS 是飞机通信寻址与报告系统(aircraft communication addressing and reporting system)的英文简称,是一种可以提供飞机和地面系统之间进行数据通信的数字化的数据链系统,主要是由飞机机载系统,数据服务供应商及地面系统用户三大部分组成[31]。图 3 - 16 为 ACARS 系统空地通信网络示意图。

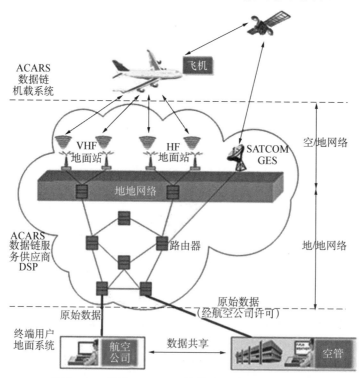

图 3 - 16　基于 ACARS 系统的空地通信网络示意图

对飞机机载系统来说，ACARS系统的相关功能主要驻留在通信系统内部，包括通信管理组件(communication management unit，CMU)、显示控制组件(control display unit，CDU)和发送数据终端——无线电收发机以及天线。

数据服务供应商主要利用覆盖大部分陆地的无线电数据通信网络，接收来自全球各机队的ACARS数据信息，并通过内部网络，分发至地面用户。目前，该网络主要由美国ARINC、欧洲SITA、泰国的AEROTHAI及中国ADCC提供。

ACARS系统可以选择通过甚高频数据链，卫星数据链及高频数据链中的某一个进行数据传输。甚高频数据链(VHF data link，VDL)是目前ACARS最主要的数据通信方式，Aviation Data Communication Corporation (ADCC)是中国境内提供该类服务的供应商。对于飞入中国境内或者国内飞机跨越国境执行飞行任务来说，全球多家飞数据服务供应商组成了Globelink服务联盟，实现飞机ACARS数据的共享。

航空移动卫星服务(air mobile satellite service，AMSS)是目前主要的飞机卫星数据通信手段，该服务主要通过国际海事卫星通信组织(International Maritime Satellite Organization，INMARSAT)的静止轨道卫星及对应的地面站实现越洋飞行中的通信，覆盖中低纬度地区。现阶段，卫星数据链作为甚高频数据链的次级手段，弥补VHF数据链的不足，满足飞行运行过程中无间隙通信需求。

高频数据链是对以上两种数据链通信方式的有效补充，它可以有效覆盖其中的通信死角，实现在全球范围内飞机与地面之间真正的无缝通信连接。由于高频通信地面站的覆盖半径非常大，因此在地面仅需建设有限的几个地面站即可实现全球范围内的无缝覆盖。

数据服务供应商在接收飞机下传的各种数据后，会根据航空公司的授权将数据分发至不同的用户，通常，数据链用户包括航空公司(AOC，ATC以及维护支持部门)，飞机主制造商，发动机主制造商以及其他用户。

3.2.1.2　数据传输链路端系统

在目前主流民用飞机上，通过通信系统ACARS功能进行实时数据传输的机载系统主要有以下几个系统。

(1) 通信系统。

(2) 机载维护系统：包括中央维护功能及飞机状态监控功能。

(3) 指示记录系统：主要是指其中的机组警告系统。

(4) 机载信息系统：主要是指其中的EFB功能。

(5) 其他系统：包括飞行管理系统，客舱系统等。

对于通信系统来说，其内部的AOC、ATS及CSA功能会通过ACARS数据链下传多种报文，主要用于航空公司的运行控制及旅客服务。图3-17所示为通信系统通过ACARS数据链实时传输的各种报文。其中，对于实时监控功能来说，其自动下传的滑出(out)/起飞(off)/落地(on)/滑入(in)是需要收集的报文，主要用于实时掌握飞机的运行状态。

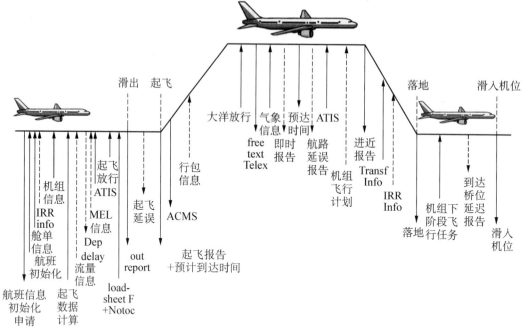

图 3-17　通信系统通过 ACARS 实时传输的各种报文

在目前主流的民用飞机上,机载维护系统是 ACARS 数据链的主要端系统,其主要通过 ACARS 数据链下传航空公司关心的飞机运行的故障及异常事件信息。这些信息的实时下传不但有助于航空公司维护人员提前做好维护准备,进而提高飞机的维护效率,航空公司还可以利用这些信息对疑难故障进行提前诊断,对潜在故障进行提前预测,从而减少飞机的非计划停厂,提高航空公司飞机的使用效率。

机载维护系统主要由中央维护功能(central maintenance function,CMF)及飞机状态监控功能(aircraft condition monitoring function,ACMF)两方面功能组成。如表 3-3 所示为 B777 飞机 CMF 通过 ACARS 数据链实时下传的报文列表。同时,对于表中各种报文,CMF 均具备接收来自通信系统的上行触发请求,并根据请求下传相应的 ACARS 报文的能力。

表 3-3　B777 飞机中央为维护功能实时 ACARS 报文列表[32]

报文编号	报文缩写	报文描述
1	IFDE	机载驾驶舱效应总结报
2	EFDE	现存驾驶舱效应总结报
3	PLF	当前航段故障总结报
4	PLFccssxx	选定 ATA 章节的当前航段故障总结报
5	FH	故障历史报
6	FHFDEleg	选定航段的故障历史报
7	FHccssxx	选定 ATA 章节的故障历史报

（续表）

报文编号	报文缩写	报 文 描 述
8	EF	所有系统的现存故障报
9	EFccssxx	选定 ATA 系统的现存故障报
10	RTE	实时事件报

ACMF 是目前主流飞机上实时状态监控功能的重要组成部分,其具备对飞机总线上传输的所有数据进行状态监控的能力。该功能主要通过内部的状态监控模型对飞机或者特定机载系统的状态进行监控,并在满足模型触发条件时产生相应的 ACARS 报文,并通过 ACARS 数据链下传至地面。

目前,比较成熟的状态监控模型主要集中于发动机以及 APU 系统。主流机型发动机/APU 系统与其他系统的成熟监控模型数量对比如图 3 - 18 所示。

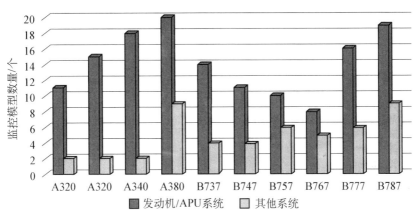

图 3 - 18　主流飞机成熟的飞机状态监控模型对比

另一方面,ACMF 还具备接收地面请求,并对特定的参数组或者选定的参数进行数据采集并形成相应的 ACARS 报文自动下传的能力。B777 飞机维护参数页列表如表 3 - 4 所示。在每个参数页中,都有与对应系统相关的一组固定的参数,这些参数在必要的时候可以通过机组手动或者 ACARS 上行请求的方式触发,并通过 ACARS 数据链下传至地面。APU 系统参数页的相关参数如图 3 - 19 所示。

表 3 - 4　B777 飞机维护参数页列表[32]

报文编号	编码	ATA	系统报文名称
1	ECS	21	空调系统
2	ELEC	24	电源系统
3	FIREP	26	防火系统

（续表）

报文编号	编码	ATA	系统报文名称
4	FLCN	27	主飞控系统
5	FLAPSLT	27	高升力系统
6	FUELQ	28	燃油箱系统
7	FUELM	28	燃油管理系统
8	HYD	29	液压系统
9	ICE	30	防冰系统
10	ACTGEAR	32	起落架作动和指示系统
11	BRKGEAR	32	起落架刹车和转弯系统
12	AIRSUPL	36	气源系统

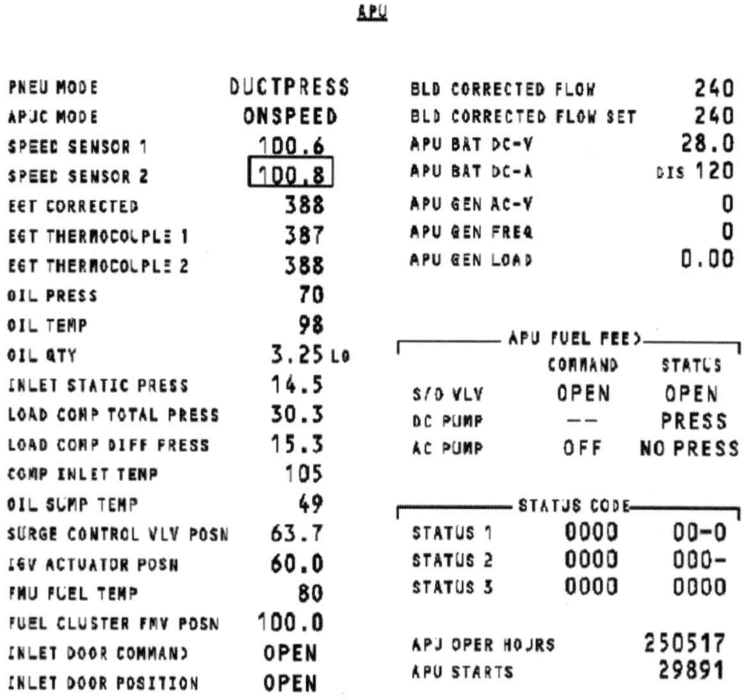

```
                                APU

PNEU MODE               DUCTPRESS     BLD CORRECTED FLOW          240
APUC MODE               ONSPEED       BLD CORRECTED FLOW SET      240
SPEED SENSOR 1          100.6         APU BAT DC-V               28.0
SPEED SENSOR 2          100.8         APU BAT DC-A            DIS 120
EGT CORRECTED           388           APU GEN AC-V                  0
EGT THERMOCOUPLE 1      387           APU GEN FREQ                  0
EGT THERMOCOUPLE 2      388           APU GEN LOAD               0.00
OIL PRESS               70
OIL TEMP                98
OIL QTY                 3.25 LO                ─ APU FUEL FEED ─
INLET STATIC PRESS      14.5                       COMMAND   STATUS
LOAD COMP TOTAL PRESS   30.3          S/O VLV        OPEN      OPEN
LOAD COMP DIFF PRESS    15.3          DC PUMP        --       PRESS
COMP INLET TEMP         105           AC PUMP        OFF    NO PRESS
OIL SUMP TEMP           49
SURGE CONTROL VLV POSN  63.7                   ─ STATUS CODE ─
IGV ACTUATOR POSN       60.0          STATUS 1     0000       00-0
FMU FUEL TEMP           80            STATUS 2     0000       000-
FUEL CLUSTER FMV POSN   100.0         STATUS 3     0000       0000
INLET DOOR COMMAND      OPEN
INLET DOOR POSITION     OPEN          APU OPER HOURS          250517
                                      APU STARTS              29891
```

图 3-19　B777 飞机 APU 系统维护参数页数据显示

对于指示记录系统来说,需要通过 ACARS 数据链实时下传的数据主要是机组告警系统产生的警告信息,这些信息也是了解飞机当前运行状态的重要数据来源,这些信息的下传将有助于地面更好地了解飞机的实时状态。

以空客飞机为例,其 ACARS 报文主要分为实时故障报(real time fault, RTF)、实时警告报(real time warning,RTW)及航后报(post flight report,PFR)3 种。其中,实时警告报就是用于将飞机发生的警告信息实时下传至地面。由于部分警告信息仅是面向飞行员对当前正常运行状态的提醒,因此在大部分先进机型上,航空公司都可以通过修改客户化设置的方式对需要实时下传的警告信息进行选择,从而避免不必要的信息干扰和通信资源的浪费。

对于机载信息系统来说,其作为 ACARS 数据链的端系统主要用于将飞行员通过 EFB 编辑的电子记录本(e‑logbook)在飞机落地后通过 ACARS 报文的形式下传至地面。这有助于地面人员在飞机落地的第一时间获得飞机在整个航段的重要故障信息及飞行员感知的异常状态信息,从而协助地面维护人员更好地执行飞机的检查和维护工作。

同时,在飞行过程中,飞机可以通过 ACARS 数据链以固定的间隔(如 30 min)下传自身的当前位置信息(present position),这种报文通常被称为当前位置报(present position report,POS)。在目前大部分的飞机上,该功能被划分为飞行管理系统中空中交通管理功能的一部分,也有的飞机将该功能作为通信系统的一部分来实现。

客舱系统在主流的民用飞机上是一个非常特殊的系统,其特殊性主要表现在独立维护方面。比如,客舱系统是唯一一个具有独立维护终端的系统,客舱服务人员可以通过该终端了解整个客舱系统的运行状态,飞机的维护系统往往不会将该系统作为其成员系统自动收集其故障信息。而当该系统发生故障时,故障信息通常会通过客舱记录本的形式在飞机落地后通知地面维护人员。

随着技术的发展,飞机客舱系统的功能越来越复杂,而航空公司对飞机维护效率的要求又越来越高。因此,部分先进机型将客舱系统纳入 ACARS 数据链的终端系统,从而实现客舱系统数据的实时 ACARS 下传功能。其中,实时下传的客舱数据主要是维护相关的数据包括维护信息以及构型数据等。

3.2.1.3 数据传输策略分析

ACARS 数据通常是以字符串形成的报文的形式进行传输,报文可以通过甚高频,通信卫星及高频网络发送至地面。表 3‑5 为 3 种数据链网络的技术参数对比。

表 3‑5 3 种数据链网络技术参数对比表

链路类型	频段 MHz	带宽 Kbit/s	覆盖范围	成本	特点
甚高频	131～137	2.4～31.5	视距限制	适中	传输延时小、信道稳定、误码率较低
卫星	上行 1545～1555 下行 1646.5～1656.5	0.6～21	覆盖范围大,不能覆盖高纬度(75°以上地区)	高	通信延时长、误码率较低
高频	2.8～22	0.15～1.2	覆盖范围广	低	带宽低、延时长、信道不稳定、易受电离层影响

表 3-6 B787 飞机数据链种类优先级排序表

数据类型/源	第 1 选择	第 2 选择	第 3 选择
FANS ATS	VHF	SATCOM	HF
ATN ATS	VHF	SATCOM	N/A
FIS	VHF	SATCOM	HF
FMC	VHF	SATCOM	HF
CMCF	VHF	HF	SATCOM
ACMF	VHF	HF	SATCOM
Cabin Systems	VHF	HF	SATCOM
EFB	VHF	HF	SATCOM
CMF(AOC)	VHF	HF	SATCOM
EICAS	VHF	HF	SATCOM

从表 3-5 可以看出，虽然 ACARS 数据链在民用航空领域应用非常广泛，但是其传输的带宽是非常有限的，最高带宽仅为 31.5 Kbit/s。因此，ACARS 数据链虽然实现了数据的实时传输，但是只能获取报告式的数据，仅适用于每次传输很少量的数据。通常来说，一个 ACARS 报文的字节数量限制为 3 200 个左右。同时，对于不同的链路类型来说，航空公司出于经济性和实用性的考虑，通常会对不同种类的机载数据所使用的链路类型优先级进行排序。如表 3-6 为 B787 飞机对于不同 ACARS 数据所使用的数据链类型排序图。

3.2.1.4 数据传输策略设计

对于状态监测的机载系统所采集的数据来说，由于 ACARS 数据链路带宽的限制，仅有以下几种类型的数据能够通过 ACARS 数据链进行传输。

（1）机载维护系统：警告，故障及失效信息，ACMF 事件信息，构型信息。

（2）机载信息系统：e-logbook(ELB)信息，客舱核心系统(cabin core system，CCS)的维护相关信息。

（3）通信系统：OOOI 报，二次开舱门报。

（4）飞行管理系统：位置报(POS)。

同时，对于不同种类的数据，机载通信系统通信管理组件对其使用的数据链优先级进行排序，表 3-7 为本文建议的对飞机实时监控系统中实时状态监测信息 ACARS 数据链传输的排序。在飞机交付航空公司客户之后，该功能还支持航空公司客户化修改，从而满足各个航空公司的客户化需求。

表 3-7 状态监测信息 ACARS 数据链路优先级排序

数 据 类 型	第 1 选择	第 2 选择	第 3 选择
警告，故障以及失效	VHF	HF	SATCOM
ACMF 事件信息	VHF	HF	SATCOM

数 据 类 型	第1选择	第2选择	第3选择
构型信息	VHF	HF	SATCOM
ELB信息	VHF	HF	SATCOM
CCS维护相关信息	VHF	HF	SATCOM
OOOI+二次开舱门	VHF	HF	SATCOM
FMS-POS	VHF	SATCOM	HF

3.2.2 航后无线数据传输

航后无线数据链是指将目前移动通信中的无线移动数据传输技术(Wi-Fi，GSM，3G 等)应用到飞机航后的数据传输上，使得飞机在落地以后能够自动下传连续记录的海量数据。航后无线数据通信技术起源于无线 QAR 技术，即通过在飞机上加装相应的无线数据传输组件或者无线 QAR 组件的方式，实现飞机落地后自动连接机场的无线 Wi-Fi、GSM、3G 等通用无线网络，自动下传 QAR 中所有航线过程记录的海量连续记录参数信息[33]。2012 年，民航总局针对无线 QAR 的应用发布了相应的适航指令 CAD2012 - MULT - 08，要求所有的航空器必须在 2014 年之前加装无线 QAR。

无线 QAR 的工作原理是，当飞机在空中时，飞机会将飞行数据记录相关组件的数据发送至无线 QAR；当飞机落地并打开舱门的时候，无线 QAR 会通过手机网络自动将内部 QAR 数据下传到地面指定服务器地址，配合航空公司现有的地面系统自动处理飞行数据，实现从数据下载到处理的自动化，从而极大地降低飞机的运营和维护成本，提高了效率。

3.2.2.1 数据传输链路组成

航后无线数据链系统由飞机机载系统，数据服务供应商以及地面系统用户系统组成。对飞机机载系统来说，航后无线数据链的相关功能的实现有以下两种实现方式：

(1) 加装独立的无线 QAR 组件即 WQAR：将之前通信系统及指示记录系统合用的 QAR 替换为具有无线数据传输功能的 WQAR，从而实现 QAR 数据的自动无线下传功能；这种方式在已经投入运营的主流机型上应用比较多。

(2) 加装独立的无线数据传输组件。不对飞机原有的 QAR 进行改动，而是在机载系统上增加独立的无线数据传输组件及对应的天线，用于下传各个机载系统所记录的海量数据；目前这种方式在研机型及刚刚投入运营的先进机型上应用比较广泛。独立的无线数据传输组件支持使用 Wi-Fi 及手机 3G 数据网络，传输速度相对较快。

对于数据服务供应商，主要利用现有的移动 2G 和 3G 等数据网络，接收来自机载飞机的数据信息，直接将其下传至地面系统用户。目前，国内主要的移动网络服务商都支持该类的业务。但主要使用的是中国移动提供的 GPRS 业务,传输速度较慢但支持 4 路或者 8 路手机模块同时进行传输。Wi-Fi 以及 4G 数据通信技术在国内尚未批准在飞机运营中使用。

3.2.2.2　数据传输链路端系统

航后无线数据链是对实时 ACARS 数据链的重要补充,主要用于飞机落地后自动下传飞机各个系统内部存储并记录的数据。这些数据可以是未通过 ACARS 数据链实时下传的故障数据和警告数据,也可以是无法通过 ACARS 实时下传的连续记录数据。

因此,航后无线数据传输链路的端系统主要包括以下几个系统。

(1) 机载维护系统:主要通过该数据链路下传未通过 ACARS 报文实时下传的故障、失效、构型等信息。

(2) 指示记录系统:主要通过该数据链路下传未通过 ACARS 报文实时下传的警告信息,同时还会下传无法通过 ACARS 下传的连续记录状态参数信息(如,QAR)。

(3) 机载信息系统:主要通过该数据链路下传内部连续记录的各个系统状态参数信息,同时航空公司还可以选择下传内部记录的视频监控信息。

(4) 其他系统:主要包括动力装置系统及客舱系统,分别通过该数据链路下传内部存储的健康状态参数信息及构型信息等。

3.2.2.3　数据传输策略分析

航后无线数据通常是以数据块的形式进行传输,可以通过 2G-GPRS、3G 以及 Wi-Fi、4G 等无线网络发送至地面。表 3-8 为几种数据网络的技术参数对比。由表可知,相关 ACARS 数据链,航后无线数据链在数据传输费用上可以忽略不计。因此,越来越多的飞机尤其是先进机型选择通过航后无线数据链下传更多的数据。飞机在两个航班之间的转场时间按照 30 min 计算,那么飞机通过航后无线数据链可下传的海量数据可达几百兆,这样完全可以满足当前主流机型连续记录参数及音频信号的航后下传。同时,部分视频信号也可以压缩后有选择地通过无线数据链下传至地面。

表 3-8　几种数据链网络技术参数对比表

链路类型	开始时间/年	典型标准	带宽 Mbit/s	成本元/G	特点
GPRS	2001	GSM	0.16~0.32	50~100	技术成熟度高、网络覆盖范围广; 传输速度比较慢、但支持数据多路并行传输

（续表）

链路类型	开始时间/年	典型标准	带宽 Mbit/s	成本元/G	特点
3G	2002	WCDMA CDMA2000 TD‐SCDMA	10～20	50	技术成熟度高、网络覆盖范围较广； 缺乏全球统一标准、业务管理不够灵活、高速数据传输不成熟
4G	2012	OFDM UWB	100	100～150	通信速度更快、网络频谱更宽、兼容性更好、高质量的多媒体通信； 技术成熟度较低、网络覆盖范围有限
Wi-Fi	1997	802.11～ a/b/g/n	可达 300	非常低	不易受干扰、相关产品价格低； 传输距离短、目前国内机场不支持

GPRS 数据链网络虽然带宽有限，但是该网络在机场范围可以实现全覆盖，同时支持多路模块并行数据下传，传输速度可以满足基本的 QAR 数据的下传，因此主流机型大多仍选择支持 GPRS 数据链下传机载 QAR 中连续记录的数据。

3.2.2.4 数据传输策略设计

根据前述航后无线数据的传输策略分析，这里提出用于本文飞机实时监控系统状态监测数据航后无线数据传输策略。在本策略中航后数据通过机载信息系统的机场无线通信功能来实现，主要是通过加装机场无线通信单元（airport wireless communication unit，AWCU）及对应的天线，从而实现与覆盖机场的 3G 网络或者无线 Wi-Fi 信号建立连接并下传海量存储数据的功能。如图 3‐20 为该传输策略的航后无线通信架构示意图。

从图 3‐20 中可以看出，该系统的 AWCU 负责建立与机场无线接入设备之间的通信链路；信息系统的安全路由单元负责与航空公司（virtual private network，VPN）服务器之间建立 VPN 通道；信息系统的文件导入导出服务负责与地面支持系统的服务器进行基于 VPN 通道的通信和文件传输。上传的文件和准备下载的文件存放在 GIPC 大容量存储器中，以共享目录的方式在文件导入导出服务和其他各个应用之间共享。

AWCU 可以支持 Wi‐Fi、3G 及 2G 等多种方式与地面建立无线通信链路。其中，Wi-Fi 支持 802.11 b/g，3G 支持各种 WCDMA、CDMA2000 及 TD‐SCDMA 等多种网络制式，2G 则支持 GPRS 网络。同时，GPRS 还可以使用多个手机卡建立多个通道用于并行传输，来提高传输效率。同时，当飞机处于地面状态时（通过舱门信号和轮载信号判断），AWCU 会将所有可用的航后无线数据链进行优先级排序。

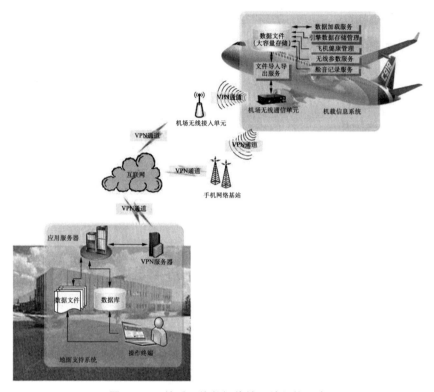

图 3 - 20　航后无线数据传输系统架构示意

其中,AWCU 优先选择建立 Wi-Fi 连接;如果机场 Wi-Fi 不可用,则会自动切换至 3G 手机网络;最后才会尝试通过 GPRS 网络连入互联网。

对于机载状态监测系统所采集的各种数据来说,由于多种无线数据链对于 AWCU 来说都是可用的,并且网络带宽有了大幅的提高,因此各个机载系统记录的多种数据基本上都可以通过 AWCU 下传至地面系统。这些数据包括以下几类。

(1) 机载维护系统:警告,故障及失效信息,ACMF 事件信息,构型信息及 QAR 数据。

(2) 机载信息系统:ELB 信息,客舱〈核心〉系统的维护相关信息,各系统的总线输出原始数据,视频监视器采集的视频信号。

(3) 通信系统:驾驶舱门视频监视器采集的视频信号。

另一方面,由于飞机在执行两个航班过程中的转场时间非常有限,在某些情况下(如 Wi-Fi 不可用,Wi-Fi 连接不稳定等)无法将所有的数据同时下传至地面系统。因此,AWCU 内部控制软件必须对各种数据下传的优先级进行设定,以保证在最短的时间内将最重要的数据优先下传至地面。表 3 - 9 所示为数据下传时对下传数据优先级的排序。优先级的排序也可以在飞机交付客户时进行客户化的修改,以满足不同客户的订制要求。

表 3 - 9　数据下传优先级排序

数据类型	Wi-Fi (第 1 选择)	3G (第 2 选择)	GPRS (第 3 选择)
警告,故障及失效(Kbit)	★★★★★	★★★★★	★★★★★
ELB 信息(Kbit)	★★★★★	★★★★★	★★★★★
CCS 维护相关信息(Kbit)	★★★★★	★★★★★	★★★★★
ACMF 事件信息(Kbit)	★★★★★	★★★★★	★★★★☆
构型信息(Kbit)	★★★★★	★★★★★	★★★★☆
QAR 数据(Mbit)	★★★★☆	★★★★☆	★★★☆☆
各系统输出原始数据(Mbit)	★★★☆☆	★★☆☆☆	★★☆☆☆
驾驶舱门视频信号(Mbit)	★★☆☆☆	★☆☆☆☆	★☆☆☆☆
视频监视视频信号(Mbit)	★☆☆☆☆	☆☆☆☆☆	☆☆☆☆☆

3.2.3　新型空地宽带数据传输

空地宽带数据链是指将现有地面宽带通信技术应用于飞机运行所衍生出来的概念,在民航飞机上的应用,可以使得飞机具备不间断"实时"下传飞机运行海量数据的能力,从而为航空公司提供更为丰富、准确的状态监测信息。相比 ACARS 数据链,其带宽可以达到十几兆甚至近百兆;相比航后无线数据链,其"实时性"具有无可比拟的优势。因此,它成为目前民航无线数据通信技术研究的热点。

空地宽带数据链的解决方案主要有两种:一种是基于卫星的空地宽带接入技术;另一种是基于地面基站的空地宽带接入技术。

3.2.3.1　卫星宽带数据链组成

基于卫星通信的空地宽带数据链就是利用卫星在飞机、卫星地面站三者之间进行高速数据通信。其优势在于信号覆盖范围广,可实现全球航线的覆盖,通过地面服务供应商之间的数据共享协议从而实现数据漫游功能。但是,卫星通信带宽有限目前仅达到兆级,而且大幅提高带宽的相对比较困难,同时,卫星通信价格昂贵,其技术成本远高于地面无线通信。图 3 - 21 为卫星空地宽带数据链系统示意图。卫星宽带数据流实现主要依赖于通信卫星及对应的卫星地面基站。

对于机载设备来说,由于传统卫星通信设备仅用于短时语音通信和 ACARS 数据链备用通道,其带宽完全无法满足需求。因此,基于卫星的空地宽带技术在民航客机上的应用,需要加装额外的专门用于卫星数据交换和处理的组件和卫星天线,以实现与卫星之间的数据交换。此外,根据所需传输的数据的不同,飞机还需要加装其他数据接口或者处理组件。根据测算,如果使用最新的卫星 Ku 波段空地宽带数据链,每架飞机所需改装费用达数百万元,同时航空公司还需要承担高昂的带宽的支出。

数据链供应商目前使用通信卫星提供互联网服务,传输信号进行空地互联,包

图 3-21 基于卫星的空地宽带数据链示意

括 L 波段海事通信卫星（即 INMARSAT 卫星）和 Ku 波段通信卫星。其中，海事卫星通信技术（L 波段）在全球民航应用较早，主要用于应急通信，仅能为每架飞机提供几百 Kbit/s 的网络带宽。而 Ku 波段通信卫星可提供的数据带宽较大，理论速度可达 50 Mbit/s，实际卫星与飞机之间的通信的最大带宽也可达 32 Mbit/s，是目前主流的卫星宽带数据链形式。国内利用 Ku 波段转发器实现飞机空地宽带互联的方案，已经得到了工信部、民航局的正式批准。2014 年，东方航空公司与中国电信在中国大陆开展了首个空地互联测试飞行，航线为京沪航线。这也是目前中国唯一得到正式批准的，可以向旅客提供商业测试服务的空地互联业务。

3.2.3.2　ATG 宽带数据链组成

基于地面站形式的空地宽带技术即 ATG 在技术上相对复杂，其技术原理如图 3-22 所示。该种数据通信方式与目前手机通信及 ACARS 数据链非常相似，就是采用宏蜂窝网络结构通过沿飞行航路或特定空域架设地面基站，以向高空进行网络覆盖，即利用这些地面基站与飞机直接进行信息传输。与卫星空地宽带相比其优点在于：带宽高。ATG 技术初期带宽即达到 Mbit/s 级别，可实现实时传输海量数据，而且带宽提高容易；价格相对比较便宜。相比增加更多的通信卫星，在地面建设多座地面通信站成本更加容易控制。但是，ATG 无法覆盖越洋航线，地面基站覆盖有限。

对于机载设备来说，由于传统的通信设备无法兼容新型的地面基站，因此必须

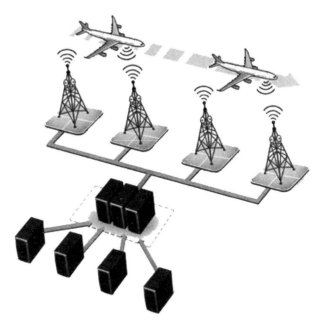

图 3 - 22　ATG 数据链系统示意

在飞机上加装相应的通信组件,用于与地面基站进行高速数据通信。美国的 Aircell 公司 2012 年提供的 ATG 机载通信组件装机成本约为 10 万美元/架。

在数据链供应商方面,美国 Aircell 的 ATG 技术主要是基于原有的蜂窝移动电话技术,通过无线信道直接传输和处理数字信息,大大地提高通信频率的使用率。2007 年,Aircell 推广应用的 EV - DO 产品,主要是基于 CDMA 技术的机载设备和地面基站。2011 年,Aircell 公司将产品的软硬件进行了升级,更名为 EV - DO 版本 B。该产品是基于 CDMA - 3G 技术提出的,能够将 EVDO 的下行速率由原有的从 3.1 Mbit/s 提高到 9.8 Mbit/s。

国内数据链供应商则主要推广应用的是基于 4G - LTE 技术的 ATG 服务网络。比如,华为公司目前正在推广的 eWBB LTE 地空无线宽带系统就是利用现有 LTE 技术,采用极高的频谱效率,下行理论峰值速率可达 100 Mbit/s,上行理论峰值速率可达 50 Mbit/s,并且可实现对空超远覆盖,最远覆盖可达 150 km 以上。中兴公司在推广的空地宽带技术也类似,其可向不同高度层航线的飞机提供最高 100 Mbit/s 以上的无线数据宽带。

3.2.3.3　空地宽带端系统

空地宽带数据链不仅具备 ACARS 数据链的“实时”性,同时还具备航后数据链的“宽带”性,是目前最有发展潜力的空地数据通信系统。因此,理论上来说,这种数据链的端系统能够覆盖以上两种数据链的所有端系统。具体来说,主要包括通信系统、机载维护系统、指示记录系统、机载信息系统、飞行管理系统及客舱系统等。同时,各个端系统采集的所有数据均可以通过该种数据链实时下传至地面,从而实现空地之间的完全同步。

3.2.3.4　数据传输策略分析

空地宽带数据链也是以数据块的形式进行数据传输,可以通过通信卫星(L波段,Ku波段)、3G、4G等无线数据传输网络发送至地面。表3-10为地空宽带数据网络的技术参数对比表。由表3-10可知,空地宽带数据链有效地综合了ACARS数据链的"实时性"和航后无线数据链的"带宽优势",具备实现飞机机载海量数据的完全"实时下传"功能的能力。以目前最新的基于4G技术的ATG数据链来说,其带宽完全可以支持飞机将所有采集和存储的数据实时下传至地面。

表3-10　地空宽带数据链网络技术参数对比表

链路类型	开始时间(年)	典型标准	带宽(Mbit/s/架)	成本(美元/h)	特点
海事卫星	2004	L波段	0.8	费用昂贵	稳定性好、适用于国际及跨洋航线;带宽窄、主要用于应急通信
通信卫星	2014	Ku波段	50(理论)32(实际)	5或10/3	带宽高、稳定性好、扩展性强,用于国际及跨洋航线;网络延时较长、卫星链路复杂
3G	2007	CDMA2000(EVDO)	约10	12.95/>3h9.95/≤3h	功能简单、受地形天气影响;用于陆地和近海航线;
4G	2014	LTE	100~200(理论)50~60(实际)	3~5	带宽高、稳定性较好、网络延时可控;地面链路简单、受地形和天气影响;用于内陆和近海航线

但是,由于空地宽带数据链在国内还属于比较新的技术,市场尚不成熟,相关组件在飞机上进行加装操作过程复杂,费用也比较高,每架飞机约为100万元。因此,航空公司出于成本的考虑,而将空地宽带数据链主要应用于客舱娱乐系统,向乘客提供语音和数据宽带等的增值服务。当然,乘客需要对类似的增值服务付费,而航空公司及相应的网路服务商会共享这些收入。目前,国内的地空宽带数据链相关技术还处于测试和验证阶段,主要集中于验证飞行中出现的技术问题,为中国民航形成完善、科学、合理的《空地互联运行手册》、规章条例等提供参考。

3.2.3.5　数据传输策略设计

根据前述地空宽带数据链数据传输策略分析,这里提出用于本文飞机实时监控系统状态监测数据地空宽带数据传输策略。在本文研究中,我们选择国内公司研发支持的基于4G的ATG功能的机载设备,并相应地设计一整套数据传输方案,用于保证飞机和地面之间的高效数据通信。相关应用向两大类人群提供服务。一类是提供面向飞行员和地面运维人员的服务,一类是面向旅客、空乘人员和地面公共服务提供商的客舱服务。

与传统的ACARS数据链及航后无线数据链功能类似,该设计主要是通过

ATG 实时下传飞机的基本运行状态信息及故障信息,用于提高飞机的签派率;同时还可以实时接收来自地面的气象信息和航空管制信息,辅助飞行员和航空管制员更好地安排航线。对于面向客舱服务来说,ATG 技术主要用于为乘客和空乘人员提供上网、电话及在线视频观看等服务,以提高飞机的舒适性和乘客的满意度,提高航空公司的竞争力。

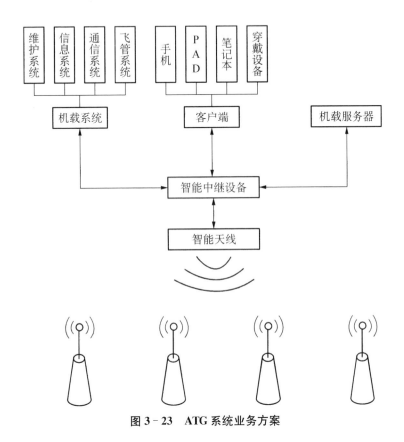

图 3-23 ATG 系统业务方案

图 3-23 为基于 ATG 技术的信息传输业务方案示意图。根据图 3-23 所示方案,相关机载设备主要包括机载服务器、客户端、智能中继设备及智能天线等,就状态监测系统及其信息传输而言,ATG 系统功能可描述为

(1)机载系统:主要用于采集并存储相关的机载运行和健康状态数据,主要包括机载维护系统、信息系统、通信系统及飞行管理系统。

(2)智能中继设备:机载核心设备,主要包括以下几方面功能。

a. 路由功能——接收来自各个端口的数据,经识别后路由至对应的数据传输路径。

b. IP 地址分配——为各个应用端口分配不同的 IP 地址。

c. 数据识别和分发——识别来自不同端口的数据,并根据业务的优先级进行数据排队和分发。

（3）智能天线——搜索地面基站的信号，接收追踪并持续上传下载地面信号，并将信号转化后输送至飞机机载系统。

由于实时带宽大幅提高，各个机载系统所采集和记录的多种数据都基本上都可以通过 ATG 数据链实时下传至地面。同时，ATG 数据链还需要支持旅客客舱娱乐的相关数据传输功能。因此，为了保证空地之间带宽的有效利用，我们必须对各种数据实时下传的优先级进行设定。表 3-11 为 ATG 数据链传输数据时的优先级排序。运行中，智能中继设备会对不同数据的下传优先级进行两级区分。业务类型中，将影响飞机日常运行和维护的数据优先级设置为最高级即 1 级，而将视频监视信息的优先级设置为最低级即 4 级。其次，在相同的业务类型中，不同的数据类型又将设置对应的优先级。例如，对于视频监视信息来说，驾驶舱门视频监视信息的优先级设置为 5 星级，而其他视频监视信息则设置为 4 星级。

表 3-11　ATG 数据链实时下传优先级排序

业务类型	数据类型	优先级（正常模式）	优先级（应急模式）
运营数据	OOOI＋二次开舱门	1 级 ★★★★★	屏蔽
	POS 报	1 级 ★★★★	★★★★★
维护数据	警告，故障以及失效（Kbit）	2 级 ★★★★★	屏蔽
	ELB 信息（Kbit）	2 级 ★★★★★	屏蔽
	CCS 维护相关信息（Kbit）	2 级 ★★★★★	屏蔽
	ACMF 事件信息（Kbit）	2 级 ★★★★	屏蔽
	构型信息（Kbit）	2 级 ★★★★	屏蔽
	QAR 数据（Mbit）	2 级 ★★★	★★★★
	各系统输出原始数据（Mbit）	2 级 ★★	屏蔽

（续表）

业务类型		数据类型	优先级 （正常模式）	优先级 （应急模式）
旅客服务 数据	电信业务	短信	3 级 ★★★★★	屏蔽
		电话	3 级 ★★★★	屏蔽
		即时通信	3 级 ★★★	屏蔽
	上网业务	商旅业务 （在线订票、在线支付等）	3 级 ★★	屏蔽
		网页服务 （电子邮件、视频等）	3 级 ★	屏蔽
视频监视数据		驾驶舱门视频信号（Mbit）	4 级 ★★★★★	★★★
		视频监视视频信号（Mbit）	4 级 ★★★	★★

　　另一方面，智能中继设备还支持应急模式下的优先级设置。该模式下，飞机会自动将自身位置信息，连续记录的 QAR 数据（包含黑匣子数据）及视频监视信息通过 ATG 数据链实时下传至地面，其他数据均被自动屏蔽。其中，应急模式主要是为了应对飞机发生突发事件的情况下，比如劫机、极端天气及乘客突发疾病等，对飞机各种数据实时下传的优先级进行特殊设置，以满足特定模式下的地面数据需求。该模式主要由飞行员手动激活，也可由地面上传指令激活。

　　同样，该功能也支持航空公司客户化修改，从而支持各个航空公司的不同的客户化需求。但是，客户化修改的范围仅限于相同业务类型内部各种数据的优先级之间的调整，航空公司无法修改不同业务类型的优先级。

3.3　地面实时监控

　　飞机状态监测是实施飞机健康管理的基础，通过监测飞机航前、飞行、航后等各个阶段的状态信息，为健康管理地面系统提供足够的基础条件和数据，才能满足后续地面监控、故障诊断、故障预测及健康状态评估分析的需要，从而实现飞机高效、正常、安全的运营。

　　本节将根据前文提出的飞机实时监控系统架构及实现方式，从数据输入需求及对应的系统功能两个角度，分飞机级、系统级以及部件级 3 个层次对地面实时监控系统的功能进行分析和介绍。

3.3.1　飞机实时运行状态监控

飞机级的实时状态监控的数据主要包括飞机基本运行信息及实时航行动态信息两个方面。这些信息主要来源于通信系统下传的 OOOI 报，同时还有部分基本运行信息来自飞机的飞行计划或者航空公司的机队数据库。

飞机基本运行信息是指单架飞机基本构型以及使用状态信息，其主要来源于航空公司的机队基础数据库。具体来说，这些信息主要包括以下内容。

（1）飞机基本信息：飞机机型、注册号、航空公司 IATA 和 ICAO 代码、MSN号、具体型号、发动机序列号、APU 序列号及所有软硬件的件号/版本号。

（2）航班基本信息：航班号、起飞/到达机场、飞机全重、飞机油量。

（3）时间信息：UTC 时间、当地时间、预计到达时间、日期。

（4）运营基本信息：飞行小时数、飞行循环数、发动机运行小时数、发动机循环数、APU 运行小时数、APU 运行循环数。

实时航行动态信息是指由飞机在飞行过程中实时采集的描述飞机飞行轨迹及飞行状态参数信息，其主要来源是 ACARS 数据链实时下传的 OOOI 报。具体来说，这些信息主要包括以下内容。

（1）飞机运行信息：包括滑出/起飞/着陆/开舱门时间、起飞/到达机场、当前剩余油量、预计到达时间。

（2）飞行位置信息：包括时间、当前剩余油量、经度、纬度、飞行高度、预计到达时间、风向、风速、总温、静温、马赫数或者校正空速。

地面实时监控系统在接收到这些信息后，可以通过多种方式向地面人员进行显

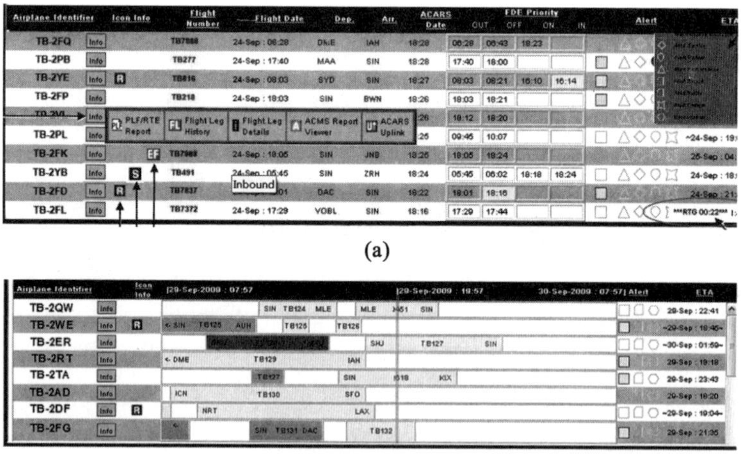

图 3-24　AHM 系统中飞机机队状态监控功能显示 *

（a）一般显示模式　　（b）Flight Bar 显示模式

---

* 为了体现作者的文意初衷，本书的软件截屏图都未做文字加工——编者注。

示。如图 3 - 24 所示为波音的 AHM 系统中机队状态监控功能。针对飞机的状态监控,AHM 系统提供了两种不同的显示方式:一种是普通的信息列表形式;另外一种是 24 h 进度条显示方式。

3.3.2 系统/子系统实时状态监控

系统/子系统级的实时状态监控数据主要来源于机载的 ACMS 系统,该系统通过内置的状态监控模型对某个系统或者某种异常事件进行监控,并在必要的时候采集相应的参数并通过 ACARS 数据链下传至地面。

目前,比较成熟的机载状态监控模型主要集中于发动机和 APU 两个系统。具体来说,主要的监控报文包括以下几种类型。

(1)发动机监控报文:主要包括正常启动报(normal start report)、起飞报(take off report)、爬升报(climb report)、稳态巡航报(stable cruise report)以及性能报(performance report)及非正常启动报(abnormal start report)、超限报(exceedance report)、空中停车报(in flight shutdown report)及 EGT/TGT 超差报(EGT/TGT divergence report)等。

(2)APU 监控报文:主要包括 APU 的性能报(performance report)、启动报(start report)、运行报(operation report)及自动关车报(auto shutdown report)等。

(3)其他系统报文:主要包括环控系统性能报(ECS performance report)和趋势预测报(ECS prognostics report)及重着陆报(overweight landing report/load report)、湍流报(turbulence report)、发动机结冰报(engine icing report)及机翼结冰报(wing icing report)等。

与其他报文不同,ACMS 报文中通常会含有多个参数在某一时刻或者连续几秒钟内的参数值信息,因此该类报文所占空间往往比较大。以某机型重着陆或者超重着陆报文为例,该报文中至少包含垂直减速度、WOW、攻角、计算空速、地速、横滚角、无线电高度等多个参数信息,同时会连续记录报文触发前后几秒钟内各个参数的信息。

一部分 ACMS 报文数据可以像维护信息一样作为系统维护和检查工作的输入条件,方便维护人员提前做好维护准备;另一部分可以用于支持地面系统对重要系统运行状态趋势的预测。波音的地面 AHM 系统的性能分析功能就是其中比较典型的例子。

AHM 系统性能分析模块主要是通过收集飞机 ACMS APM/发动机稳态报计算飞机的性能,协助航空公司评估飞机巡航性能,为航空公司飞机运营和维护提供决策支持。该模块的功能可以完成取代目前航空公司正在使用的波音性能分析的软件(Boeing performance system),为航空公司节约人力物力。

图 3 - 25 所示为 AHM 系统性能分析过程。

性能分析模块收集的主要数据是飞机的巡航数据,具体到 B747 和 B777 飞机则分别为飞机/发动机稳态巡航报(不确定)和飞机性能报(APM)。系统在接收到这些报文后,会对首先报文进行解码,将计算机数据转化为工程数据,并按照固定的格

(1) 记录巡航数据
- 通过ACMS系统和DFDAU 或DMU自动记录
- 人工记录

(2) 通过BPS将数据转化成可读格式
- DSIRF-自动数据
- MSIRF-人工数据

(3) 分析
- 将数据和数据库调整到 统一原则
- 对比同一航行状态的每 个数据点的结果与已选 基线水平的结果
- 对所有数据点取结果平 均值,观察时间方程的 误差趋势
- 存储结果,作为日后参 考和分析

(5) 采取措施
- 更新FMC和飞行计划性 能因子
- 制定维修计划
- 进一步制定针对性的深 度调查

(4) 分析结果
- 是否要改变飞行计划因子
- 误差量级是否合理
- 数据趋势是否合理

图 3 - 25　AHM 系统性能分析过程

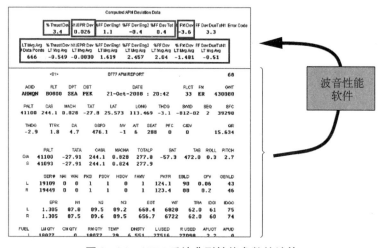

图 3 - 26　AHM 系统典型性能参数的计算

式将相关数据进行排列,用户可以通过查看 ACMS 报文的形式查看到这些数据,如图 3 - 26 所示。

　　性能分析模块会以这些数据为输入,计算出能够表征飞机性能水平的几个典型参数,这些参数包括最小巡航动力设置、最小巡航推力、燃油流量和燃油里程数。系统会持续跟踪这些典型参数与飞机基准数据的偏差(见图 3 - 27),并在超出航空公司设定的门槛值时触发相应的报警,提醒航空公司进行相关的维护和检查工作。

　　当性能偏差超过航空公司/波音设置的门槛值时相应的警告信息被触发以提醒航空公司。航空公司用户也可以通过自定义功能设置不同级别的门槛值从而触发不同级别的警告,如分别用红、黄、绿或者 H、M、L 表示不同程度的警告。

　　同时,地面监控系统还可以根据不同类型的性能参数用不同的趋势图和不同类型的门槛值进行显示和分析。图 3-27 为燃油里程数和燃油流量在系统中分析的图表,从图中可以看出,对于燃油里程数,系统用长期和短期两个门槛值对其

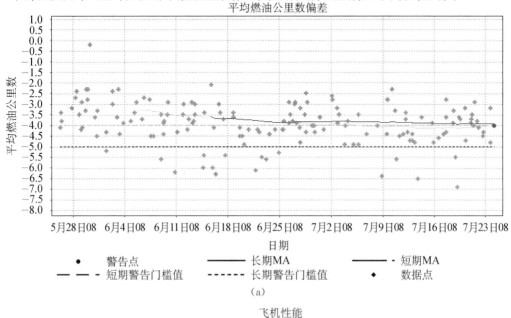

（a）

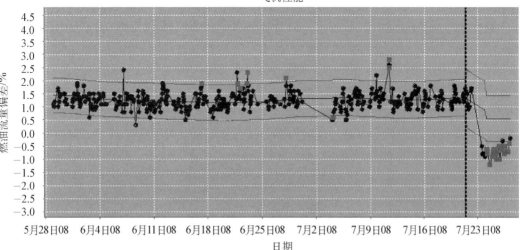

（b）

图 3-27　AHM 系统性能分析

（a）燃油公里数显示　　（b）燃油流量显示

下限进行了设置；而对于燃油流量，系统则用上下两个门槛值对其趋势进行设置。

3.3.3 部件实时故障监控

部件实时故障监控数据主要来源于机载的 CMS 系统，该系统通过内置的故障触发逻辑模型对其成员系统的各个部件或者功能进行持续监控。当触发条件满足时，CMS 会产生相应的维护信息，并根据客户化配置条件有选择地通过 ACARS 数据链实时下传至地面。

以波音飞机为例，其故障报文中主要包含的维护信息主要有驾驶舱效应信息（FDE）、相关联的维护信息（Related MMSG）及非关联的维护信息（Non-Related MMSG）3 类。其中，FDE 是指所有的警告级别（Warning、Caution、Advisory 和 Status）的驾驶舱效应信息；Related MMSG 是指与 FDE 相关的维护信息；而 Non-Related MMSGs 是指与 FDE 不相关的 MMSGs。

对于接收的故障信息，地面实时监控系统会通过内部逻辑对其进行分级和分类显示。以波音 AHM 系统为例，该系统会将不同的 FDE 和所有的 MMSG（Related and Non-Related）用不同形状和不同字母标明，表示对飞机不同的影响级别（见图3-28）。对于 FDE 信息和相关维护信息的级别划分主要是综合该信息的延误历史成本、MEL 以及运行限制（如 ETOP）等因素进行综合考虑；对于 Non-Related MMSGs 的级别划分则主要考虑该信息引发 FDE 的可能性及对飞机经济性和性能的影响等进行级别划分。

AHM Item Type	Priority Symbols
FDEs-All	◯ Ⓛ Ⓜ Ⓗ
MMSGs and Prognostic MMSGs	☐ L M H

图 3-28 AHM 系统对信息的分级显示

由于不同航空公司都有各自的不同的 MMEL，同时对飞机的经济性和性能等因素的看法存在差别，因此 AHM 系统用户可以对故障级别进行客户化的修订。AHM 系统中所设定的各种故障的级别是波音公司默认的，用户可以对系统内的故障级别进行客户化修订（见图3-29）。

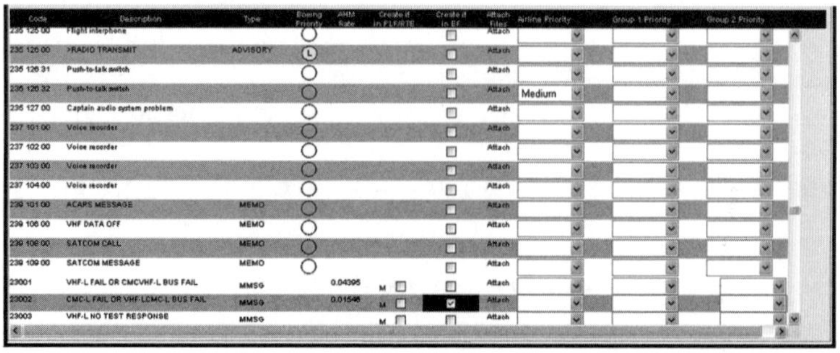

图 3-29 AHM 系统 Customize Fault Priorities 页面

通过该页面,用户可以通过各种筛选条件查看当前所有故障信息的级别。同时,该页面还可以实现以下一些客户化功能:

(1) 对故障信息的级别进行客户化修改。

(2) 对特定的故障信息进行虚警抑制。

(3) 相关参考文件的上传。

AHM 系统在将故障信息进行级别划分后,对于可能需要立即采取相关维护措施的故障及不需要进行任何维护工作的故障进行分类显示。而对于需要进行维护的故障,AHM 系统会对整个处理过程进行全程监控,直到故障排除并收集到相应的反馈信息。同时,航空公司还可以利用 AHM 系统对之前的排故历史根据不同的条件进行检索和管理。

3.3.4　部件实时勤务状态监控

勤务状态的实时监控功能是指地面实时监控系统在部件故障实时监控功能基础上的功能拓展,该功能主要利用 ACARS 数据链实时下传飞机的勤务数据,从而远程监控飞机的勤务数据并达到及时识别需要进行的勤务工作,方便用户减少不必要的勤务检查工作并合理安排飞机的日常维护的目的。

通常来说,勤务信息主要包括以下几类。

(1) 驾驶舱/客舱氧气状态信息。

(2) 液压系统的液压油量、压力等。

(3) 轮胎胎压、压差及胎压偏离信息等。

(4) 发动机滑油信息,包括油压、油量、滑油消耗量、金属屑、油滤信息等。

(5) APU 滑油信息,包括油压、油量、滑油消耗量、金属屑、油滤信息等。

以 B777 飞机为例,其勤务信息的主要来源包括 ACMS,CMS 及机组警告系统(CAS)等几个方面。图 3 - 30 所示为 B777 飞机部分勤务相关的 FDE 信息。

#	System	FDE	Status	Description	Fault Code
1	Passenger Oxygen	PASS OXYGEN LOW	(ADVISORY)	Passenger oxygen pressure is low. P<=500 PSI or P<=1600 PSI.	352 011 00
2	Crew Oxygen	CREW OXYGEN LOW	(ADVISORY)	Crew pressure is low. Pressure is less than TBD value selected by customer.	351 001 00
3	Hydraulic Qty	HYD QTY LOW C	(ADVISORY)	Center hydraulic system reservoir quantity. QTY < 0.4	291 006 43
4	Hydraulic Qty	HYD QTY LOW L	(ADVISORY)	Left hydraulic system reservoir quantity low. QTY < 0.4	291 006 41
5	Hydraulic Qty	HYD QTY LOW L+C	(CAUTION)	Left and Center hydraulic system reservoir quantity low. QTY < .40	291 002 00
6	Hydraulic Qty	HYD QTY LOW L+C+R	(CAUTION)	Left, Center and Right hydraulic system reservoir quantity low. QTY < .40	291 005 00
7	Hydraulic Qty	HYD QTY LOW L+R	(CAUTION)	Left and Right hydraulic system reservoir quantity low. QTY < .40	291 003 00
8	Hydraulic Qty	HYD QTY LOW R	(ADVISORY)	Right hydraulic system reservoir quantity low. QTY < 0.4	291 006 42
9	Hydraulic Qty	HYD QTY LOW R+C	(CAUTION)	Right and Center hydraulic system reservoir quantity low. QTY < .40	291 004 00
10	Tire Pressure	TIRE PRESS	(ADVISORY)	An abnormal tire pressure condition exits, defined as :1) Any main or nose gear tire pressure is less than lowpressure threshold or 2) Any main gear tire pressuredeviates from the average main gear tire pressure bymore than a maximum amount, or 3) the pressure oftwo tires on the same axle deviate by more than amaximum amount.	324 071 00
11	Tire Pressure	TIRE PRESS	(STATUS)	Abnormal tire pressure condition exits defined as: 1)Any main or nose gear tire pressure is less than lowpressure threshold or 2) any main gear tire pressuredeviates from the average main gear tire pressure bymore than a maximum amount, or 3) the pressure oftwo tires on the same axle deviate by more than amaximum amount.	324 072 00
12	APU Oil	APU	??	APU oil quantity is low. 23-98 TASK 803	491 621 00
13	APU Oil	APU	??	oil consumption is excessive: 49-20 TASK 818	492 811 00
14	Engine Oil	Engine Oil		Engine oil consumption high: - right engine: G1 71-05 TASK 805	710 641 52
15	Engine Oil	Engine Oil		Engine oil consumption high: - left engine: G1 71-05 TASK 805	710 641 51
16	Engine DMS Chip Count	ENG DMS L	(STATUS)	Left engine oil contains a number of metal chips which exceed the allowed threshold. NOTE: AIMS can latch this message.	793 071 51
17	Engine DMS Chip Count	ENG DMS R	(STATUS)	Right engine oil contains a number of metal chips which exceed the allowed threshold. NOTE: AIMS can latch this message.	793 071 52
18	Engine Oil Filter	ENG OIL FILTER L	(ADVISORY)	Left engine primary oil filter is at or beyond bypass condition (exceeds bypass pressure differential).	793 052 51
19	Engine Oil Filter	ENG OIL FILTER L	(STATUS)	Left engine primary oil filter approaches bypass (large pressure differential across normal filter) with engine running. NOTE: AIMS can latch this message.	793 051 51
20	Engine Oil	ENG OIL PRESS L	(CAUTION)	Left engine oil pressure below the red line limit with engine running.	793 011 51
21	Engine Oil	ENG OIL PRESS L	(CAUTION)	Right engine oil pressure below the red line limit with engine running.	793 011 52

图 3 - 30　B777 飞机部分勤务相关 FDE 信息列表

地面系统在接收到相关的勤务信息后，不仅可以实现对相关勤务信息的实时监控功能，还可以通过勤务信息的长期趋势的跟踪，进而对下一次勤务工作进行提前预警。

图 3－31 为波音 AHM 系统驾驶舱氧气趋势跟踪图。用户可以通过 AHM 系统设定相应的勤务警告和运行警告门槛值，从而在氧气压力降低至指定值时提前预警，从而降低飞机的非计划停飞。

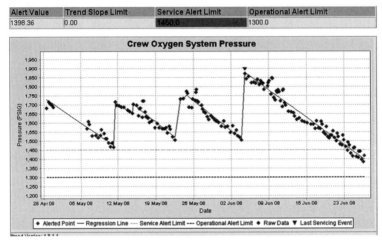

图 3－31　AHM 系统驾驶舱氧气压力趋势跟踪

另一方面，地面系统还可以实现对整个飞机机队勤务信息的监控、对比及分析功能。比如在波音 AHM 系统中，用户可以针对某个特定的勤务信息，查看所有机型的对应勤务信息，还可以实现单架飞机与整个机队对应勤务信息之间的对比和分析。图 3－32 为 AHM 系统 APU 滑油消耗量的对比分析。

Airplane Identifier	Alert	Pos	Last Service Date	Quarts	Estimated Time To Service (Op-Hrs)	Estimated Consumption (Qts/APU-Hr)	APU Oil Consumption - Consumption [10000.0000 Fleet Avg: ? -10000.0000]	Chart
2TBC-12	A	NA	31-Jul : 05:30	6.3		0.0080		Chart
2TBC-14		NA	22-Jul : 20:19	5.8		0.0072		Chart
2TBC-15		NA	25-Jul : 10:09	6.8	0	0.0071		Chart
2TBC-16		NA	26-Jun : 10:00	5.9		0.0047		Chart
2TBC-20		NA	29-Jul : 05:30	7.0		0.0042		Chart
2TBC-22		NA	13-Jun : 06:15	6.6		0.0037		Chart
2TBC-23	A	NA	26-May : 22:25	6.1		0.0033		Chart
2TBC-25		NA	07-Jul : 00:02	6.1	0	0.0030		Chart
2TBC-28	A	NA	11-Aug : 13:51	6.1		0.0027		Chart
2TBC-30		NA	20-Jul : 17:19	6.9		0.0026		Chart
2TBC-33		NA	15-Jul : 03:46	6.7		0.0026		Chart
2TBC-37		NA	24-Apr : 06:31	6.0		0.0023		Chart
2TBC-39		NA	22-Jul : 20:28	7.0		0.0023		Chart
2TBC-41		NA	19-Jul : 09:27	7.9		0.0021		Chart

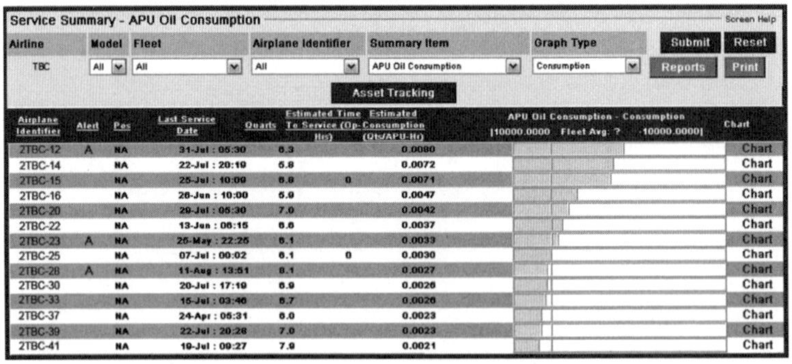

图 3－32　AHM 系统 APU 滑油消耗量对比分析

4　故障诊断原理与方法

　　随着航空技术的不断发展,飞机各系统之间的联系越来越紧密,故障也越来越复杂和难以判断,任何一个故障都有可能影响其他多个系统使其不能正常工作。因此,如何建立一套科学的分析方法和工作方法,尽快确定故障原因,采取必要的排故措施,降低飞机停场排故时间,成为人们关注的重要研究方向。通过适当的方法实现快速准确的故障诊断,有利于工程技术人员有效制订维修任务,提高工作效率和飞机利用率,从而大大降低维修成本,提高飞机的安全性和经济性。

4.1　故障诊断技术概述

　　故障诊断技术经历了一个长期的发展过程。最早的故障诊断主要依赖专家及维修人员长期积累的丰富经验,借助简单的仪器仪表指示开展故障诊断工作。随着飞机机载传感器及 BIT 技术的发展,维修人员能够获取的信息越来越多,故障诊断技术向着自动化、智能化的方向发展。智能化故障诊断技术通过大量采用信息处理技术、数据分析建模技术,不断加强诊断的深度和智能化程度。

　　最早投入使用的先进故障诊断技术是基于维护类手册的故障诊断技术。该技术通过将飞机维护类手册中的数据进行模块化存储,借助智能检索技术和数据链接技术,实现手册数据的准确高效查询,从而为飞机维修工作提供了便利。应用这一技术,波音、空客都已经推出了实用的产品[34, 35],在航空公司广泛应用。

　　在技术研究领域,数据驱动诊断方法、分析建模诊断方法、知识驱动诊断方法等都成为研究热点。这些技术虽然尚未在民用飞机维修实践中得到系统性的全面应用,但是在部分特定领域已经有了较成熟的研究成果。陈友东等研究了基于案例的推理技术(case-based reasoning,CBR),提出基于 CBR 的故障诊断知识表示方法[36]。该方法从理论上能够直接利用维修工作中不断产生的维修案例,通过新案例的不断充实,实现故障诊断系统的知识获取过程。一些故障诊断技术研究采用了建立系统故障模型的方法,并基于模型进行推理,其中故障树分析(fault tree analysis,FTA)就是一种系统故障建模方法。该方法将系统故障形成原因由总体至局部按树枝状逐渐细化,是一个以诊断对象结构、功能特征为依据的行为模型,是一种定性的因果模型。通过该方法,我们可以解决系统结构复杂、故障分析困难的问题,为实现故障诊断系统提供一种思路[37~40]。规则推理(rule-based reasoning,RBR)技术也被应用于故障诊断技术研究,其本质是利用通过归纳专家经验知识得到的规则,采取搜索或推理的方法,分析故障现象与故障原因之间的关系[41~43]。RBR诊断技术在难以建立系统模型的场合下能够发挥优势,实现专家系统式的故障诊断。数据驱动故障诊断分析方法也是研究的热点之一。这种方法以获取的历史数据为基础,通过采用数据分析技术及相应算法,如谱分析方法、时间序列分析方法、自适应信号处理方法等,提取数据中的信息特征,从而实现故障诊断。这种方法侧重于数学方法的应用,对系统对象的准确建模及专家知识依赖程度低[44~46]。近年来,人工神经网络、机器学习等智能算法以及模糊理论(fuzzy theory,FT)、粗糙集理论(rough set theory,RST)等处理模糊和不确定性问题的数学方法也逐渐开始被用于故障诊断技术研究[47~55],为故障诊断技术研究发展提供了新的方法。

本章将详细介绍3种故障诊断方法,分别是基于维护类手册故障诊断方法、基于案例推理的故障诊断方法、基于系统原理的故障诊断方法。

4.2　基于维护类手册的故障诊断方法

4.2.1　基于维护类手册的故障诊断思路

维修类手册是航空公司日常维护工作的依据,是航空公司开展故障分析、故障隔离、执行维修任务等各项工作的技术指导文件。飞机系统维护类手册主要包括《故障隔离手册》《飞机维护手册》《线路图手册》《系统原理图手册》《图解零部件手册》等。各手册内容详细,篇幅较大,手册之间还存在着复杂的关联关系。在维护工作中,维护人员面临纸质手册体积大、重量大、翻查不便等问题,特别是如何快速翻查手册、及时找到所需内容往往需要技巧和经验,是每一个维护人员面临的问题。

为提高维护类手册的利用效率,减少翻查手册所需时间,提高手册间内容链接的速度及准确度,波音和空客公司进行了大量研究,并已经有一些成熟的系统推出。如波音公司研制的维修工具箱软件系统 Toolbox,将《飞机维护手册》《图解零件目录》《故障隔离手册》《线路图手册》《设备清单》等手册数据编制成结构化电子化数据模块,实现了手册信息的快速搜索、方便的超链接访问、数据更新和传递等功能,显著提高了故障诊断效率。空客研制了一系列用于传输和管理技术数据的软件,目前在维修行业应用最为广泛的相关系统是 AirN@v 系列软件。AirN@v 是一种高效的电子手册浏览器,可以实现电子版的《飞机维修手册》《排故手册》《图解零件目录》《飞机线路图册》《飞机布线清单》《电子标准实施手册》等文件的快速查询,并能在各类手册之间实现快速而准确的链接。

基于维护类手册的故障诊断方法主要有如下特点。

(1)通过输入故障的相关信息(至少包括故障代码、故障描述、ATA 章节号),快速进入故障隔离程序,并且能够方便地链接到所需查询的相关文件、通告,按照提示逐一排查,最终定位故障。

(2) 预留与飞机系统部附件可靠性数据(包括设计可靠性数据、实际使用可靠性数据)关联的接口,以便优化基于手册故障诊断的准确性及有效性。

(3) 实现对原型系统中手册内容、相关文件、通告等的快速添加与修改功能。

通过采用基于维护类手册的故障诊断方法,以电子化的手段充分利用手册,可以快速定位飞机维护类手册信息,快速确认产生故障的可能原因,使工作人员的排故工作系统高效,排故工作有章可循,从而降低飞机维护成本,提高运营效率。

4.2.2　维护类手册数据结构分析及应用需求

与飞机有关的航空维修类手册或技术文件主要有 5 种,总数据量巨大而且各个手册之间存在着联系,所以理清各手册数据结构,并合理地将所有手册存入系统数据库并实现实际维修过程中的实际功能非常困难而且工作量很大。基于维护类手册故障诊断方法常用的手册主要包括:

《故障隔离手册》(*Fault Isolation Manual*,FIM)是飞机制造商根据飞机的设计特点并参考用户所提供的飞机故障汇总之后,向航空公司提供的部分故障隔离方法的程序手册,是有关维护知识的高度概括,也是实际排故工作中使用最多、最主要的手册。它为使用者提供具体的故障隔离操作程序,是实际维修工作的指南。

《飞机维护手册》(*Aircraft Maintenance Manual*,AMM)是系统描述和工作程序的集合,是针对航线可更换件 LRU 进行的维护步骤和程序的集合。它依据各种组件、系统、APU、发动机供货商提供的数据和制造厂商的技术数据综合编写而成,由飞机制造厂商发布。是外场维护中使用最频繁的一本手册,是飞机工作人员的工作指南。

《线路图手册》(*Wiring Diagram Manual*,WDM)由飞机制造厂商提供,列举所有安装在飞机上的电器设备及其装配线路,飞机各个系统连接线路的走向及排布。用于定位电器设备、线路的维护和排故。线路图手册和 FIM、AMM 手册联系都非常紧密,两本手册都多处参考 WDM 手册,可以说没有 WDM 手册,FIM、AMM 手册内容就不完整,它是 FIM、AMM 手册的辅助。

《系统原理图手册》(*System Schematics Manual*,SSM)是飞机生产厂商提供给用户用以联系统一所有飞机系统的原理图示,能辅助维修人员理解系统原理、排除系统故障。图示展示了飞机机载系统配置,系统功能,电路操作以及组件的辨识和位置,并且体现了机载电气、电子、液压系统与给定系统之间的逻辑关系。同 WDM 手册一样,FIM、AMM 手册多处参考该手册。

《图解零部件手册》(*illustrated Parts Catalog*,IPC)是飞机生产厂家提供记载飞机上各种零部件件号(part number)和图示的手册。它按次序归类、分解结构和机载设备的各种部件的各个剖面,从而标注出各个零部件的件号、生产厂商、技术规范、使用数量、适用位置等信息,是实际维修过程中使用最多的手册之一,且 FIM、

AMM 手册之中都有参考。

4.2.2.1　FIM 手册数据结构及应用分析

《故障隔离手册》(FIM)是飞机制造厂商提供的用于故障隔离和排除的主要维修出版物。《故障隔离手册》(FIM)参照 ATA2200 规范编写,包含了飞机系统和设备中需要隔离和纠正的故障的相关信息。《故障隔离手册》是纠正飞机系统故障的一种方法。《故障隔离手册》主要提供给维修排故人员使用。它包括故障报告手册中给出的所有故障的字母/拼音列表和数字索引。FIM 也为每一故障提供了故障隔离程序。

本手册可根据故障代码、故障描述或维修信息查到故障隔离任务号(FIM TASK),排故人员根据排故步骤来确定故障原因,直至故障排除。在排故过程中要结合《飞机维护手册》(AMM)、《图解部件目录手册》(IPC)、《标准线路施工手册》(SWPM)等手册。

通过对手册数据结构进行深入分析后,《故障隔离手册》主要包括:故障代码、EICAS 信息、观察到的故障索引、客舱故障索引和维修信息等 5 种查找方式。重点分析 5 种查询方式的区别和联系,尤其是 EICAS 信息和维修信息的关系,两者即可相互联系,但是有不一定同时出现,在设计查询功能时,充分考虑了这一特点,于是设计出上述 5 种故障的查找方式,通过任一种方式,均可查出故障对应的故障隔离任务。

根据《故障隔离手册》数据结构特点,设计相应的 FIM 手册数据库。《故障隔离手册》数据库主要描述《故障隔离手册》的基本信息,主要包括章、节、内容、故障代码、故障描述、维修信息等,结合实际中查询手册的方式及手册内的链接方式。注意到 FIM 手册只有章、节的内容。其中故障代码、EICAS 信息、故障描述、维修信息分别对应有可供检索的数据库。故障描述通常要使用关键字检索。不同使用者可能会使用不同的关键字描述同一个故障。在该索引中,一个故障的关键字主要有以下几个:故障所在的系统或部件、故障的现象、故障具体的位置等。

根据《故障隔离手册》的数据结构分析和应用需求分析,确定该手册的电子化查询功能应该包含两种方式:

一种是通过树形结构通过章节的方式直接进入,在 EICAS 信息索引、可观察故障代码索引(OBSERVED FAULT CODE INDEX)、客舱故障代码索引(CABIN FAULT CODE INDEX)或每一章的故障代码索引(FAULT CODE INDEX)和维修信息索引,查到相应的维修任务号,通过维修任务号后,进入故障隔离程序进行排故。

另一种是快速查询,可根据 EICAS 信息、故障代码,故障描述,维修信息快速查询到维修任务号和故障隔离程序。下面详细介绍《故障隔离手册》的使用方法。

图 4-1 给出了基本的《故障隔离手册》的查询程序。

从图 4-1 流程图上可以看出进入《故障隔离手册》有 4 种途径:EICAS 信息、

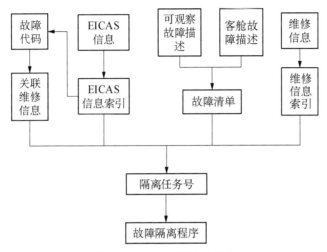

图 4 - 1 FIM 手册查询流程

故障代码、故障描述、维修信息。各种查询方式要点如下所述。

(1) 故障代码:通过快速检索,输入故障代码,结合相关联的维修信息,通过检索获得对应的任务号。点击任务号,快速进入章节部分的故障隔离流程。

(2) EICAS 信息:通过驾驶舱 EICAS 面板的信息指示,通过 EICAS 信息索引得到故障代码,通过(1)方式进入故障隔离流程。要注意的是,一条 EICAS 可能对应有多条维修信息,每条维修信息对应一个维修任务号。

(3) 故障描述:通过快速检索,输入故障描述的检索词,通过检索结果获得对应的任务号,点击任务号,快速进入章节部分的故障隔离流程。故障描述包括可观察故障和客舱故障的描述。

(4) 维修信息:通过快速检索,输入维修信息,通过检索结果获得对应的任务号,点击任务号,快速进入章节部分的故障隔离流程。

4.2.2.2 AMM 手册数据结构及应用分析

AMM 手册分为系统描述部分(SDS)和维修程序部分(MPP)。AMM 手册分为维修程序 MPP 和系统描述 SDS 两部分,两者最基本、最重要的用途皆为供使用者在排故过程查询(注意,SDS 部分除用于排故参考之外,还可用于系统熟悉培训)。由于手册两部分的结构、内容都有一定的区别,在此将两者的查询情况分开讨论。

结合实际使用情况分析,AMM 手册系统描述部分(systems description section,SDS)的应用查询主要分为直接查询和链接查询两种。

对 SDS 的直接查询是指根据需要直接到 AMM 手册中的系统描述部分查找。在查找时,找到目标内容后可能直接结束,也可能在其中的某处还要参考 SDS 部分的其他内容,常见的使用场景流程如图 4 - 2 所示。

SDS 的链接查询由常用在排故过程中的自动链接,为排故过程提供参考信

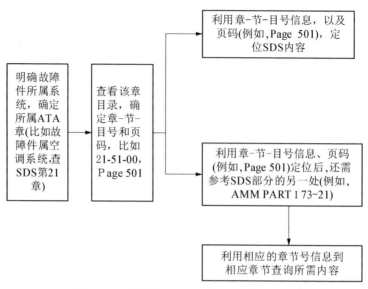

图 4 - 2　直接查询 AMM 手册 SDS 部分流程

息。飞机的维护手册和技术文件众多且彼此存在联系,其中与《飞机维护手册》
(AMM)联系最多的是《故障隔离手册》(FIM),它在多处参考 AMM 手册中的内
容(这里是指 SDS 部分)。通常,在 FIM 手册中参见 AMM 手册中的 SDS 部分时,
都是给出 6 位数(××-××-××)的 ATA 编码,即章-节-目号,根据这个章-节-
目号和 FIM 手册中该参考处的具体内容就可到 AMM 手册 SDS 部分对应章节的
目录查询页码,从而最终确定要查内容的位置。常见的应用需求场景如图 4 - 3
所示。

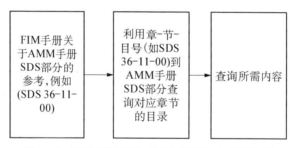

图 4 - 3　FIM 链接查询 AMM 手册 SDS 部分流程

　　与 SDS 部分类似,AMM 的维修程序部分(maintenance practices and
procedures,MPP)的应用通常也有直接查询应用和链接查询应用两种。

　　MPP 部分的直接查询与系统描述部分的直接查询大致上一致,也分为不需再
次参考和需再次参考其他地方两种情况,但在需参考其他地方时参考格式有所区
别,具体查询应用流程如图 4 - 4 所示。

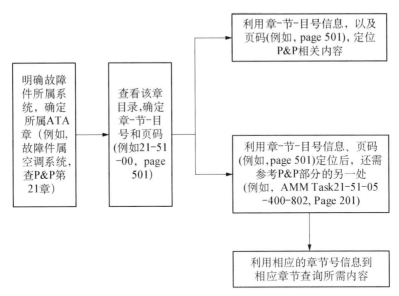

图 4 - 4 直接查询 AMM 手册 P&P 部分流程

MPP 的链接查询应用和 SDS 情况一样,通常只有 FIM(《故障隔离手册》)有多处需链接至 AMM 手册 MPP 部分的内容。其参考形式都是直接给出任务号/子任务号、页码。因此,查询时十分方便,具体查询流程如图 4 - 5 所示。

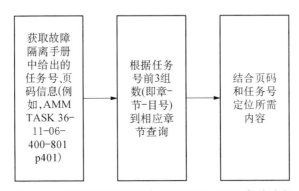

图 4 - 5 FIM 手册链接查询 AMM 手册 P&P 部分流程

4.2.2.3 WDM 手册数据结构及应用分析

《线路图手册》(*Wire Diagram Manual*,WDM)是由飞机制造厂商提供,列举了所有安装在飞机上的设备及其装配线路、飞机各个系统连接线路走向及排布的客户化手册。主要用于机务维护和排故。《线路图手册》的用途可分为维护、工程、培训和航材。

WDM 手册数据内容主要由清单和线路图内容组成。两部分数据结构特点如下所述。

（1）清单部分：在 WDM 内，91 章节内提供了设备清单和导线清单等内容。电子电气设备用指定的字母数字符号来表示，简称设备号（equipment number）。在设备清单中，可通过这些设备号来找到与它们相对应的件号和对设备的描述信息，如中英文名称、军标零件号、供应商零件号、供应商、飞机上的安装位置、设备安装图号、所在的线路图图号、有效性及备注信息。导线清单（包括，导线扩展清单）描述了导线的详细信息，包括条导线的线束号、导线号、连接的设备情况、导线材料、长度、规格、敷设方式、所在的线路图图号、有效性和备注信息。

（2）线路图部分：按照 ATA 章节划分的系统线路图部分包含有效页的说明、线路图（分别以线路图编号和字母顺序索引）列表、线路图。线路图中可以找到该线路图的名称、有效性、线路图编号、有效日期等信息，也有相关的设备符号和编号及连接的方式。

WDM 手册在排故中的应用模式主要是与其他手册或已知条件结合使用。WDM 手册既可以通过其他手册（AMM 和 FIM）链接，也可以通过相关信息直接进入检索。WDM 同其他手册的联系及使用模式如图 4-6 所示。对于线路图部分，我

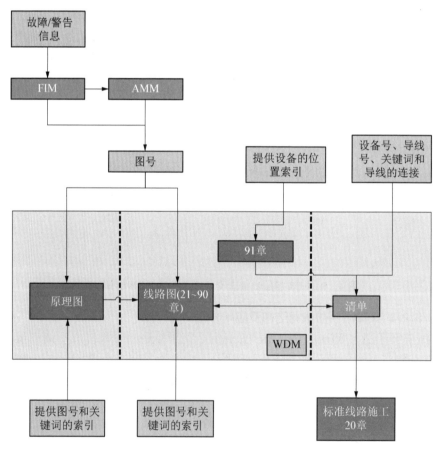

图 4-6　维护手册之间的关系

们通过章节目的线路图信息和关键词的索引可以准确定位到线路图,并根据图中的设备号和导线号链接到清单部分。另外,我们也可以通过设备的位置信息索引找到与位置相关的所有设备,确定后进入设备清单。在清单部分,我们可以通过设备号和关键词信息确定设备,也可以通过导线号和导线的连接信息确定导线,并链接到其所在的线路图部分。

4.2.2.4　SSM手册数据结构及应用分析

《系统原理图手册》(*System Schematics Manual*,SSM)是由飞机生产厂商提供的,用以联系统一所有飞机系统的原理图示,以便理解系统原理和排除系统故障。SSM手册中的图示展示了飞机机载系统的配置,系统功能,电路的操作,以及组件的辨识和位置,并且体现了机载电气、电子、液压系统与给定系统之间的逻辑关系。但是,系统原理图手册仅是原理性的,不能替代FIM、AMM、WDM等其他维护文件的使用。

SSM手册在实际中通常有两种应用需求,即单独查询应用和通过其他手册链接应用。单独查询应用时,SSM提供两种检索方式:一种是根据目录中的关键词迅速找到系统原理图的位置;另一种是根据ATA章节,知道该系统属于哪个章节目,根据章节目号,进行定位。通过其他手册链接应用则通过超链接技术实现从其他手册的跳转。

4.2.2.5　IPC手册数据结构及应用分析

IPC手册是飞机生产厂家提供的主要用于航线可更换件的识别、维护以及备件的手册。在日常维修工作中,IPC手册是查找确定部件件号的重要工具。在实际应用中主要有以下两个功能。

(1) 提供可更换件的位置识别和装配关系等维护信息,为航线维护提供方便。

(2) 为航材部门备件计划提供信息,通过IPC手册可以查到与零件相关的数量、有效性、厂家等信息。

IPC手册的原则是依图索引。因此,该手册的索引重点是零件图和零件列表的配合使用,零件图依照ATA-100编辑,由飞机到系统、组件逐级编写。在各系统之下,IPC手册都编辑有该章的总图,系统烦琐难于画出则标注为空页,但最大一级组件都标在对应的零件列表中。依照这样一种编排方法,依次按照章节为"章号-节号-目号-图号-条号"来编辑。

　　a. 章对应系统;

　　b. 节对应分系统;

　　c. 目对应组件;

　　d. 图对应每一张装配图;

　　e. 条对应图中每一个零件。

根据IPC手册我们可以查询可更换件的位置及装配图信息。在查询之前如果知道可更换件件号,我们可以根据零件件号参考前言部分零件索引列表得到零件具体的章节目图号,然后再根据零件的章节目图号查询具体的装配图。另一种情况,如果不知道零件具体的件号,我们可以根据零件的功能信息大体判断其所属系统,然后对照系统目录,结合图表信息确定其装配图。手册主要提供了装配图,在装配图之后又给出了图中相应的零件信息。具体的使用流程如图 4-7 所示。

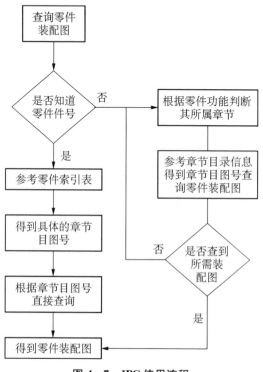

图 4-7　IPC 使用流程

4.2.3　基于维护类手册的故障诊断系统

在设计基于维护类手册的故障诊断系统时,我们首先要考虑一项基础功能,即手册数据的有效性验证功能。有效性验证功能通过识别输入的飞机信息,实现对有效手册数据的筛选,确保后续功能应用中使用的数据均为适用数据。

此外,基于维护类手册的故障诊断系统还应实现手册快速查询应用、故障诊断、多故障综合分析等功能。

4.2.3.1　手册快速查询应用

系统中手册快速查询检索功能是对人工翻查手册的一种辅助,能够显示提高手册内容查询的效率。以 AMM 手册为例,手册快速查询应用功能应该包含两种形式,直接查询和链接查询。其中,直接查询是直接进入目标手册(AMM)查询相关信息,链接查询则是通过其他手册(如 FIM)的应用过程中,链接查看 AMM 手册的内容。直接查询时,维修程序部分(MPP)和系统描述部分(SDS)两部分的内容都通过章-节-目号或标题定位。链接查询时,从 FIM 手册到 AMM 手册维修程序部分(MPP)和系统描述部分(SDS)的链接分别通过任务号和章-节-目号实现。具体AMM 手册查询流程如图 4-8 所示,在此讨论的系统检索模块主要对应于进入系统后对 AMM 的直接查询。

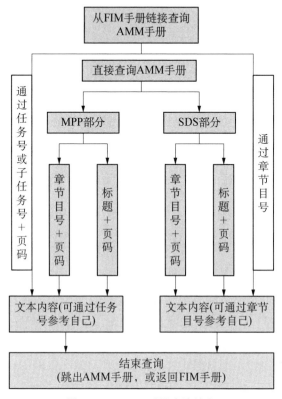

图 4-8 AMM 手册查询流程

由于实际使用中,我们可能并不完全知道所需内容的标题,例如只知道与故障相关的一些关键词如滑油等,这时对于按标题直接查询的情况就需要建立一种模糊检索即关键词检索,关键词从标题中提取。同样,查询过程中我们也有可能不知道完整的章-节-目号,因此需建立树形检索结构,使用者可以逐步展开最终定位所需查看内容。经过上一节手册数据结构分析可知,AMM 手册中任务号结构与章-节-目号有着内在联系(即任务号前 6 位数××-××-××就是章-节-目号),MPP 部分的最小数据单元为任务号,所以为了方便快速定位到最小单元,针对 AMM 手册,MPP 部分建立了任务号检索。

以上结合实际使用情况和手册本身结构特点建立的 AMM 手册检索模块应具有如下功能:

(1)能够通过任务号实现对 AMM 手册 MPP 部分最小基本单元的快速定位。

(2)能够通过章-节-目号、检索词等实现对 AMM 手册的直接查询。

（3）能够通过树形结构逐级展开最终定位所需查阅内容。

除了前文所述的 FIM 手册中多处需参考 AMM 手册内容以外，AMM 手册内部某处的内容往往也需要参考其自身另一处的内容。同时，AMM 手册还需多处参考 SSM、WDM 等手册以及 SB、SL 等工程技术文件。为了便于使用者快速定位所需内容，在 AMM 手册数据中上述参考都应预留链接。

4.2.3.2　故障诊断应用

在本模块中，通过输入故障代码、故障描述和维修信息的关键词进行检索时，故障描述和故障代码是一一对应的，而 EICAS 信息和可观察故障可能有对应相关联的维修信息，维修信息包括相关联的维修信息和非关联的维修信息，每条维修信息对应一个维修任务号。

故障诊断应用过程主要依赖故障隔离手册。故障隔离手册数据库主要描述故障隔离手册的基本信息，主要包括章、节、内容、故障代码、故障描述、维修信息等，结合实际中查询手册的方式及手册内的链接方式。注意到 FIM 手册只有章、节的内容，其中故障代码、EICAS 信息、故障描述、维修信息分别对应有可供检索的数据库。故障描述通常要使用关键字，不同使用者可能会使用不同的关键字描述同一个故障。在该索引中，一个故障的关键字主要有以下几个：故障所在的系统或部件、故障的现象、故障具体的位置。

为了迅速查找和排除故障，根据 FIM 手册的结构和实际排故的需要，我们设计出故障代码、EICAS 信息、观察到的故障索引、客舱故障索引和维修信息等 5 种故障诊断应用方法。通过任一种方式的输入，我们都应能够初步给出所要查询的故障原因，再通过快速定位相应的隔离程序，最终确认故障原因。

对于同时出现多个可能原因的情况，为了进一步确认原因，我们需要进入该条任务号对应的隔离程序进行确认。在该过程中，可能要查询其他手册，如 AMM 手册、SSM 手册、IPC 手册等。这可通过查询相关的链接进入相关的手册页面进行参考排故。

而为处理同时出现多个相关联的故障现象的情况，故障诊断功能应具备多故障综合分析功能（见图 4 - 9）。综合分析功能是由多故障综合分析和危险等级排序两个功能项组成。多故障综合分析是指当系统有多条故障需要排查时，可以首先借助手册故障原因关系数据库进行综合分析，确定共有的故障原因，再对其进行排查，达到尽量减少排故次数的目的。危险等级排序是对故障的危险性等级进行分析，实现对选定待排故障的危险等级进行排序，从而为排故人员的排故优先级决策提供参考信息。

为实现多故障综合分析功能，系统在进入隔离程序排故之前，应允许用户同时输入多条故障信息。综合分析功能会对输入故障现象对应的故障原因、危险等级进行比较分析，最后输出相关分析结果，分别得出所有故障现象中各条故障信息共有原因的重叠度关系和故障危险等级的排序，然后由排故人员决定是按重叠度最大的

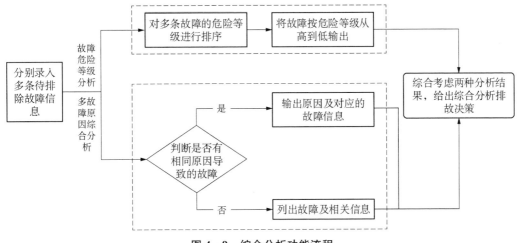

图 4-9　综合分析功能流程

故障原因排故,还是按高等级故障优先进行排故。

4.3　基于案例推理的故障诊断方法

基于案例推理(case-based reasoning,CBR)是由目标案例的提示而得到历史记忆中的源案例,并由源案例来指导目标案例求解的一种策略。它通常是指借用旧的案例或经验来解决问题、评价解决方案、解释异常情况或理解新情况。

基于案例推理的故障诊断方法通过合理的方法保存记录飞机的飞机维护数据,并将维护数据以案例知识的形式存储在案例库中,并采用数据挖掘算法及基于案例推理,实现飞机系统的故障诊断。这一方法能充分利用以前的成功排故经验,依据所收集和不断充实的飞机故障案例,来高效率地完成飞机的故障诊断。它可以使得飞机维护少走弯路,有效地缩短飞机维护时间,降低维护成本。

4.3.1　基于案例推理的基本原理

基于案例推理(CBR)是人的一种认知行为,它是基于记忆的推理。它是当前人工智能及机器学习领域中的热门课题与前沿方向。研究 CBR 的动因有二:一是模仿人类推理的思维模式,推动认知科学的发展;二是建立高效可行的计算机系统。CBR 是一种基于人类认知心理学的案例推理,它主要依赖于专家的知识和经验,适用于不能或难于建立准确数学模型的弱理论领域。

基于案例推理起源于认知科学中记忆在人类推理活动中所扮演的角色,1977年 Schank 和 Abelson 在这方面的工作被认为是 CBR 的起源。CBR 是基于知识的专家系统领域中的一个分支,是区别于基于规则推理的一种推理和学习模式,其核心思想是对人们过去的经验和知识进行结构化存储,并根据其进行相应的判断与推理。在 CBR 中,把当前所面临的问题或情况称为目标案例,而把记忆的问题或情况称为源案例。粗略地说,CBR 就是由目标案例的提示而获得记忆中的源案例,并且通过源案例来指导目标案例求解的一种策略。

CBR 兴起的主要原因是传统的基于规则的系统存在诸多的缺点,如知识获取瓶颈问题,对于处理过的问题没有记忆,导致推理效率低下,处理领域中例外事件格外困难,整体性能较为脆弱等。与基于规则的系统相比,CBR 具有以下优点:

(1) CBR 的知识获取是获得过去发生过的案例,不会引发知识获取的瓶颈问题。

(2) CBR 只需从案例库中检索出相似的案例,易于实现。

(3) 由于 CBR 可以进行自学习,所以案例库可以自动增长,不会存在由于案例过少无法运行的问题。

(4) CBR 的检索结果是以案例的形式展现给用户的,便于用户理解使用。

CBR 求解问题不是简单的从头推导,而是借鉴原有的经验和成功案例,不断修改直至满足新的问题要求,这不但符合人的思维习惯,而且有助于人们利用自己和众多设计者的经验智慧,因而 CBR 技术近年来在许多领域得到了飞速的发展。目前,CBR 的研究重点主要集中在以下几个方面:案例的索引及检索技术;案例的重用技术;案例的自学习技术;案例推理的应用;研制 CBR 开发平台;CBR 融合进大规模并行处理等。

一般来说,CBR 的基本过程可以归纳为以下 4 个步骤:

(1) 案例检索:识别当前问题或案例的关键特征,用关键特征在案例库中检索相似的案例集,通过详细匹配选择最相似的案例。

(2) 案例重用:将最符合的案例的解决方案作为新问题的解决方案。

(3) 案例修改:分析检索出的案例与问题间的差异部分,运用领域知识对案例的解决方案加以修改,形成新的案例。

(4) 案例学习:把在解决当前问题过程中学习到的有用信息存储到案例库中。

4.3.2　案例的表示与案例库存储结构

4.3.2.1　案例的知识获取与表示

专家具有解决某些专门问题的能力,这种能力来自于他们所具有的丰富的经验以及掌握了所处理问题的详细的专门知识。为了能像专家那样解决问题,以计算机为基础的专家系统要力求去收集足够的专家知识,专家系统的首要问题是知识的获取与表达。故障诊断系统知识的获取,由知识工程师根据领域专家的经验及有关历史资料,加以分析、归纳、总结,按照标准的格式存入案例库中。

在一个专家系统中,知识表示模式的选择不仅对知识的有效存储有影响,也直接影响着系统的知识获取能力和知识的运用效率。知识表示就是知识的符号化和形式化的过程。知识表示方法研究各种数据结构的设计,通过这种数据结构把问题领域的各种知识结合到计算机系统的程序设计过程。一般来说,同一种知识可以采用不同的表示方法;反过来,一种知识表示模式可以表达多种不同的知识。然而,在解决某一问题时,不同的表示方法会产生完全不同的效果。

目前常用的知识表示方法如下：

（1）一阶谓词逻辑表示法：一种重要的知识表示方法，它以数理逻辑为基础，是到目前为止能够表达人类思维活动规律的一种最精确的形式语言。它与人类的自然语言比较接近，又可方便地存储到计算机中去，并被计算机做精确处理。

（2）产生式表示法：一种比较好的表示法，容易用来描述事实、规则以及它们的不确定性度量，目前应用较为广泛。它适合于表示事实性知识和规则性知识。在表示事实性知识和规则性知识时又可以根据知识是确定性的还是不确定性的分别进行表示。

（3）语义网络表示法：是为了表示概念、事物、属性、情况、动作、事件、规则以及它们之间的语义关系。概念、事物、属性实际上是一种事实性的知识，情况、动作和事件等是一种控制性知识。

（4）框架表示法：以框架为理论基础发展起来的一种适应性强、概括性高、结构化良好、推理方式灵活、又能把陈述性知识与过程性知识相结合的知识表达方法。

一个好的知识表示方法应该具有：可扩充性、明确性、清晰性、可理解性。针对飞机故障的特点，本系统采用基于框架表示法的案例表示方法。

框架是一种知识结构化表示方法，也是一种定型状态的数据结构，它的顶层是固定的，表示某个固定的概念、对象或事件，其下层由一些成为槽的结构组成。一个框架可以由框架名、槽、侧面和值四部分组成。每一个槽可以有任意有限数目的侧面，每个侧面又可以有任意数目的值，而且侧面还可以是其他框架（称为子框架）。框架的一般形式如下：

《框架名》（案例名称）

《槽名 1》（案例编号）值×××（3401001）

《槽名 2》（飞机型号）值×××（A320）

《槽名 3》（故障信息）

《侧面名 31》（故障征兆 1）《值 311，值 312》（征兆数值，征兆权值）

《侧面名 32》（故障征兆 2）《值 321，值 322》（征兆数值，征兆权值）

　　　　······　　　　······

《槽名 n》《侧面名 n_1》（值 n_{11}，值 n_{12}，······）

《侧面名 n_2》（值 n_{21}，值 n_{22}，······）

其中，故障征兆表示征兆的名称，征兆数值描述该征兆的表现程度，征兆权值描述了该征兆对案例所描述的故障的对应重要程度。

框架表示法有以下主要特点。

（1）结构性：框架表示法最突出的特点是它善于表达结构性的知识，能够把知识的内容结构关系及知识间的联系表示出来，是一结构化的知识表示方法。框架表示法的知识单位是框架，而框架是由槽组成的，槽又可以分为若干侧面，这样就能把知识的内容结构显式地表示出来。

（2）继承性：框架表示法通过将槽值设置为另一个框架的名字而实现框架间的联系，建立起表示复杂知识的框架网络。在框架网络中，下层框架可以继承上层框架的槽值，也可以进行补充和修改，这样不仅减少了知识的冗余，而且较好地保证了知识的一致性。

（3）自然性：框架表示法体现了人们在观察事物时的思维活动。当遇到新事物时，通过从记忆中调用类似事物的框架，并将其中某些细节进行修改、补充，就形成了对新事物的认识，这与人们的认识活动是一致的。

4.3.2.2　案例库的组织

基于案例的故障诊断推理系统主要着眼于两个方面：一个是案例；一个是推理。案例的表示是从案例方面优化系统，而案例的组织则是从推理方面对系统进行优化。基于案例推理系统的核心是如何高效率地从案例库中检索到最相似的案例，而选择合理的案例的组织模式与案例检索效率密切相关。因此，案例组织是基于案例推理中的重要环节。

案例库的组织方式主要有如下几种。

（1）平面组织：平面组织是最简单的案例库组织方式。类似于关系数据库中的一个二维表，由一组同类记录组成。优点是简单，案例增删容易。缺点是对于复杂的案例库配置需要重构。

（2）聚簇组织：聚族组织是指将相似案例按簇（组）存储。优点是根据问题案例特征容易选择相应簇进行检索，只需计算匹配度即可获得相似案例。缺点是如果簇索引选取不当，缩小案例检索空间可能会导致遗漏部分相似案例。

（3）分层组织：按层次结构组织案例库。分层组织提供了一种寻找恰当案例及加速检索的方式。缺点是复杂度高，而且增删案例的代价大。

（4）网络组织：网络组织是指一个更为复杂的组织结构，按类别、索引指针和案例相互关系建立案例库网络。这种组织有利于案例的检索和推理，缺点是建立一个有效的网络组织比较困难，而且增加删除案例的复杂度更高。

对于民用飞机来说，它主要由空调、电源、通信、发动机和起落架等 30 多个一级子系统构成，每个一级子系统下面还有更低层次的子系统，结构层次很多。由于案例的表示和案例的组织是紧密联系的。案例的组织决定了案例的表示，案例的表示是为案例的组织服务的。根据上一节中讨论，我们将飞机故障案例用基于框架的知识表示方法表示，再结合上述组织方式的讨论，决定本系统案例库的组织选用分层组织方式。

在此先以飞机的各个一级系统（按 ATA 章节分）为一层，在各个一级系统下，再以不同的案例簇进行分类，每一个故障信息对应一个案例集，即故障案例是层次结构中最底层的叶节点，它是实体知识，不仅包括故障案例的特征属性，而且还包括故障原因及排故方法，基于案例推理的故障诊断系统主要是依靠它们解决实际问题。

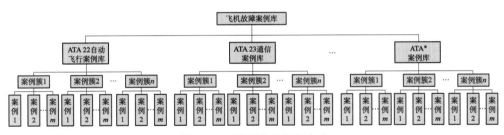

图 4-10 案例库的组织方式

飞机故障案例库的组织方式如图 4-10 所示。

4.3.2.3 案例的索引

案例的索引是案例推理必不可少的内容，它对于检索或回忆出相关的有用案例非常重要。索引的目标是：在对已有案例进行索引后，当给定一个新的案例时，如果案例库中有与该案例相关的案例，则可以根据索引找到那些相关的案例。

建立案例索引遵循 3 个原则。①索引与具体领域有关，数据库中的索引是通用的，目的仅仅是追求索引能对数据集合进行平衡的划分从而使得检索速度最快；而案例索引要考虑是否有利于将来的案例检索，它决定了针对某个具体的问题哪些案例被复用；②索引应该有一定的抽象或泛化程度，这样才能灵活处理以后可能遇到的各种情景，太具体则不能满足更多的情况；③索引应该有一定的具体性，这样才能在以后被容易地识别出来，太抽象则各个案例之间的差别将被消除。

案例索引就如一本书的索引，是一组重要的、抽象的描述符号，能将案例从其他案例识别出来。简单说来，案例的索引就是能够使案例区别于其他案例的显著特征。案例检索就是采用某种有效的检索策略，利用索引从案例库中检索出满足推理需求的案例来。每一个案例必须分配索引以保证能够被检索；同样的，一个新案例入库时，也要相应地建立索引。由于案例的索引是为了方便进行案例检索而设置的，所以具体案例索引的建立要与检索算法紧密相连。本文索引的建立过程将在检索算法设计中进行介绍。

4.3.3 案例数据检索方法

在基于 CBR 的故障诊断系统中，案例挖掘检索是最为核心的步骤，案例检索算法的优劣会直接影响故障诊断的准确性。一个性能优良的检索算法不但可以实现快速的诊断推理，而且能够得出相对比较精确的解。故障诊断中案例的检索就是从案例库中找到一个或多个与当前故障现象最相似的诊断案例。案例挖掘检索通常包括以下几个步骤。①识别当前案例的所有特征。②用特征在案例库中查找相似案例集。③将上一步中检索出的案例集按索引进行排序，并与目标案例一一进行匹配，选择最相似案例。

4.3.3.1 常见数据检索算法

在目前的 CBR 系统中常用的案例检索策略包括最近邻策略（nearest-neighbor

approach)、归纳推理策略(inductive approach)、基于知识的策略(knowledge-based indexing approach)、基于模板检索的策略(template retrieval approach)、粗糙集检索策略(rough sets approach)和神经网络检索策略(neural network approach),各种算法的特点如下。

(1) 最近邻策略(nearest neighbor approach)。

该策略是从案例库中找出与当前情况距离最近的案例的方法。案例的每一个属性均被指定或计算出一个权值(weight)。检索案例时,根据权值,求得输入案例与案例库中案例的各个属性匹配程度的加权和来挑选最佳匹配的案例。这种方法相对简单实用,如果可以找到一组能够普遍适用的属性权值,则该检索策略为最佳方案。这种方法的缺点是,在一些情况下,各属性的权值对不同的案例可能有所不同,因此难以确定一组适用于所有案例的权值。使用这种方法要注意的一点是,案例特性属性的权重往往是相互依赖的。因此,特征属性的重要性也取决于这个案例的其他特征属性的权值。

(2) 归纳推理策略(inductive approach)。

该策略提取案例空间特征上的差异,并根据这些特征将案例组成一个类似判别网络的层次结构,检索时采用决策树的搜索策略。如果检索目标有明确的定义,且每种目标类型有足够多的例子进行归纳,那么归纳策略要优于最近邻策略。归纳法能自动客观、严格地分析案例,确定能区别这些案例的最佳特征。另外,案例可以组织成分层结构供检索用,这样检索的效率不是线性提高而是对数提高,大大节省了时间。在案例库特别庞大的情况下,归纳推理策略的这个优点就显得尤为重要。归纳推理策略的缺点是需要对大量的案例进行归纳,而且归纳索引的分析时间一般比较长,案例库的索引随新案例增加而频繁变化。有时候,我们可以将最近邻策略和归纳推理策略相结合使用。

(3) 基于知识的策略(knowledge-based indexing approach)。

该策略根据从前已知的知识来决定案例中那些特征(信息)在进行案例检索时是重要的,并根据这些特征来组织的检索,这使得案例的检索具有一定的动态性。如果相应的知识非常完备,这种方法可以保证案例库组织结构的相对稳定,同时使案例库的结构不至于随着案例的增加而急剧变化。但这种策略的局限性是,对于较广范围的输入案例,进行完全基于知识的检索往往是困难的。因此,许多系统使用与其他检索策略相结合的基于知识的策略。

(4) 基于模板检索的策略(template retrieval approach)。

模板检索策略与 SQL 查询相类似,它返回符合一定参数的所有案例来进行检索。该策略常在其他策略之前使用(如最近邻策略),把搜索空间限制到案例的相关部分中来。

(5) 粗糙集检索策略(rough sets approach)。

粗糙集检索策略不需要预先给定某些属性的数量的描述(如最近邻策略需要指

定权值),而是直接从目标案例的描述集合出发,通过不可分辨关系和不可分辨类确定案例的近似域,从而找出该案例的内在规律。在 CBR 中,充分利用案例库中冗余属性的简化,形成案例的索引,从而可以根据不同问题按不同索引进行检索并得出结论。

(6) 神经网络检索策略(neural network approach)。

神经网络与 CBR 有种自然的联系。利用神经网络的诸多优点,建立一个案例库的网络,并行分布式神经网络的表达模型,然后根据用户输入来搜索案例库网络。它具有快速、自适应、抗噪声等优点。如,采用基于反向传播算法的 BP 网络和自适应共振网络,可以实现基于特征的动态聚类与从聚类模板到每一案例的索引,并在此基础上,实现层次式的神经索引与相应的检索操作。

4.3.3.2　适用于民用飞机故障诊断的数据检索算法选择

由前面介绍可知,最近邻检索算法是依靠案例间的相似度来进行检索的,通过严密精确的数学计算,检索出最相似的案例。它具有检索效率高、检索精确等特点,所以最近邻检索算法是一种相对简单实用的方法。属性权重在相似度计算过程中尤为重要,并且属性权值对不同的案例可能有所不同,因此难以确定一组适用于所有案例的权值,这也成为最近邻算法的一个缺点。

由前面介绍可知,粗糙集检索算法是利用粗糙集理论对案例库中的属性进行分析,充分利用案例库中冗余属性的简化,得到案例的多个索引进行检索,得出检索结果。它具有解决不确定问题的能力。特别是,当故障属性存在缺失时,利用此种方法,可以有效地检索出相似案例。由于此种方法可能会存在多个相似检索结果,或者当关键属性的等价类的交集为空集时,系统无法给出结果,所以检索精度不高。

基于民用飞机对于案例故障诊断的基本要求,案例检索需要高效率和高精度地完成。因此,其检索方法不能太复杂,但是检索要精确。由于民用飞机是一个复杂的大系统,所建立的案例库会比较庞大,随着飞机运行规模的不断增大,其案例数量也在不断增多,会涉及案例属性的冗余等问题。结合上述两种方法各自优点,我们选择使用粗糙集理论来约简案例属性,计算属性权值,用最近邻检索算法进行案例检索。

4.3.3.3　最近邻检索算法

最近邻法是指利用与案例库中案例相匹配的输入案例的特征权数和来检索案例。其核心思想是计算案例间的相似度,找出一个或多个最大相似度的案例为其检索结果。案例库中存储的是经过维修工程专家认证的经验案例,为了便于检索,缩小搜索空间,这些案例应该按照各种使用方式建立索引,提高案例的检索效率。案例匹配中相似度的计算采用最常用的相似性度量函数——距离度量法来进行。在相似度计算过程中,征兆属性的权值至关重要。

1) 建立案例索引

索引问题是基于案例推理系统的一个要点,确保案例可以实时地检索出与问题案例相关的案例。根据案例的表示形式、案例库的组织形式和最近邻算法的思想，系统中建立的案例索引如下所示。

（1）ATA 章号：案例库中的案例按照不同的章（系统）存放在对应章的案例库中，维修人员使用该系统时首先进行章的选择，进入该章对应的案例库中，然后再进行其他操作，即进行系统案例库的选择。

（2）故障信息：案例的检索，首先要根据目标案例的故障信息检索出具有相同故障信息的案例集，然后进行案例的匹配，即根据故障信息可以确定案例集。

（3）案例编号：在进行案例匹配时，不同表之间的联系是通过案例编号进行连接的，只有通过案例编号，才能达到对应案例信息的匹配。

（4）成功次数：在进行案例匹配时，由于根据故障信息检索出的案例具有多个，匹配次序的选择很重要，通过对成功次数进行排序，可以使检索效率稳步提高。成功次数不参加检索，只作为索引的标识，每次成功检索之后，值自动加一。

2）案例匹配方案

针对飞机案例库的案例匹配采用两级相似匹配的策略，首先进行征兆的相似匹配，然后再进行整个案例的相似匹配，经过这样两级匹配出的案例诊断结果数量上会相应地减少，但在案例的正确性上有很高的保证。

（1）征兆的相似匹配。

征兆匹配采用了类似基于距离测度的相似评判方法，目前基于距离测度的相似评判方法为大部分 CBR 系统所使用。

通过效仿海明距离的计算方法，确定本系统中所使用的征兆的匹配算法：

$$\mathrm{SIM}(X,\ Y) = 1 - \mathrm{DIST}(X,\ Y) = 1 - \mathrm{dist}(X,\ Y) \qquad (4-1)$$

式中：$\mathrm{SIM}(X,\ Y)$ 表示征兆和的相似度。目标案例相对于源案例的距离为

$$\mathrm{dist}(X,\ Y) = |X - Y| \qquad (4-2)$$

其中 X 为源案例的征兆值，Y 为目标案例的征兆值，应该提出的是，它们和所对应的征兆内容是一致的。设定一个阀值来约束得到的值是否满足条件。

（2）故障案例的相似匹配。

在征兆相似匹配的基础上，我们可以对整个案例的相似度进行计算。如果说前面称为局部相似度的匹配的话，那么此时的匹配就可称为全局相似度的匹配。根据属性权重和属性相似度，我们用最邻近算法可以得到案例级的全局相似度。全局相似度计算公式如下：

$$\mathrm{OS}^{NN}(x_j,\ q) = \frac{\sum\limits_{f=1}^{l}(w_{j_f} \cdot \mathrm{SIM}(x_{j_f},\ q_f))}{\sum\limits_{f=1}^{l}w_f} \qquad (4-3)$$

式中：$\mathrm{OS}^{NN}(x_j,\ q)$ 为历史案例（源案例）x_j 与新案例（目标案例）q 的全局相似度；

SIM(x_{j_f}, q_f)为历史案例x_j与新案例(目标案例)q在征兆f上的相似度;需要计算征兆f的个数,征兆的权值为w_f。

最邻近算法结合了领域知识,大多数的 CBR 系统都采用该算法。成立的假设是两个案例之间的属性集是一样的,且属性间是相互独立的、存在合适的匹配规则和程序。最简单的最邻近算法是采用加权平均的方法,将所有的属性的相似度经过加权加总后就可以得到两个案例的相似度。

4.3.3.4　粗糙集检索算法

传统的案例检索模型一般都要求有确定的目标案例属性值,对于最近邻检索还需要属性的权值。然而现实问题的环境往往是动态和不确定的,对问题的描述往往也并不完整。此时若用这种检索模型来进行检索,则可能无效。案例库中常含有冗余属性,粗集理论则能利用数据的冗余性,积极地解决 CBR 系统所面临的这种难题。在 CBR 系统中,粗糙集检索过程可分为案例表达、案例索引和案例检索 3 个阶段。粗糙集理论在前面进行了介绍,本节主要介绍粗糙集检索算法。

1) 案例的粗糙集表示

案例库一般可表示成决策表的形式,即 $S = (U, C \cup D)$。其中 U 是有限集合,表示案例名(案例编号);C 表示条件属性(征兆);D 表示决策属性(排故方法)。在决策表中,表的行代表研究的案例对象,列代表属性,其值代表对应案例的对应属性值,每行对应一个案例。案例的这种表达结构,既符合人们的习惯,且便于存储,也适合于粗糙集处理。

2) 案例的粗糙集索引法

采用索引法进行检索的关键是建立合适的索引。利用粗糙集理论建立案例的索引,不需要任何先验知识就能从数据中很好地归纳出确定的索引特征(对于含有噪声的案例,可采用变精度粗集模型来处理),算法简单易行,不失一般性,假设案例库的属性均为定性属性(如果是定量属性,则可通过各种离散化方法将其离散化),具体算法如下:

(1) 依据粗糙集理论把相同故障信息下的案例集合分别基于各个属性分成若干等价类,并记下其描述。

(2) 利用粗糙集并行分析法先求得其核属性,即索引中的关键属性,这些属性在对案例进行诊断分析时是缺一不可的(核属性可能为空);然后求得案例库中条件属性集 C 的各个 D 简化,从而得到案例的多个索引。

3) 案例的粗糙集检索法

案例的检索就是利用待解问题已知的有限信息(某几个属性的取值),在案例库中找到与当前情形相似的案例。案例的粗糙集检索算法如下:

(1) 对于待解问题(目标案例),检查其该属性的值是否确定,如果不确定,则说明条件不充分,不能得到确切的结果,结束;否则转(2)。

(2) 找到包含于待解问题的已知属性集的案例索引,如果有多个,则用户可根据需要选择其中一个属性集(缺省情况下取其所含属性数目最少的案例索引)。

(3)对于求得的案例索引中的每一个属性,根据待解问题中的对应属性的取值,判断其归属于基于该属性所划分的等价类中的哪一类。

(4)求得关键属性的等价类的交集,如果为空集,则说明没有具有确定性解的相似案例集存在,只能由用户做出答案,并将其添加到案例库中,结束;否则转(5)。

(5)求出该交集与其他属性的等价类的交集,如果为空集,则说明在这个属性集中没有相似案例,转(2),重新选择案例索引;否则交集即为待解问题的相似案例集,转(6)。

(6)从基于决策属性 D 所划分的等价类集中,找到包含相似案例集的等价类,其描述即为所求问题的结论。

4.3.3.5　案例学习方法

案例的学习过程就是采取一定的策略将案例加入到案例库的过程。这种增量式的学习过程使 CBR 系统的知识不断增加,解题能力不断增强,对于 CBR 方法的发展具有积极意义。对于飞机故障诊断系统来说,案例学习使系统不断获取新的案例,故障诊断能力逐步增强。案例学习可以采用自动式和被动式两种方法。

自动式是以案例自学习的方式来体现的。

被动式的学习方式,是采用专家评估给出修改意见,从而驱动系统去学习修改案例,为今后同等故障提供参考。

被动式学习方法:

(1)案例库中不存在与故障信息相匹配的案例。此时系统无诊断输出结果,这种情况下,只有在维护人员完成排故后,再手动将新案例加入案例库中。

(2)依据案例评价模块的信息修改案例。

a. 如果诊断结果正确,即直接修改该案例的成功系数。

b. 如果诊断结果并不十分满意,若相差不多,则调出案例修改界面可由专家直接对案例进行修改。若相差较大,则将其作为一个新的案例进行学习。

(3)直接通过库管理程序将获得的排故经验添加到故障案例库中。

案例自学习方法:

在本方案中,案例的自学习主要包括以下两种情况:

a. 案例库中存在与故障匹配的案例,且无多余征兆。

这种情况下,当前故障在案例库中可以匹配出相似案例,如果该案例与检索出的最相似案例的相似度不为1,则将该故障作为一个新的案例存入案例库,将征兆值存入征兆值表中,将检索出的排故措施及当前故障的相关信息存入历史案例表中。

b. 案例库中存在与故障基本匹配的案例,但存在多余征兆。

这种情况下,案例库中存在与当前故障相匹配的信息,但是存在比案例库中多余的征兆。该情况下的案例学习是将多余的征兆加入征兆表中,由领域专家或程序采用一定的策略将多余征兆的权值加入征兆权值表中,并且将征兆值存入征兆值表中,将检索出的排故措施及当前故障的相关信息存入历史案例表中。

在故障诊断系统中,学习模块的实现是非常关键的,每一次故障诊断对象都是一个故障案例。所以,在每一次故障诊断之后,故障诊断系统的学习机都要将该故障案例进行存储,以丰富系统的故障案例库。在形成了丰富的案例库后,故障诊断就可以以实例匹配的方式进行,这有利于故障诊断速度的提高。

4.3.4　案例库数据挖掘

4.3.4.1　基于数据挖掘的案例库学习策略

随着系统的不断运行,新案例将逐渐加入到案例库中,案例库会不断壮大。同时,案例库中的知识也将越来越丰富,案例库将变为一个具有特殊功用的知识库。面对这样的知识库,我们可以将数据挖掘技术引入案例库中,使案例库具有自学习能力。使用数据挖掘技术,不仅可以解决案例索引、案例规则、特征权值等知识的获取问题,还可以对案例库进行维护,防止案例库学习过程中的无限增大。更重要的是通过对案例库进行数据挖掘,大大提高了知识获取的自动化程度。

案例库上数据挖掘的主要功能如下所示。

(1)通过案例库数据挖掘获取征兆属性的权重:在CBR系统中案例的检索算法大多需要涉及属性的权重,权重的大小反映了在案例相似性评估中各特征属性的相对重要程度。通常属性的权重是由领域专家根据经验设置的,但难免会存在人为因素的误差,利用数据挖掘技术从案例库中获取属性权重,无疑比人为设置的权重合理得多,且正确得多。案例库通过数据挖掘,学习属性的权重,为案例的检索匹配提供保障。

(2)通过案例库数据挖掘获取知识规则:使用数据挖掘技术,可以发现案例库中存在的案例知识规则,并进行提取和学习。知识规则对于CBR系统具有两方面作用。①此种方法得到的知识规则,是多个相似案例的抽象,是案例的精华部分。将知识规则与案例中的其他相关信息结合,形成具有关键特征而且精炼的案例,并在案例库中进行学习。②案例修正是CBR推理过程中的难点,通过案例库数据挖掘获得的知识规则,可以用于建立修正规则库,对案例修正过程将进行指导,减轻了专家的工作负担。

(3)通过案例库的数据挖掘获取案例索引:通过数据挖掘,简化案例库中的冗余属性,得到案例的多个索引。这些索引是根据案例库中案例的具体信息得到的,符合案例所处的实际环境,对案例检索效率的提高具有极大的推动作用。

(4)通过案例库的数据挖掘精简案例库:随着系统的运行,案例库会无限增大,严重影响了系统的运行效率。数据挖掘技术可以用来确定案例库中的案例对案例库的系统性能有多大贡献,来确定它是保留还是删除。

数据挖掘可以从案例库的数据中提取规则,寻找关键属性和属性值,通过案例库的学习,进行相关存储,在系统运行时可以进行预测和决策。它的优点是不需要做人为的假设,规则的产生完全是由数据驱动的。常用的数据挖掘技术有:①神经网络;②粗糙集;③关联规则;④数理统计;⑤遗传算法;⑥决策树;⑦支持向量机。

　　由于每一种挖掘技术都有自己的特点,所以本节只对粗糙集在案例库中的知识挖掘进行探讨,对于权值计算已经在前面进行了介绍,对于属性约简后的最小属性集可以设置为索引,将属性约简后的相同案例进行合并。本节仅通过一个实例对知识规则的获取进行验证。

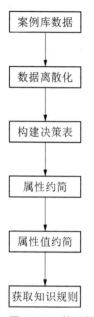

图4-11　基于粗糙集的知识规则获取流程

　　粗糙集数据挖掘方法提供了一种新的工具。其主要思想是,在保持信息系统分类能力不变的前提下,通过知识约简,导出问题的决策或分类规则。但是粗糙集模型是一种结构化的,非数值化信息处理方法,适于处理离散的数据,对于连续的数据要进行离散化处理。粗糙集的理论已经在前面进行了介绍,本节只对规则获取流程进行验证。基于粗糙集的案例库知识规则获取流程如图4-11所示。

4.3.4.2　案例的征兆的权值的学习方法

　　权重系数的大小反映了在案例相似性评估中各特征属性的相对重要程度,反映了专家对领域知识的理解,是专家经验和决策者意志的体现。它在相当程度上决定了案例的检索精度,取值的好坏将直接影响到评估结果的好坏。常用的赋权方法有:专家咨询法、成对比较法、调查统计法、无差异折中法及相关分析法等。在上述方法中,前4种方法一般是在领域专家先验知识的基础上通过事先假设或采用平均权的办法来确定特征属性的权重值。最后一种方法基于一种统计的方法,相对于前4种方法有一定的进步。而应用到本系统中,利用权值的大小来反映在特定的故障下,某个征兆对于确定这个故障的大小程度。

　　本方案中征兆权值主要由下列途径得到:

　　(1)对于初始权值可由专家给出或依据手册分析给出。

　　(2)基于粗糙集的理论,通过学习算法对案例库征兆权值进行学习调整。基于粗糙集的特征权值确定以粗糙集的不可分辨关系为基础,把论域划分为等价类,然后在等价类的基础上进行特征权值的计算。

　　基于粗糙集的特征权值确定以粗糙集的不可分辨关系为基础,把论域划分为等价类,然后在等价类的基础上进行特征权值的计算,该方法可以分为属性离散化和案例特征权值计算两个过程。

　　a. 属性离散化:

　　根据飞机故障信息和故障征兆的特点,将在故障中存在的征兆的值定义为1,不存在的征兆其值定义为0,不确定为2。对于飞机的排故方法保留定义为0,更换定义为1,维修定义为2。

b. 根据属性的离散值可以得到离散数据的决策表:

$S=(U, C \bigcup D, V, f)$, $C=\{c_i\}$, $i=1, 2, \cdots, m$, m 为案例特征属性个数, 论域 U 表示案例库的案例, C 表示案例的各征兆集, D 表示案例的各决策属性集, 决策属性 D 定义为每个案例的排故方式(保留、更换、维修), V 表示案例征兆和决策属性的值域集, f 表示 U 中每一案例的属性值。由下式计算案例特征权值为

$$\beta(c_i, D) = \frac{\text{card}[\text{POS}_C(D)] - \text{card}[\text{POS}_{C-\{c_i\}}(D)]}{\text{card}(U)} \tag{4-4}$$

式中: $\beta(c_i, D)$ 表示案例特征属性 c_i 的特征权值, 其取值范围为 $[0, 1]$; $\text{POS}_C(D)$ 表示 C 正区域, 即论域 U 的所有那些条件类 U/C 所表达的知识能够正确分类到决策类 U/D 之中的对象集合; $\text{card}(X)$ 表示集合 X 的基。

4.3.5　基于案例推理的民机故障诊断系统

基于案例推理的民机故障诊断系统主要应实现故障案例存储、数据挖掘、案例推理与学习等功能。系统功能需求包括以下几个方面。

(1) 建立故障案例库由飞机维护的历史经验、知识构成,用于案例的存储与扩充。

(2) 故障信息输入库由 EICAS 信息、观察到的故障信息、维修信息、其他征兆名等数据构成,用于原型系统故障信息的标准化输入。

(3) 数据库管理模块实现数据库中数据的基本管理功能。包括:数据的增加、删除、修改、查询等。

(4) 数据挖掘软件模块根据飞机案例库信息,在操作人员输入相关故障征兆新系或属性信息的前提下,采用相应的数据挖掘算法,从飞机案例信息挖掘出对操作人员排故有帮助的故障信息,具体如历史信息的关联程度,相似程度等。从而在操作人员无法排除故障的情况下提供一个历史排故经验的挖掘和提取。

(5) 案例推理软件模块根据飞机的故障信息,依据故障案例库的内容,由案例挖掘检索算法和案例推理算法,完成飞机系统的故障诊断。

(6) 案例学习软件模块根据案例推理的故障诊断结论的评价结果以及飞机所发生过的故障的成功排故结果,采用相关策略,将新故障案例加入到故障案例库中,使故障案例库中的案例知识不断增加。

(7) 诊断结果评价模块的主要功能是给用户与系统之间提供友好的交流界面,是针对用户在使用系统诊断结果进行排故之后,对诊断结果是否满意而进行设计的。

依据系统的需求,可以采用 3 层结构来构建该系统。将系统划分为 3 层,分别为:接口界面层、逻辑层、数据层,如图 4-12 所示。由于这种结构将数据、逻辑和表示严格分开来实现,从而使整个系统在可扩充性、可维护性和可重用性上,具有显著的优势。

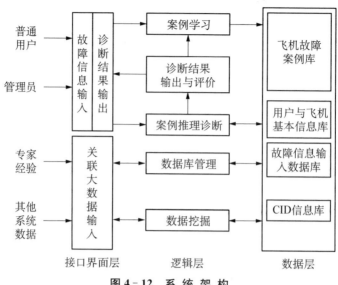

图 4 - 12　系 统 架 构

（1）接口界面层面向用户和设备，负责处理用户的输入和向用户的输出。提供友好的界面以利于使用。这一层主要有多信息输入模块，故障信息输入模块等。

（2）逻辑层是上下两层的纽带，它建立实际的数据库连接，根据用户的请求生成 SQL 语句检索或更新数据库，并把结果返回给客户端。根据输入的故障信息，启动案例推理模块进行诊断工作。根据用户需要启动数据挖掘模块进行数据挖掘工作等。这一层主要有数据库管理模块、数据挖掘软件模块、案例推理软件模块、案例学习软件模块、报表生成软件模块等。

（3）数据层主要由存储飞机飞行历史数据的数据库和故障案例库及用户信息数据库构成。

基于案例推理的故障诊断系统核心业务流程是诊断推理流程。根据民用飞机故障诊断的特点及系统结构，基于 CBR 的飞机故障诊断系统诊断推理流程框架如图 4 - 13 所示。

在该流程框架中涉及的各个环节其功能分别如下。

（1）故障信息输入：用户将飞机的各种故障信息按标准输入系统中。

（2）案例库管理维护：用于对飞机故障案例库进行维护工作。包括，增加、删除、修改等操作。

（3）案例库：按一定的组织方式存放飞机的故障案例。

（4）案例检索：根据所接收到的飞机故障信息，采用相关算法，在案例库中高效检索出相似故障案例。

（5）推理决策：依据检索出的相似案例进行推理决策，给出故障诊断结果。

（6）诊断结果输出与评价：给用户提供诊断结果输出与评价界面。

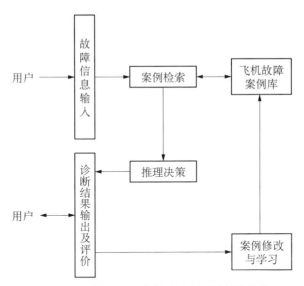

图 4‑13 基于 CBR 的故障诊断系统总体流程

（7）案例的修改与学习：根据案例学习策略及用户评价的结果，决定是否对相关案例进行修改或学习增加案例。

4.4 基于系统原理的故障诊断方法

基于系统原理的故障诊断方法需要对诊断对象的功能、结构和系统原理有着深入的了解，然后确定系统总体和子系统结构，研究部件工作原理、分析各子系统、组成部件之间的关系，详细研究系统线路图手册，根据部件失效模式，分析每个 LRU 主要可能发生的故障及每个故障的表现形式即故障征兆，进而确定故障在不同部件间的传播路径，建立"部件失效模式‑系统故障现象"原理模型，通过相关算法实现基于原理的故障诊断推理。其流程如图 4‑14 所示。

系统原理模型库是实现基于系统原理故障诊断的基础，系统原理模型库包括飞机机载系统及各分系统部件的原理模型，各部件包含其设计可靠性数据属性，并可以通过对实际运营数据的积累，将这些设计可靠性数据属性替换为实际使用可靠性数据，以辅助在具体的排故过程中提高确定故障源的精度。

要建立系统原理模型库，就需要对系统的故障征兆和故障原因进行透彻地分析，分析结果的正确性将直接影响到诊断结论的正确性。一般来说，故障征兆信息的获取主要有两个途径：一，飞机的自检和告警信息，比如驾驶舱效应和自检信息；二，人为观察，比如对线路的检查。通过这两方面得到的信息建立故障征兆的完整模型，将它输入专家系统中。

系统建模的方法有多种，这里重点介绍采用功能故障有向图建模的系统原理故障诊断方法。

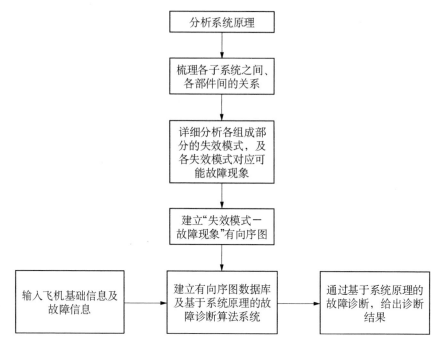

图 4 - 14   基于系统原理的故障诊断思路和应用模式

4.4.1   系统原理建模基本要素定义

功能故障有向图(functional failure signed directed graph，FF - SDG)建模方法的分析对象通常定义为组件(assembly 或 unit)。这里组件是一个适合于分析的项目或对象，包括零部件、单元体和一些小的组件，其层次介于系统或分系统以下，单元体或零部件或元器件以上，与一般意义上的组件定义有差别。

对系统的结构进行分析，组件可以是系统、子系统、部件及零件。组件依据结构之间层次关系分为父组件、子组件。在模型图中，组件由框图(□)来表示。

状态 FF - SDG 建模方法的另一基本要素，是对象所处的状况，是系统或组件间存在或承载的能量流、材料流和信息流。状态如果可以由一组物理量来表征那就是可观测的，这种表征定义为状态变量。状态变量可以用能够表征组件中材料流(如油液)、能量流(如压力)和信息流(如控制指令信号)的状态参数来表示。状态变量依据是否有可测参数而分为可测变量和不可测变量。状态变量由○符号表示。

组件的功能通常是在其系统中执行和传递状态的能力。故障是系统的设备、部件或元件失效或不能实现其正常功能的现象。组件能力的全部或部分丧失，就是故障，故障是组件状态在特定时间的表现。由于组件通常包含有多种功能，因此对应有多种故障模式，按故障模式在组件中产生的层次，分为端点故障和底层故障。其中，端点故障定义为组件层的故障，它一般是底层故障作用的结果，也可以作为原因传播到系统中相关的组件或更上一个层次的父组件；底层故障定义为组件内部下一个层次的子组件或零部件层的故障,它一般是作为影响组件端点故障的原因。

　　按故障对功能的影响程度,或根据设备性能或状态下降的程度,可将故障分为功能故障和潜在故障。其中,功能故障是指设备性能已经恶化,已丧失了某种规定功能;潜在故障是指设备性能下降,功能故障即将发生前的一些预兆,是可以识别的物理状态。

　　FF‐SDG 建模将涉及 3 个层次的建模,分别是结构模型、功能模型、故障模型。其中,结构模型展现系统和组件的组成结构层次及上下层次之间,同层次之间的组件相互联系。功能模型展现系统组件间的状态(能量、材料、信息)及状态间的关系。故障模型则在功能模型中加入故障模式,是反映故障传播的系统模型,也是建模的最终成果。

4.4.2　功能故障有向图分析方法

　　功能故障有向图分析(FF‐SDG)方法是功能故障分析(functional failure analysis,FFA)和符号有向图(signed directed graph,SDG)两个方法的有机结合,能够很好地表征系统原理,展现系统故障模式及故障传播,非常适用于基于系统原理的故障诊断方法。

　　功能故障分析(FFA)方法用来分析系统以获取可以表征系统结构的高级功能模型,主要是分析系统的能量、材料和数据流的物理联系、所有传感器信息、系统每个组件的故障模式、故障模式影响的传导和沿模型连接路径进行故障影响传导的特征时间。使用 FFA 方法可以将组件和子系统的功能信息、组件与子系统及系统间的交互、组件的故障模式和组件间故障影响的传导都能够被建模和整合在一个统一的框架内。此方法提供了一个连贯的、一致的、规范的结构,可以捕捉组件、故障模式和组件功能之间的联系。

　　符号有向图(SDG)是复杂系统的一种描述方式,它是一个由节点和节点之间有方向的连线,又称支路构成的网络图(见图 4‐15)。有向图中的节点对应所描述系统的状态变量,边表示节点间的直接影响关系。用实线箭头(·或用"+")和虚线箭头(或用"−")分别表示正作用(增强)和反作用(减弱)。

　　在功能故障有向图分析方法中,将单层的模型转化为多层递阶的模型,不仅反映系统状态变量间的增量或减量的定性关系,还清楚地反映部件间的连接作用关系。

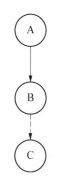

图 4‐15　SDG

　　FF‐SDG 中诊断研究的是功能故障,包括非正常原因和不利后果。非正常原因是指导致状态变量发生偏差的原因,用符号 ⊗ 表示,不利后果是状态变量发生偏差后发生报警等后果,用符号 ● 表示。在 FF‐SDG 模型中,将组件的状态变量、非正常原因和不利后果视为模型节点,将节点之间的关系视为传播支路,包括状态变量之间的正作用(增强)和反作用(减弱)的影响关系、非正常原因导致状态变量偏差及状态变量发生偏差导致不利后果等影响关系等,由起始节点(原因变量)指向终止节点(结果变量)。

4.4.3　系统原理建模步骤

FF-SDG 的建模问题是其应用研究的基础。收集关于系统的《系统原理手册》、维修类手册、《排故手册》、《机组操作手册》、FEMA、FTA 报告、元器件可靠性数据指标等技术资料,对系统进行组件分解,获取每个组件功能、故障信息,并最终形成 FF-SDG 模型,具体步骤分为 6 步,如下文所示。

1) 组件划分与结构模型

复杂系统故障传播的因果性、层次性与其结构层次性相关。分析技术资料,将复杂系统逐层分解为一系列的子系统,而子系统可进一步分解。将诊断对象划分成有序的递阶层次并分解为若干独立的组件,具有如下优点。①组件是有关诊断信息有组织的包容体,反映诊断对象结构、功能和行为关系等诊断相关数据属性。②它体现复杂系统结构层次关系,从而体现故障传播的层次性和子、父节点间关系的因果性。③当诊断知识发生变化时,维护和更新的难度不大,能够适应知识发生变化。

图 4-16 是民用飞机气源系统的组件划分示意图。

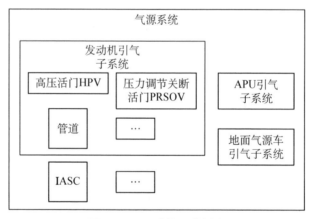

图 4-16　系统的组件划分

2) 建立功能模型

组件划分后,针对每个组件分析,以功能是否相对独立并能求得技术原理解为依据进行子任务分解。根据子任务剖面所经历的事件和环境的时序选择体现功能特征变化的组件输入输出变量,具体地说包括从材料类变量、能量类变量和信息类变量。对每一变量需要确定正常值阈值范围。阈值是 FF-SDG 模型瞬时样本中获得节点状态的界限值。阈值的上下限应当依据故障发生和传播的规律经反复试验调整后确定。考虑到实际运行工作条件多变,动态特性复杂,正常值阈值范围可能是状态函数。

分析变量之间的物理作用或因果关系。变量之间的物理作用或因果关系归纳为 3 种。

(1) 定量关系:用数学表达式描述变量之间的转换过程。

（2）定性因果关系：系统变量间的增量或减量的定性关系。

（3）半定性关系：定性方法和定量方法相结合，如在分析变量间的增量或减量定性关系中，加入被影响因素和影响因素变化的传递时间、增益、趋势、过程、概率等定量的信息。

该项目本阶段选择定性因果关系。以发动机引气子系统的 3 个组件为例，其状态变量关系如表 4-1 所示，建立发动机引气子系统功能模型如图 4-17 所示。

表 4-1 发动机引气子系统状态变量关系

组件	功能	输入变量	输出变量	变量关系
HPV	打开或关闭 HPV，使能高压引气	HPV 上游压力 P_1 HPV 28V 指令 C_1	HPV 活门开度 V_1	$+P_1 \rightarrow +V_1$ $+C_1 \rightarrow +V_1$
PRSOV	控制或调节 PRSOV	PRSOV 上游压力 P_2 PRSOV 28V 指令 C_2	PRSOV 活门开度 V_2	$+P_2 \rightarrow +V_2$ $+C_2 \rightarrow +V_2$
PRSOV 下游管道	气流传输	PRSOV 出口压力 $P_{\text{PRV-OUT}}$	引气压力测试值 P_{PIPS}	$+P_{\text{PRV-OUT}} \rightarrow$ $+P_{\text{PIPS}}$

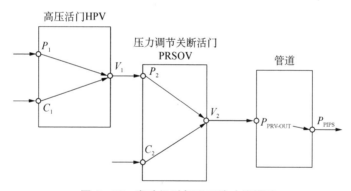

图 4-17 发动机引气子系统功能模型

3）确定组件故障模式

分析 FMEA 报告和工程技术报告，获取选择状态变量发生偏差的原因和状态发生偏差后的不利影响，为组件添加故障模式节点，实例如图 4-18 所示。

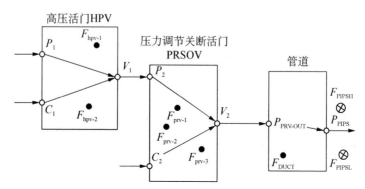

图 4-18 发动机引气子系统确定组件故障模式

4）故障传播路径及影响关系

分析每一个故障模式产生一个特定的影响或影响集,用故障传播关系连接线把故障模式和状态变量联系起来(见图 4 - 19)。

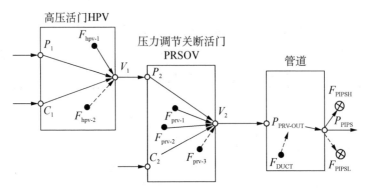

图 4 - 19　发动机引气子系统故障传播路径及影响关系

5）传感器测点与测试信息

在功能模块或者故障模式相应的位置添加测试点,在测试点内添加相关的测试手段,测试点的输入信息包括测试点的名称(一般是物理位置),测试的名称,测试的类型,测试的操作手段,测试的辅助信息(包括视频、音频、图片信息)(见图 4 - 20)。

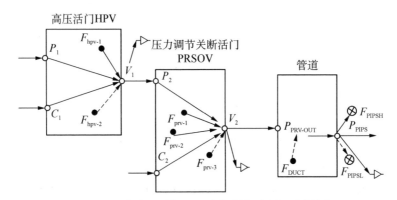

图 4 - 20　发动机引气子系统传感器测点与测试信息

6）故障发展与排除时间

收集所有故障发生到故障隔离间等时间信息,为后续的维修决策、维修计划安排、航材管理、故障预测等方面的研究奠定基础。时间信息包括:

(1) 故障传播时间。

(2) 故障发生到探测到之间的时间。

(3) 零部件故障演化为功能故障所需要的时间。

(4) 确定故障源所需要的时间。

(5) 故障排除时间。

通过以上 6 个步骤,构建完成了一个层次 FF‐SDG 模型,利用这个模型可以进行以下研究和应用:

(1) 测试性分析。

(2) 故障树生成。

(3) 功能故障诊断。

(4) 辅助维修。

(5) 故障预测。

4.4.4　基于系统原理故障诊断系统

采用功能故障有向图分析方法建立的系统故障模型,称为系统的功能故障有向图故障模型,简称 FF‐SDG 模型。本节介绍基于 FF‐SDG 模型的系统故障诊断方法。

4.4.4.1　诊断推理策略

基于 FF‐SDG 模型的故障诊断运用的是图搜索的推理方法。建立 FF‐SDG 模型后,从报警节点向可能的所有原因节点反向搜索可能的且独立的相容通路,结合当前监测的状态值,可以找到故障源。但在实际工作过程中,许多状态不能测量或不能在线测量,易出现未测节点的情况,使得原相容性故障传播通道失效,本文结合有向图(DG)的可达性理论,提出含未测节点的 FF‐SDG 模型故障诊断方法。具体推理步骤如下所述。

(1) 形成已测节点和报警节点集合,确定诊断图层。

假设 V_0 是模型所含所有节点集合,用 $T = \{v \mid \varphi(v) \in \{+, 0, -\}, v \in V_0\}$ 表示已测节点集合。报警节点包括诊断输入的故障模式节点和状态变量节点。用 $T_R = \{v \mid \varphi(v) \in \{+, -\}, v \in V_0\}$ 表示报警节点集合。当故障影响只在一个子系统节点中显现,直接从该子系统 SDG 图层展开推理。若涉及多个系统节点,从包含这几个系统的子图最高 SDG 图层开始推理。

(2) 构造报警节点的最大强连通单元。

对于所有节点 $V_i \in T_R$,沿箭头方向回溯其相容支路,构造报警节点的最大强连通单元。当包括有不可测的节点时,从可测节点出发穿过非测量节点分支符号的乘积判断是否相容。

(3) 搜索潜在故障源。

对最大相容子图分别计算故障候选集合 T_s,每一条相容子图的故障候选集为报警节点的可达集交集去除测试值正常节点的所有可达集,即 $T_F = \bigcap_{v \in T_R} RS(v) - \bigcup_{v \in (T-T_R)} RS(v)$。

4.4.4.2　故障诊断应用

应用 FF‐SDG 模型及含未测节点的 FF‐SDG 模型推理策略,建立故障诊断系统。故障诊断系统内部逻辑如图 4‐21 所示,包括诊断信息输入、诊断信息处理、诊断推理、诊断解释与结论几个模块。

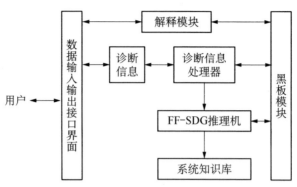

图 4 - 21　故障诊断系统内部逻辑

（1）诊断信息输入：首先从用户界面获取诊断输入信息，诊断输入可以是状态参数测试值、故障代码、故障模式等。

（2）诊断信息处理：诊断信息处理器对诊断输入进行识别，确定诊断信息形式与内容，对上述获取的数据进行定性或规范定量化处理，提取 FF - SDG 推理机输入，供推理机进行诊断推理。

（3）诊断推理：FF - SDG 推理机对诊断信息处理后使用上述章节中的方法进行推理，自动得到诊断结果，按顺序将可能的故障部位和故障原因报告给用户。诊断系统还可通过人-机交互采用逐步咨询方式在推理过程中根据问题的需要不断获取有关诊断信息。用户通过界面回答问题，在全面了解系统状态和性能指标等数据的情况下，对监测参数获故障描述等进行重新设定，及对自动诊断过程中不合理的部分进行修改，选择更为恰当的推理搜索策略，再次进入自动诊断分析，直到用户得到一个满意的结论。

（4）诊断结论与解释：故障诊断系统将自动记录每次分析对应的系统状态的特征、工况名称以及在推理过程中用户进行的操作、更改的设置和选择的搜索路径。在完成自动诊断或交互式诊断之后，故障诊断系统将诊断结果和所有在交互式诊断过程中用户进行的操作报告给用户。

在推理过程中，系统提供一个关于诊断推理的解释窗口，提供对诊断的结果提供故障是如何起源、如何演变传播到当前的状况的解释信息。使用户理解系统正在做什么和为什么这样做以及为什么得出这样的结论。即对问题的求解过程和求解结果给出合理的解释。

4.5　小结

本章主要总结了目前常用的民机故障诊断技术的现状，概述了故障诊断技术研究采用的常见方法，并详细介绍了基于维修类手册的诊断方法，探讨了基于案例推理的故障诊断方法，最后介绍了基于系统原理的故障诊断方法，为我国民机的故障诊断体系设计提供参考。

5 故障模式分析与寿命预测技术

　　国家中长期科技规划将发展大飞机确定为重大专项,民机工业迎来边研制、边建设的发展机遇。近年来,马航客机失联、亚航客机失事、德国之翼客机坠毁等接连出现的航空灾难,使得人们对客机可靠性与安全性产生怀疑。当前,美国波音、法国空客现役飞机已分别超过 11 000 架与 7 000 架,其质量与可靠性经历数十年长时间的运营检验。国产民机发展正处于起步阶段,缺乏充分地运营检验。我国民机工业基础薄弱,诸多关键技术有待突破,尤其是飞机状态监控与健康管理技术成为我国大型客机安全可靠运行的关键。寿命与故障预测是飞机状态监测与健康管理的重要组成部分,基于飞机性能与状态监控数据开展飞机寿命预测,实现对潜在故障与事故的预警,可降低飞机的风险,确保安全可靠运行。

　　近年来,所形成的产品寿命预测方法主要有:①以失效机制为基础的寿命预测——关键零部件的失效能代表整个系统失效,已知该零部件的失效机制条件下,从该失效机制的动力学特性来预测其寿命,这是工程上常用的方法之一;当零件的失效是单一的失效机制或由一种失效机制起主要控制作用时,其剩余寿命的预测相对地比较简单。例如,疲劳寿命预测方法、应力腐蚀寿命预测方法、蠕变寿命预测方法。②以可靠性物理模型为基础的寿命预测——根据所建立的失效物理模型,通过确定特征值随时间分布和失效概率,从而预测在要求的可靠度下的寿命:可靠性物理模型主要有应力—强度模型、反映论模型、最弱环模型及退化模型或损伤累积模型。③以数理统计为基础的寿命预测——主要根据产品的试验数据和现场数据,利用数理统计的方法,并结合实际使用及各种相关因素给出产品的寿命过程。其中关键是保证样品数据的来源,选取合适的寿命指标及正确、实用的统计方法。

　　本章从寿命预测理论作为切入点,通过开展客机故障模式分析,梳理出寿命预测对象。基于不同故障模式开展寿命预测理论研究,重点阐述基于概率统计的寿命预测方法,基于性能退化的寿命预测方法,基于时间序列的寿命预测方法。

5.1　故障模式影响分析

　　故障模式与影响分析(failure mode and effect analysis，FMEA)是在设计阶段分析产品的故障模式，找出故障模式的原因，分析其影响，最终确定故障模式的检测方法，对出现概率高、危害度大的故障模式，在设计、制造环节进行纠正与改进。在此基础上，选择关键、重要单元、系统开展状态监测、寿命预测，对保证产品安全可靠运行至关重要。

　　开展飞机/系统/LRU的寿命预测，需要确定预测对象、选择预测方法，这与其故障模式、失效机制密切相关。本小节主要阐述FMEA的在寿命预测中的作用，开展FMEA的思路与方法，最后有针对性地梳理部分系统/LRU的故障模式、失效机制。FMEA分析获得可靠性薄弱的关键单元，结合各单元的故障模式，有针对性地开展寿命预测研究。

5.1.1　设计环节故障模式影响分析

　　FMEA是确定系统、产品、功能或零件的故障模式，及其对高一层次设计的影响的一种系统方法。FMEA也可以确定每种故障模式的检测方法。FMEA的定性分析和定量分析，适用于任何类型的系统(例如，电气、电子和机械系统)。实施FMEA定量分析，可以确定每种故障模式的失效率。FMEA的结果可以用于编制故障模式影响总结(failure mode and effect summary，FMES)，也可以为系统安全性评估(system safety assessment，SSA)过程的其他分析技术(例如，FTA)提供支持。

　　FMEA有两类基本的类型，硬件FMEA和功能FMEA。硬件FMEA：这种方法根据产品的功能对每个故障模式进行评价，用表格列出各个产品，并对可能发生的故障模式及其影响进行分析。各产品的故障影响与分系统及系统功能有关，当产品可按设计图样及其他工程设计资料明确确定时，一般采用硬件法，这种分析方法适用于从零件级开始分析再扩展到系统级，即自下而上进行分析。然而也可以从任一层次开始向任一方向进行分析，采用这种方法进行FMEA是较为严格的。功能FMEA：这种方法认为每个产品可以完成若干功能，而功能可以按输出分类，使用这种方法时，将输出一一列出，并对它们的故障模式进行分析。当产品构成不能明确确定时，或当产品的复杂程度要求从初始约定层次开始向下分析，即自上而下分析时，一般采用功能法，此方法从分析系统的设备功能方框图开始。通常，分析从初始约定层次的最低层次来进行，或者在产品的任一层次开始向任一方向进行。这种方法比硬件法简单，故可能忽略某些故障模式。

5.1.1.1　FMEA准备工作

　　(1) 明确飞机系统工作原理、功能、结构。FEMA是为了排除或减少妨碍系统正常工作的故障而进行设计纠正与优化的方法，必须对系统工作原理、功能、结构等信息充分掌握,若有条件,还应掌握零件、部件可靠性数据、试验数据、相似零部件、产品的故障资料。

（2）制订工作计划,确定 FMEA 类别。①设计 FMEA,用于产品设计研制阶段,主要考虑元件及管件设计要素的物理故障模式,预先对产品故障与潜在隐患进行分析;②过程 FMEA,用于分析制造、组装和管理过程,主要从工序、加工方法、流程角度进行分析,主要考虑的是由于加工不符合要求所造成的产品故障;③后勤相关的 FMEA,侧重于从维修的角度,对故障的测试性、发生概率、底层故障与顶层故障关系,其中重要的输出结果是排故需求与故障隔离。

5.1.1.2　FMEA 边界条件

1) 故障影响等级

根据故障对飞机或系统影响的严重程度,失效状态故障影响等级划分为 5 级:灾难性的（Ⅰ）、危险的（Ⅱ）、较大的（Ⅲ）、较小的（Ⅳ）和无安全影响的（Ⅴ）。

（1）灾难性的（Ⅰ）：失效状态会妨碍持续安全飞行和着陆,导致绝大部分或全部乘员死亡以及飞机损毁。

（2）危险的（Ⅱ）：失效状态会降低飞机的能力或机组处理不利操作情况的能力,包括:①极大地降低安全裕度或功能能力;②身体不适或过分的工作负担导致飞行机组不能准确地或完全地完成其任务;③除了飞行机组以外可能个别乘员会遭受严重伤害或死亡。

（3）较大的（Ⅲ）：失效状态会降低飞机的能力或机组处理不利操作情况的能力。包括明显地降低安全裕度或功能能力,明显地增加机组工作负担或增加机组效率削弱的情况,使飞行机组成员身体不舒适,或使乘客或客舱机组成员身体不适甚至受到轻微伤害。

（4）较小的（Ⅳ）：失效状态不会明显地降低飞机安全,机组的操作仍在其能力范围内。较小的失效状态可能包括:轻微地降低安全裕度或功能能力,轻微地增加机组工作负担譬如常规的飞行计划的更改,或个别乘客或客舱机组成员身体略有不舒适。

（5）无安全性影响的（Ⅴ）：失效状态不产生任何类似于妨碍飞机营运能力或增加机组工作负担的安全性影响。

2) 定性概率术语

定性的概率术语包括可能的、微小的、极少的和极不可能的。

（1）可能的失效状态是那些预期在每个飞机的整个使用寿命内发生一次或者几次的失效状态。

（2）微小的失效状态是那些在飞机的整个寿命内、在每个飞机上不太可能发生的,但当考虑这一机型中一定数量的飞机的总的营运寿命时,可能会发生几次的失效状态。

（3）极微小的失效状态是那些在飞机的整个寿命内、在每个飞机上非预期发生的,但当考虑这一机型所有的飞机的总的营运寿命时,可能会发生很少几次的失效状态。

(4) 极不可能的失效状态是在同机型所有飞机的整个营运寿命周期内不可能发生的失效状态。

定量的概率术语包括可能的、微小的、极少的和极不可能的。

(1) 可能的失效状态是那些每飞行小时平均概率低于 1×10^{-3} 但高于 1×10^{-5} 的失效状态。

(2) 微小的失效状态是那些每飞行小时平均概率低于 1×10^{-5} 但高于 1×10^{-7} 的失效状态。

(3) 极微小的失效状态是那些每飞行小时平均概率低于 1×10^{-7} 但高于 1×10^{-9} 的失效状态。

(4) 极不可能的失效状态是那些每飞行小时平均概率低于 1×10^{-9} 的失效状态。

3) 失效状态类别与概率间的关系

失效状态类别与概率之间的对应关系如表 5-1 所示。

表 5-1　失效状态类别与概率之间的关系

影响等级	无安全影响	较小的	较大的	危险的	灾难性的
对飞机影响	对飞机运行能力和安全性没有影响	轻微降低飞机运行能力或安全裕度	较大降低飞机运行能力或安全裕度	极大降低飞机运行能力或安全裕度	妨碍飞机继续安全运行或着落
失效状态分类	V	IV	III	II	I
对飞行机组影响	没有影响	机组使用正常程序,轻微增加工作负荷	机组使用非正常程序,身体不舒适,且较大地增加工作负荷	机组使用应急程序,并处于危险状态,工作负荷极大增加,完成任务的能力极大降低	致命的或丧失能力 (fatalities or incapacitation)
对乘客和客舱机组影响	不方便	身体不舒适	身体极度不适,可能受伤	少部分乘客或客舱机组成员严重受伤或死亡	较多乘客或客舱机组成员死亡
定性概率要求	经常的	可能的	微小的	极微小的	极不可能的
定量概率要求（每飞行小时）	无要求	$<1 \times 10^{-3}$	$<1 \times 10^{-5}$	$<1 \times 10^{-7}$	$<1 \times 10^{-9}$

4) 飞行阶段划分

根据 E-C941JY002《C919 飞机系统级功能危险性评估要求》,C919 飞机的飞行阶段定义如表 5-2 所示。

表 5 - 2　C919 飞机飞行阶段定义

序号	代号	FHA 飞行阶段	定　义
1	G	地面滑行	包括飞机起飞前从接通电源开始到从停机坪滑出至停在起飞跑道端头的过程和着陆后从滑跑结束开始滑进停机坪至切断电源的过程
4	T	起飞	从松刹车滑跑开始至达到起飞安全高度 35 ft* 的过程
5	F1	爬升	从达到起飞安全高度 35 ft 和开始至达到巡航高度的过程
6	F2	巡航	从爬升至巡航高度开始到开始下降为止的过程,包括加速至巡航马赫数、巡航和下降前的减速
5	F3	下降	从巡航高度下降到进场高度 1500 ft 的过程
6	F4	进近	从到达进场高度 1500 ft 开始至下滑到着陆安全高度 50 ft 的过程
7	L	着陆	从下滑到着陆安全高度 50 ft 开始至接地、滑跑并减速到速度低于 20 kn** 的过程
8	ALL	所有阶段	以上所有飞行阶段,包括 G、T、F1、F2、F3、F4 和 L
9	Other	其他	其他(根据具体情况说明,如复飞、决策速度 V_1 之后)

* ft：英尺,长度的英制单位。1 ft＝0.035 m；
** kn：节。1 kn＝0.514 m/s——编辑注。

5.1.1.3　FMEA 格式

FMEA 表格在 QS9000 中有规定,但针对具体应用对象仍需作调整。民用客机作为复杂系统,其运营、维护都有民航法规予以约束。大型客机/飞机 FMEA 分析不仅作为发现客机薄弱环节的有效工具,也应作为适航审定提供参考。结合大型客机研制的工程背景,客机 FMEA 表格格式如表 5 - 3 所示。

1) 故障模式及原因(第 2 栏)

该栏包含两方面的内容：故障模式和故障原因。

(1) 填写表格时应包含部件或硬件的所有的故障模式,并且考虑每个故障模式的要素填写该表格完整的一行,并将这所有的故障模式依次分别列出；

(2) 故障原因回答为何出现该故障模式。故障原因必须全面考虑内部原因、外部原因。

2) 飞行阶段(第 3 栏)

与 E - C941JB005 文件中的飞行阶段一致。

表 5 - 3　客机 FMEA 表格

故障模式及影响分析(FMEA)

系统：电源系统　　　　　　　部件：LVFG　　　　　　　　　部件编号：
子系统：主交流供电系统　　　部件功能：提供交流电源　　　图纸编号及版本
　　　　　　　　　　　　　　ATA 编号：24 - 20

FMEA 编号	故障模式及原因	飞行阶段	故障影响	识别与纠正措施	带故障派遣要求	级联的/并发的有害故障影响	单个部件的故障率/（1×10⁻⁶/h）	故障模式的故障率/（1×10⁻⁶/h）	故障模式的发生概率	暴露时间/h	危害等级	备注
24 - 20 - 01 - 01.01	LVFG 无法提供交流电源。故障原因：LVFG 本体故障。	All	(1) LVFG 无法提供交流电源 (2) 电源 ASG 系统代替失效的 LVFG 供电 (3) 飞机供电余度降低	(1) CAS: L GEN FAULT (2) LGCU, LOPU, LGC (3) 通过复位 LVFG 控制开关尝试复位 LVFG，若告警信息仍存在，则断开 LVFG (4) TBD (5) 断开 LVFG 与飞机电网的连接 (6) 更换 LVFG	(1) 能 (2) RVFG 和 ASG 供电功能正常，电源系统互连供电功能正常	无	33.45	33.45	1×10^{-4}	3	IV	

表头说明：
故障影响：(1) 局部影响　(2) 高一层影响　(3) 最终影响(对飞机)
识别与纠正措施：(1) 给飞行机组指示　(2) 具有相同指示的其他故障　(3) 飞行机组对故障的识别、隔离以及纠正措施　(4) 可能的不当措施的影响　(5) 错误隔离—维护人员　(6) 纠正措施—维护人员
带故障派遣要求：(1) 能、飞机可以派遣　(2) 如果"能"，什么限制条件
故障模式的故障率/（1×10⁻⁶/h）
单个部件的故障率/（1×10⁻⁶/h）

3）故障影响（第 4 栏）

该栏考虑被分析的部件或硬件在飞行阶段发生故障时产生的影响。分 3 层进行考虑。

（1）局部影响——如对子系统内部的产品来说，即为其故障模式对当前子系统的影响。

（2）高一层影响——如对系统内部的产品来说，即为其故障模式对系统的影响。

（3）最终影响——对飞机的影响。

4）识别与纠正措施（第 5 栏）

（1）给飞行机组的指示：说明故障模式发生时，有无给飞行机组的指示；如有给飞机机组的指示，应给出具体的 EICAS 信息、简图页、告警灯（位置和颜色）、警示音等，如 A - ICEWING FAULT（EICAS 信息）、amber caution light（告警灯）、single chime（警示音）。

（2）具有相同指示的其他故障。列出被分析产品所在子系统及其他系统中将给飞行机组相同指示的其他故障，要求列出工程 FMEA 故障模式编号，如 27 - 11 - 03 - 1.2、27 - 23 - 05 - 2.3。

（3）飞行机组对故障的识别、隔离及纠正措施。该栏填写明确的故障的识别程序、故障的隔离或纠正措施。

（4）可能受不当措施的影响。考虑任何可能不当措施对系统产生的影响。

（5）对错误的隔离——维护人员。此栏填写针对故障模式的维护要求和故障模式进行隔离定位的方法：①如果是通过中央维护系统（OMS）对故障进行隔离定位，则需列出故障模式所触发的故障代码，如 AFT CARGO SD（A1）FAULT、LOSS OF CARGO ARMINPUT A；②如果故障模式无法通过机载系统进行隔离定位，需给出其他的人工隔离定位方法，如一般目视检查（GVI）、详细目视检查、孔探等；③如果故障模式是通过计划维修（定期检查）来进行隔离定位，则需给出所涉及的计划维修任务和任务间隔，如 GVI，4000FH。

（6）纠正措施——维护人员。此栏填写故障模式出现后应采取的维修措施，说明故障部件进行恢复所涉及的相关维修任务，如拆换故障部件、在役维修、换发等。

5）带故障派遣要求（第 6 栏）

（1）能，飞机可以派遣——此栏填写"是"或"不"。分析故障模式的影响后，评估飞机是否可以继续被派遣与带故障部件的系统是否继续运行。

（2）如果"能"，什么限制条件——此栏填写飞机能够带故障被派遣但具有明确的限制条件。限制条件不仅仅包含飞行限制，也包含地面派遣方面的限制。

6）故障的影响（第 7 栏）

该栏填写组合故障造成的结果及其可能的影响，其中影响应尽可能从各个层次

（设备、系统、整机）考虑。

7）故障率（第 8 栏）

此栏填写该系统中单个部件的故障率，单位是 $1 \times 10^{-6}/h$。

8）故障模式的故障率（第 9 栏）

此栏填写每个故障模式的故障率，单位是 $1 \times 10^{-6}/h$。

9）暴露时间（第 10 栏）

暴露时间：最后检查设备功能正常的时刻到设备经受风险结束时的时间间隔。通常情况下暴露时间的计量方法包括以下 3 种。

（1）以持续飞行时间计：飞行开始时检查设备，暴露时间是典型的平均持续飞行时间。

（2）以运行日计：运行日的首次飞行开始检查设备，暴露时间是典型运行日中各次飞行的时间总和。

（3）以维修检查间隔计：在一次规定的维修间隔后检查设备，暴露时间是维修间隔时间。

10）发生概率（第 11 栏）

即部件总的故障率、故障模式故障率和暴露时间的乘积。

11）危害等级（第 12 栏）

根据故障影响确定危害等级。危害等级划分见 FHA。

5.1.2　缝翼运动机构系统 FMEA 分析

空客 A320 缝翼系统属于复杂机械系统，本文采用硬件法进行 FMEA 分析，列出每个硬件产品并分析产品所有可能的故障模式，确定严酷度类别，按每个故障模式的严酷度和发生概率的综合影响排序。当设计图纸和有关设计资料已明确地确定了产品时，一般可采用此法。硬件法一般是从零部件开始"自下而上"分析到系统级，但也可以从任意级别向任意方向分析。

在对空客 A320 缝翼进行 FMEA 分析时，初始约定层次为部件等级，由于缺乏可靠性相关数据，因此在这里仅对空客 A320 缝翼进行定性的 FMEA 分析。在本报告中由于只考虑机械系统，电气与液压系统将不予考虑（见表 5 - 4）。

Ⅰ、Ⅱ类故障清单如表 5 - 5 所示。

根据缝翼故障模式影响分析（FMEA），襟翼故障磨损主要包括：强度破坏、卡阻、磨损等。其中，卡阻、强度破坏发生产生的后果很严重，设计时应多加考虑，造成强度破坏的主要原因为疲劳、元件的磨损量过大和飞行时过载等，卡阻主要是因为锈蚀和元件变形过大，而磨损主要是维护不当、设计选材考虑不充分等。

根据襟翼故障模式影响分析（FMEA）中严酷度为Ⅰ、Ⅱ级的结构件常被列入关键件及关键部位，可以分析出缝翼运动机构的关键件有：扭力轴、齿轮箱（斜角齿轮箱和 T 型齿轮箱）、扭力轴的连接部件、扭力限位器、扭力输出齿轮（啮合齿轮架）、传动齿轮、齿轮架、导轨、垂直载荷滚轮和侧向载荷滚轮。

表 5 - 4 缝翼 FMEA 表

代码	产品或功能标志	功能	任务阶段与工作方式	故障模式	故障影响			严酷度类型	补偿措施
					局部影响	高一层次影响	最终影响		
011	扭力轴	传递扭矩	起飞和降落阶段	强度破坏	扭力轴无法传递给横翼驱动连杆	缝翼导轨无法得到驱动力	缝翼无法放出或收起	I	加强扭力管的疲劳检测
			飞行整个阶段	精度不够	扭力管产生过大的变形	作动筒转动角与指令角度存在误差	缝翼开度过大或过小	IV	加强产品检测
012	齿轮箱	改变扭力轴的路线	飞行整个阶段	精度不够	齿轮之间磨损过大,产生间隙	齿轮之间不能很好地啮合,导致齿轮角度传递存在误差	缝翼开度过大或过小,也可能导致同一缝翼开度不一致	II	加强安全维护
			飞行整个阶段	强度破坏	齿轮存在裂纹	在空中飞行受气动力时,齿轮断裂	扭力轴无法传递扭力,缝翼失控	I	同上
			飞行阶段	卡阻	齿轮锈蚀	在飞行阶段承受气动力时,齿轮卡死	扭力轴无法传递扭力,缝翼失控	I	同上
013	扭力轴连接部件	连接固定扭力轴	飞行整个阶段	磨损松动	扭力轴之间的扭力传递存在误差	作动筒传动角度与指令角度不符	缝翼开度过大或过小	II	加强维护
			飞行整个阶段	断裂	扭力轴之间不能传递扭力	作动筒无法工作	缝翼不能伸出或收起	I	加强疲劳检测
			飞行整个阶段	变形过大	扭力轴会承受额外应力	扭力轴断裂	缝翼不能伸出和收起	III	设计时多考虑

（续表）

代码	产品或功能标志	功能	故障模式	任务阶段与工作方式	故障影响			严酷度类型	补偿措施
					局部影响	高一层次影响	最终影响		
021	扭力限制器	防止扭矩过载	锈蚀	飞行整个阶段	扭力轴会受到附加阻力	扭力传递率有误差	缝翼不能按指令伸出和收起	III	加强防腐维护
			卡阻	起飞和降落阶段	齿轮箱锈蚀,引起卡阻	扭力传递率很小	缝翼运动不能达到指定位置	II	加强防蚀检测
			强度破坏	起飞和降落阶段	齿轮超载或存在裂纹,导致断裂	扭力无法传递	缝翼无法运动	I	将强疲劳裂纹检测
			刹车盘磨损过大	起飞和降落阶段	扭矩过载时	刹车盘摩擦力不够	缝翼可能会产生运动过载	III	加强检测
			加载弹簧弹力不够	起飞和降落阶段	摩擦盘不能压紧	摩擦盘不能刹车	缝翼可能会产生运动过载	III	加强检测
022	扭力输出齿轮	将作动筒的扭力转换成缝翼导机的驱动力	断裂	起飞和降落阶段	齿轮存在疲劳裂纹	齿轮断裂	缝翼导机无法获得驱动力	I	加强疲劳检测
			磨损过大	飞行整个阶段	齿轮与齿轮架不能很好地啮合	运动传递存在误差	缝翼开度过大或过小	II	加强检测
			锈蚀引起卡阻	飞行整个阶段	齿轮无法将驱动力传递给齿轮架	导轨无法放出	缝翼无法放出	II	加强防腐检测

（续表）

代码	产品或功能标志	功能	故障模式	任务阶段与工作方式	故障影响			严酷度类型	补偿措施
					局部影响	高一层次影响	最终影响		
023	传动齿轮	将扭力轴的扭力传递给输出齿轮	磨损过大	飞行整个阶段	齿轮产生大的间隙	齿轮之间传递存在误差	缝翼开度存在误差	IV	加强检测
			卡阻	飞行整个阶段	齿轮之间无法传递扭力	缝翼导轨无法获得驱动力	缝翼无法放出和收起	I	加强检测
			断裂	飞行整个阶段	齿轮之间无法传递扭力	缝翼导轨无法获得驱动力	缝翼无法放出和收起	I	加强疲劳检测
031	齿轮架	将作动器的驱动动力传递给导轨	磨损过大	飞行整个阶段	与作动筒之间不能很好地啮合,产生间隙	齿轮之间的传递存在误差	缝翼运动存在误差	II	加强维护
			卡阻	飞行整个阶段	作动筒的驱动力无法传递给缝翼导轨	缝翼导轨无法运动	缝翼无法放出和收起	I	加强维护
			断裂	飞行整个阶段	作动筒驱动力无法传递给缝翼导轨	缝翼导轨无法运动	缝翼无法放出和收起	I	加强疲劳检测
			固定装置松动	飞行整个阶段	齿轮架不能很好地固定在缝翼导轨上	齿轮架的运动不能与导轨保持同步	缝翼运动存在误差	II	加强检测
032	导轨	驱动缝翼运动	磨损过大	飞行整个阶段	导轨由于磨损,使得运动轨迹产生变化	缝翼运动不能按照设计轨迹运动	缝翼运动存在很大误差	II	加强检测

（续表）

代码	产品或功能标志	功能	故障模式	任务阶段与工作方式	故障影响			严酷度类型	补偿措施
					局部影响	高一层次影响	最终影响		
			锈蚀引起卡阻	飞行整个阶段	导轨由于卡阻无法运动	缝翼不能运动	缝翼无法放出和收起	I	加强检测
			断裂	飞行整个阶段	导轨产生疲劳裂纹	导轨断裂	缝翼失控	I	设计时多考虑强度因素
033	垂载荷滚轮	承受导轨垂直载荷	磨损过大	飞行整个阶段	导轨在垂直方向存在位移	缝翼不能按照设计轨迹运动	缝翼运动存在误差	II	加强维护
			卡阻	飞行整个阶段	滚轮由于锈蚀卡阻	导轨运动受阻	缝翼不能完全放出和收起	I	加强防腐维护
			滚轮破裂	飞行整个阶段	滚轮无法运动卡阻	导轨运动受阻	缝翼不能按指令运动	I	加强疲劳检测
034	侧向载荷滚轮	承受导轨侧向载荷	磨损过大	飞行整个阶段	导轨在侧向存在位移	缝翼不能按照设计轨迹运动	缝翼运动存在误差	II	加强维护
			卡阻	飞行整个阶段	滚轮由于锈蚀卡阻	导轨运动受阻	缝翼不能完全放出和收起	I	加强防腐维护
			滚轮破裂	飞行整个阶段	滚轮无法运动	导轨运动受阻	缝翼不能按指令运动	I	加强疲劳检测

表 5 - 5 I, II 类故障清单

代码	产品或功能标志	功能	故障模式	任务阶段与工作方式	故障影响			严酷度类型	补偿措施
					局部影响	高一层次影响	最终影响		
011	扭力轴	传递扭矩	强度破坏	起飞和降落阶段	扭力无法传递给襟翼驱动连杆	缝翼导轨无法得到驱动动力	缝翼无法放出或收起	I	加强扭力管的疲劳检测
012	齿轮箱	改变扭力轴的路线	强度破坏	飞行整个阶段	齿轮存在裂纹	在空中飞行时,受气动力时,齿轮断裂	扭力轴无法传递扭力,缝翼失控	I	同上
			卡阻	飞行阶段	齿轮锈蚀	在飞行阶段受气动力时,齿轮卡死	扭力轴无法传递扭力,缝翼失控	I	同上
013	扭力轴连接部件	连接固定扭力轴	断裂	飞行整个阶段	扭力轴之间不能传递扭力	作动筒无法工作	缝翼不能伸出或收起	I	加强疲劳检测
021	扭力限制器	防止扭矩过载	强度破坏	起飞和降落阶段	齿轮超载或存在裂纹,导致断裂	扭力无法传递	缝翼无法运动	I	将强疲劳裂纹检测
022	扭力输出齿轮	将作动筒的扭力转换成缝翼导轨的驱动力	断裂	起飞和降落阶段	齿轮存在疲劳裂纹	齿轮断裂	缝翼导轨无法获得驱动力	I	加强疲劳检测
023	传动齿轮	将扭力轴的扭力传递给输出齿轮	卡阻	飞行整个阶段	齿轮之间无法传递扭力	缝翼导轨无法获得驱动力	缝翼无法放出和收起	I	加强检测

（续表）

代码	产品或功能标志	功能	故障模式	任务阶段与工作方式	故障影响			严酷度类型	补偿措施
					局部影响	高一层次影响	最终影响		
031	齿轮架	将作动器的驱动力传递给导轨	断裂	飞行整个阶段	齿轮之间无法传递扭力	缝翼导轨无法获得驱动力	缝翼无法放出和收起	I	加强疲劳检测
			卡阻	飞行整个阶段	作动筒的驱动力无法传递给缝翼导轨	缝翼导轨无法运动	缝翼无法放出和收起	I	加强维护
			断裂	飞行整个阶段	作动筒驱动力无法传递给缝翼导轨	缝翼导轨无法运动	缝翼无法放出和收起	I	加强疲劳检测
032	导轨	驱动缝翼运动	锈蚀引起卡阻	飞行整个阶段	导轨由于卡阻无法运动	缝翼不能运动	缝翼无法放出和收起	I	加强检测
			断裂	飞行整个阶段	导轨产生疲劳裂纹	导轨断裂	缝翼失控	I	设计时多考虑强度因素
033	垂直载荷滚轮	承受导轨垂直载荷	卡阻	飞行整个阶段	滚轮由于锈蚀卡阻	导轨运动受阻	缝翼不能完全放出和收起	I	加强防腐蚀维护
			滚轮破裂	飞行整个阶段	滚轮无法运动	导轨运动受阻	缝翼不能按指令运动	I	加强疲劳检测
034	侧向载荷滚轮	承受导轨侧向载荷	卡阻	飞行整个阶段	滚轮由于锈蚀卡阻	导轨运动受阻	缝翼不能完全放出和收起	I	加强防腐蚀维护
			滚轮破裂	飞行整个阶段	滚轮无法运动	导轨运动受阻	缝翼不能按指令运动	I	加强疲劳检测
012	齿轮箱	改变扭力轴的路线	精度不够	飞行整个阶段	齿轮之间磨损过大，产生间隙	齿轮之间不能很好地啮合，致使一齿轮角度传递角度存在误差	缝翼开度过大或过小，也可能导致同一缝翼开度不一致	II	加强安全维护

（续表）

代码	产品或功能标志	功能	故障模式	任务阶段与工作方式	故障影响			严酷度类型	补偿措施
					局部影响	高一层次影响	最终影响		
013	扭力轴连接部件	连接固定扭力轴	磨损松动	飞行整个阶段	扭力轴之间的扭力传递存在误差	作动筒传动角度与指令角度不符	缝翼开度过大或过小	II	加强维护
021	扭力限制器	防止扭矩过载	卡阻	起飞和降落阶段	齿轮箱锈蚀，引起卡阻	扭力传送率很小	缝翼运动不能达到指定位置	II	加强防锈蚀检测
022	扭力输出齿轮	将作动筒的扭力转换成缝翼导轨的驱动力	磨损过大	飞行整个阶段	齿轮与齿轮架不能很好地啮合	运动传递存在误差	缝翼开度过大或过小	II	加强检测
			锈蚀引起卡阻	飞行整个阶段	齿轮无法将驱动力传递给齿轮架	导轨无法放出	缝翼无法放出	II	加强防腐检测
031	齿轮架	将作动器的驱动力传递给导轨	磨损过大	飞行整个阶段	与作动筒之间不能很好地啮合，产生间隙	齿轮之间的传递存在误差	缝翼运动存在误差	II	加强维护
			固定装置松动	飞行整个阶段	齿轮架不能很好地固定在缝翼导轨上	齿轮架的运动不能与导轨保持同步	缝翼运动存在误差	II	加强检测
032	导轨	驱动缝翼运动	磨损过大	飞行整个阶段	导轨由于磨损，使得运动轨迹产生变化	缝翼运动不能按照设计运动轨迹运动	缝翼运动存在很大误差	II	加强检测
033	垂直载荷滚轮	承受导轨垂直载荷	磨损过大	飞行整个阶段	导轨在垂直方向存在位移	缝翼不能按照设计轨迹运动	缝翼运动存在误差	II	加强维护

（续表）

代码	产品或功能标志	功能	故障模式	任务阶段与工作方式	故障影响			严酷度类型	补偿措施
					局部影响	高一层次影响	最终影响		
034	侧向载荷滚轮	承受导轨侧向载荷	磨损过大	飞行整个阶段	导轨在侧向存在位移	缝翼不能按照设计轨迹运动	缝翼运动存在误差	II	加强维护

5.1.3 发动机故障模式

监测发动机的主要性能参数,如振动参数、排气温度、油压、油温、燃油流量、燃油消耗等,为发动机的设计选型提供依据,并可通过数据支持有效控制发动机寿命。

民航发动机作为典型的复杂可修系统,建立健康管理系统的目标就是适应发动机视情维修的需要,将发动机的状态监测系统、维修系统和调度系统有机结合起来,实现发动机安全运行、降低维修成本的目标。

国际上三大发动机厂商他们相应的状态监控软件分别为普惠的 EHM 系统、通用公司的 SAGE 系统、罗罗公司的 COMPASS 系统。其发动机的健康状态内容主要包括以下 3 项内容。

(1)气路性能监控,其中包括:发动机排气温度、压力、转子转速、燃油流量等。

(2)滑油监控,其中包括:滑油消耗率监控、滑油磨粒监控、滑油品质状况监控和滑油温度和压力监控。

(3)振动监控,其中包括:高低压转子的振动偏移量等。

5.1.3.1 气路性能故障

1)气路性能监测

气路系统部件是民航发动机的核心部件,包括压气机、燃烧室、涡轮。气路部件的一些热力参数可反映发动机性能状态变化,这些参数有:温度、压力、转子转速、燃油流量等,即发动机可测参数。发动机在使用过程中,由于气路部件性能的退化,会导致发动机性能也逐渐衰退。

对气路性能监视的常用方法分为两类:一类是基于线性模型的方法,包括参数估计、小偏差方程、卡尔曼滤波、主因子分析等;另一类是基于非线性模型的方法,包括遗传算法、神经网络、粗糙集、模糊逻辑、专家系统、决策树、支持向量机。

利用巡航数据分析输出结果,通过多参数变化和变化趋势的分析,不但能看出发动机是否正常工作,而且还可以做进一步分析来查找引起此变化的原因,进行故障诊断。这是因为当发动机有故障时,相应的反映发动机工作状态的某些参数也会跟着变化。如当发动机有故障或压气机、涡轮效率下降时,在同样的飞行条件和发动机工作状态下,燃油流量和排气温度就会升高;而当压气机中的引气量增加时,相应发动机的各主要参数(转子转速、排气温度、燃油流量)也都要变大。但不同的故障所引起的发动机参数的变化趋势不同,且变化量也不同。

2)气路碎屑监测

气路碎屑监视是一种基于对发动机气路碎屑携带的静电进行监测的新技术。该方法最早是由美国赖特·帕特森空军基地航空系统部的 R. P. Couch 博士提出的,现已被美国 GE 公司应用于 F-35 战斗机的故障预测与健康管理(PHM)中。发动机在正常状态下工作时,尾气中的总体静电荷会保持在一个正常水平,只是随着发动机工作条件的不同会有所不同。因此,可以将这个正常水平作为发动机性能衰退的一个阈值。当气路部件发生表面故障时,就会在尾气中产生额外的碎屑,导致总体静电荷水平超过阈值,从而根据该变化所表现出的不同特征判断出故障类型,并做出预警。

通过气路碎屑监视可以实现对发动机气路部件(如压气机和涡轮叶片、燃烧室、喷管等)的表面故障(如外物打伤、摩擦、磨损、侵蚀和烧伤等)的实时监视和诊断。气路碎屑监视在保证早期预警和故障跟踪的同时,还可以跟踪后期的故障发展情况,这就为维修计划的安排带来很大的自由度,这是其他监视技术难以实现的。

5.1.3.2　振动故障

发动机的振动监控系统包括振动信号传感器、振动信号分析仪和振动指示 3 部分。机载部分负责实时监视,地面部分负责对机上记录的振动数据进行深入分析。振动信号传感器装在发动机上能感受发动机振动的部位,如轴承的支承座、涡轮机匣或风扇机匣等。振动信号传感器有 3 种:位移型、速度型和加速度型,其中加速传感器是关键技术。

民航发动机的振动参数主要包括 AVMH 和 AVML。AVML 是指双转子涡扇发动机的低压转子所产生的振动值,AVMH 振动是指双转子涡扇发动机的高压转子所产生的振动值。根据发动机的当前的 AVML 的数值,我们可以对当前的发动机机队进行性能排队。AVML 越高的发动机的性能比低的发动机性能差,在性能排队中将 AVML 数值低的排在前面,高的排在后面,最后可以得到整个机队发动机的性能排队队列。

5.1.3.3　滑油故障

由大量齿轮、轴承、传动轴等机械旋转部件组成的机械系统的健康状态管理主要采用滑油监视的方法。滑油监视是发动机状态监视与故障诊断的重要手段,目的是利用滑油系统工作参数来监视滑油本身的理化性能及发动机中所有接触滑油的零部件的健康状况,从而提供有关发动机健康状态的信息。

1) 滑油系统工作状态监测

滑油系统工作状态的监视参数有滑油压力、滑油温度、滑油量和滑油消耗量及油滤堵塞指示,监视方法是超限告警和趋势分析。例如,造成滑油压力增高的原因可能有滑油喷嘴堵塞、油滤堵塞或调压器工作不正常;而泄漏、油管破裂、油泵故障、调压活门工作不正常则会引起滑油压力下降。过高的滑油温度同其他滑油系统监视参数一起,可指出发动机子系统的故障。监视滑油量和滑油添加量可以得到有关滑油消耗量过高及滑油泄漏的信息。

2) 滑油碎屑监视技术

滑油碎屑监视的主要任务是监视接触滑油的发动机零部件的健康状况,及时发现这些零部件由于表面故障产生的碎屑,避免造成发动机二次损伤。航空发动机润滑油路磨损状态监测与故障诊断主要是采用光谱分析、铁谱分析或磁塞监测等分析手段,对发动机润滑系统的润滑油进行在线监测或者离线分析,从而判断发动机相关部件的磨损状况。

（1）在线监测。

a. 磁塞检测：一般是在发动机润滑油路中安装磁性螺堵,在线监测滑油中大磨粒的数量,积累达到预设的极限时报警,由机组人员处理。磁塞检测法适用于磨屑颗粒尺寸$>50\mu m$的情形。若发现金属屑超量或块大,则说明发动机内部磨损严重或有损伤,应及时采取措施。

b. 磁性屑探测器：在发动机上装有机载的金属屑监控设备,如磁性屑探测器。这些设备可在回油路的不同部位收集铁磁性磨屑,维护人员定期对磁性屑探测器进行检查,用肉眼对所收集到的磨屑大小、数量和形貌进行观测与分析,从此推断机器零部件的磨损状态。

（2）离线检测。

a. 滑油光谱分析：通过测量润滑油样品吸收、发射或散射的电磁辐射量来对样品成分进行分析测量,目前有原子发射光谱、原子吸收光谱、红外光谱等多种方法。通过分析润滑油中磨损微粒的成分和含量,就可以监测与诊断机械系统内部的磨损故障,其一般适用于直径$<5\mu m$的磨粒。

b. 铁谱分析(lubrication oil ferrography analysis)：利用铁谱仪从润滑油油样中,分离和检测出磨屑和碎屑,从而分析和判断机器运动副表面的磨损类型、磨损程度和磨损部位。铁谱分析的一般程序是采样、制谱、观测与分析。制谱是铁谱分析的关键步骤之一,此项工作是通过铁谱仪把金属屑沉积在谱片上,有利于观测与分析,分为定量与定性分析。定性、定量分析滑油中磨粒的形态、大小、成分及其分布来诊断并定位故障,一般适用于$1\sim200\mu m$范围以内的磨粒。

定量分析较常用的指标——磨损烈度,它既反映了总的磨损浓度,又表征了大颗粒与小颗粒的浓度差。目前,新的定量分析方法将不断涌现,基于磨粒分类和识别的定量分析是其中的一种。此方法是利用磨粒的形状、大小等形态学参数将磨粒分类,利用油样中各种磨粒的含量判断发动机可能的磨损故障类型。此方法的关键技术是准确的磨粒识别,准确的故障分析。

对于滑油碎屑监视这部分,包括铁谱技术和光谱技术,我们已经搜集了很多英文文献,由于时间原因及业务部门需求不明确因素,没有进一步整理分析。

3) 滑油理化性能监测技术

对滑油进行理化性能监视,可以提供滑油的状态及某些发动机工作异常的信息。我们对滑油的氧化性、附加损耗、胶体杂质含量、被燃油稀释、闪点和总酸值等理化性能进行测试,以确定滑油的可使用性。

作为EHM的一个重要组成部分,油液和颗粒监测通过传统的滑油磨粒监测和气路颗粒监测两种途径来探测滑油颗粒尺寸/数量的异常,进而实现对发动机磨损类故障进行监测和诊断。美军在20世纪就成立了三军联合油液分析机构JOAP(joint oil analysis program),其主要任务是研究开发油液分析设备,提出军用装备油液分析标准和实施规范。联合油液分析计划的执行,为美军军种之间实现了联合保障,促进了信息交流。美国国防部认为油液分析的经济效益比可高达 1 : 11。

2001 年,北约集团颁布了油液光谱分析计划 SOAP(spectrographic oil analysis program),开始在其各军种内实施油液分析计划。我国从 20 世纪 70 年代末才开始开展油液分析工作。油液分析技术作为一种有效的状态监测手段已广泛应用于各个部门,并成立了各具特色的油液分析实验室,针对不同的设备开展了一系列的研究,取得了良好的经济、军事和社会效益。

目前,油液分析技术已经包括光谱分析技术、铁谱分析技术、红外分析技术、颗粒计数技术和润滑油理化性能测试技术等几个分支。这些分析技术有着自身的特点和应用范围:光谱分析技术分析速度快,定量分析精度高;铁谱分析技术则重在设备磨损产生机制的分析;红外分析技术可以较全面地分析润滑油的各种性能指标,对设备的视情换油具有很强的指导作用;颗粒计数分析对液压系统的污染监测较为实用;而润滑油理化性能测试则主要分析其常规的理化指标。这些分析技术之间既相互区别又相互联系,尤其是对航空发动机等大型复杂机械设备(系统),仅仅凭借某种单一的分析技术和方法很难取得满意的监测效果;另一方面,随着航空发动机等机械设备的技术水平和性能的提高,对油液分析技术也提出了原位(或在线)、快速、智能监测的要求。因此,研究结合多种分析技术及传感器信息融合等油液智能分析诊断方法已成为机械设备油液监测的发展趋势。

5.2　基于 Weibull 过程的寿命预测方法

从产品寿命分布的可靠性理论出发,结合民用航空器 PHM 的工程背景,我们可以给出产品平均剩余寿命的计算方法。针对可修航空产品,基于 Weibull 过程给出了产品未来故障时间的预测方法。

5.2.1　平均剩余寿命预测方法

系统的寿命 T 是一个随机变量,系统的平均寿命就是失效前的平均时间,也就是 T 的期望值

$$E(T) = \int_0^\infty R(t)\mathrm{d}t \tag{5-1}$$

对于 Weibull 分布,将可靠性函数代入期望寿命公式中,得到对应的平均寿命[56],为

$$E(T) = \eta\Gamma\left(1 + \frac{1}{\beta}\right) \tag{5-2}$$

其中 $\Gamma(\cdot)$ 是 Gamma 函数。

系统的剩余寿命是系统的一个重要指标,若系统生存到时刻 t(即役龄为 t),则系统有剩余寿命 T_t

$$T_t = T - t, \ T \geqslant t \qquad (5-3)$$

因此,剩余寿命 T_t 的可靠度函数可由下式给出

$$R_t(u) = P(T_t - t \geqslant u \mid T \geqslant t) = \frac{R(t+u)}{R(t)}, \ u \geqslant 0 \qquad (5-4)$$

那么剩余寿命 T_t 的概率密度函数为

$$f_t(u) = -\frac{\mathrm{d}R_t(u)}{\mathrm{d}u} = -\frac{1}{R(t)} \frac{\mathrm{d}R(t+u)}{\mathrm{d}u}, \ u \geqslant 0 \qquad (5-5)$$

同样也可以计算 T_t 的期望值

$$E(T_t) = \int_0^\infty R_t(u)\mathrm{d}u = \frac{1}{R(t)} \int_t^\infty R(u)\mathrm{d}u \qquad (5-6)$$

该值也就是平均剩余寿命,以 $\mu(t)$ 表示 $E(T_t)$。

同样,在 t 时刻,剩余寿命的概率密度函数是

$$f_t(u) = \frac{\beta}{\eta} \left(\frac{t+u}{\eta}\right)^\beta \cdot \exp\left[\left(\frac{t}{\eta}\right)^\beta - \left(\frac{t+u}{\eta}\right)^\beta\right] \qquad (5-7)$$

在 t 时刻,平均剩余寿命就是剩余寿命概率分布函数的期望,对于 Weibull 分布,有

$$\mu(t) = E(T_t) = \exp\left[\left(\frac{t}{\eta}\right)^\beta\right] \cdot \int_0^\infty \exp\left[\left(\frac{u}{\eta}\right)^\beta\right]\mathrm{d}u \qquad (5-8)$$

对民航产品来说,可以从历史拆换记录中获得 Weibull 分布的参数,然后计算相应的平均剩余寿命。

5.2.2　故障时间外推预测方法

伴有维修的航空产品运行过程中,可认为产品可靠性具有变母体特点。作为可修系统,产品在运行过程 $(0, t]$ 内的故障次数 $N(t)$ 服从强度为 $\lambda(t)$ 的非齐次 Poisson 过程,亦称为 Weibull 过程[57]:

$$P\{N(t) = n\} = \frac{E^n[N(t)]}{n!}\exp\{-E[N(t)]\} \qquad (5-9)$$

式中:$E[N(t)] = at^b$;$n = \sum_{i=1}^l n_i$,n_i 为第 i 个系统发生故障的次数;a 为尺度参数,b 为形状参数。

参数 a 和 b 的无偏估计为

$$\begin{cases} \bar{a} = \dfrac{n}{l t_n^{\bar{b}}} \\ \bar{b} = \dfrac{n-2}{\displaystyle\sum_{i=1}^l \sum_{j=1}^{n_i} \ln \dfrac{t_n}{t_{ij}}} \end{cases} \qquad (5-10)$$

当系统运行到 t_n 时刻,此时故障强度为

$$\lambda(t) = abt_n^{b-1} \tag{5-11}$$

传统的寿命预测是基于模型进行线性外推预测,即外推预测系统未来故障发生时间,但未能给出预测区间。文献[58]研究了故障截尾时齐次 Poisson 过程的未来时间段的故障次数预测问题,给出了经典点估计和区间估计,但未讨论当前样本下非齐次 Poisson 过程未来故障发生时间的预测。以下从工程背景出发探讨了当前样本下未来故障发生时间的条件分布及其联合概率密度函数,给出了预测子与预测区间。

5.2.3   未来故障发生时间的条件分布

设有 l 台系统投入现场运行,取故障截尾方式,其中第 i 台系统被观测到的故障次数为 n_i,故障时间的观测值依次为

$$t_{i1} < t_{i2} < \cdots < t_{in_i} \leqslant t_n, \ i = 1, 2, \cdots, l \tag{5-12}$$

因为 l 台系统的总故障次数 $n = \sum_{i=1}^{l} n_i$,且已知试验截尾时刻为 t_n,根据 Weibull 过程模型,已发生的故障时间的联合概率密度函数

$$f(t_{ij}) = (lab)^n \exp(-lat_n^b) \prod_{i=1}^{l} \prod_{j=1}^{n_i} t_{ij}^{b-1} \tag{5-13}$$

假设 n 次故障修复后继续运行,l 台系统又发生了 k 次故障,设其中第 i 台系统未来故障发生次数为 n_i',且 $k = \sum_{i=1}^{l} n_i'$。第 i 台系统第 j' 次故障发生时间为 $t_{ij'}$,$j' = n_i + 1, n_i + 2, \cdots, n_i + n_i'$。由式(5-13)得 n 次故障后在发生 k 次故障的联合条件概率密度函数

$$f(t_{ij'}) = \frac{(l\bar{a}\bar{b})^k \exp(-l\bar{a}t_{n+k}^{\bar{b}}) \prod_{i=1}^{l} \prod_{j=1}^{n_i} t_{ij}^{\bar{b}-1}}{\exp(-l\bar{a}t_n^{\bar{b}})} \tag{5-14}$$

若将未来发生的 k 次故障时间依次排列

$$t_{n_i+1}, t_{n_i+2}, \cdots, t_{n_i+n_i'}$$

令 $r = n+1, n+2, \cdots, n+k$,则可以认为式(5-14)仅与截尾时刻有关,将其简化为

$$f(t_{(r)}) = \frac{(l\bar{a}\bar{b})^k \exp(-l\bar{a}t_{n+k}^{\bar{b}}) \prod_{j=n+1}^{n+k} t_j^{\bar{b}-1}}{\exp(-l\bar{a}t_n^{\bar{b}})} \tag{5-15}$$

对式(5-15)依次积分,可得到未来第 k 次故障时间 t_{n+k} 的条件概率密度函数

$$f(t_{n+k} \mid t_n) = \int_{t_n}^{t_{n+k}} \cdots \int_{t_n}^{t_{n+2}} f(t_{(r)}) \mathrm{d}t_{n+1} \cdots \mathrm{d}t_{n+k-1}$$

$$= \frac{l\bar{a}\bar{b}t_{n+k}^{\bar{b}-1}}{(k-1)!} (l\bar{a}t_{n+k}^{\bar{b}} - l\bar{a}t_n^{\bar{b}})^{k-1} \exp[-(l\bar{a}t_{n+k}^{\bar{b}} - l\bar{a}t_n^{\bar{b}})]$$

$$(5-16)$$

当 $k=1$ 时

$$f(t_{n+1} \mid t_n) = \frac{l\bar{a}\bar{b}t_{n+k}^{\bar{b}-1} \exp(-l\bar{a}t_{n+1}^{\bar{b}})}{\exp(-l\bar{a}t_n^{\bar{b}})} \qquad (5-17)$$

同理,当运行过程中为时间截尾 T,第 i 台系统观测故障时间依次为

$$t_{i1} < t_{i2} < \cdots < t_{in_i} \leqslant T$$

根据 Weibull 模型,未来第 k 次故障时间 t_{n+k} 的条件概率密度函数[59]为

$$f(t_{n+k} \mid T) = \frac{l\bar{a}\bar{b}t_{n+k}^{\bar{b}-1}}{(k-1)!} (l\bar{a}t_{n+k}^{\bar{b}} - l\bar{a}T^{\bar{b}})^{k-1} \exp[-(l\bar{a}t_{n+k}^{\bar{b}} - l\bar{a}T^{\bar{b}})] \quad (5-18)$$

当 $k=1$ 时

$$f(t_{n+1} \mid T) = \frac{l\bar{a}\bar{b}t_{n+k}^{\bar{b}-1} \exp(-l\bar{a}t_{n+1}^{\bar{b}})}{\exp(-l\bar{a}T^{\bar{b}})} \qquad (5-19)$$

5.2.4　未来故障发生时间预测子与预测限

5.2.4.1　预测子

随机变量 t_{n+k} 表示未来第 k 次故障发生时间,其预测子可用条件分布的数学期望表示。

当系统运行过程中取故障截尾时,t_n 为已知,其数学期望

$$E(t_{n+k}) = \frac{1}{(k-1)!} \int_0^{\infty} u^{k-1} \exp(-u) \left(\frac{u}{l\bar{a}} + t_n^{\bar{b}}\right)^{\frac{1}{\bar{b}}} \mathrm{d}u \qquad (5-20)$$

当 $k=1$ 时

$$E(t_{n+1}) = \int_0^{\infty} \exp(-u) \left(\frac{u}{l\bar{a}} + t_n^{\bar{b}}\right)^{\frac{1}{\bar{b}}} \mathrm{d}u \qquad (5-21)$$

当系统运行过程中取故障截尾时,t_n 为已知,其数学期望

$$E(t_{n+k}) = \frac{1}{(k-1)!} \int_0^\infty u^{k-1} \exp(-u) \left(\frac{u}{l\bar{a}} + T^{\bar{b}} \right)^{\frac{1}{b}} \mathrm{d}u \qquad (5-22)$$

当 $k=1$ 时

$$E(t_{n+1}) = \int_0^\infty \exp(-u) \left(\frac{u}{l\bar{a}} + T^{\bar{b}} \right)^{\frac{1}{b}} \mathrm{d}u \qquad (5-23)$$

5.2.4.2　预测限

当系统运行取故障截尾时，随机变量 t_{n+k} 的置信度为 $1-\alpha$ 的预测区间 $[t_{n+k, L}$，$t_{n+k, U}]$ 可由式 $(5-24)$ 求得

$$\begin{cases} \int_0^{t_{n+k, L}} f(t_{n+k} \mid t_n) \mathrm{d}t_{n+k} = \dfrac{\alpha}{2} \\[3mm] \int_0^{t_{n+k, U}} f(t_{n+k} \mid t_n) \mathrm{d}t_{n+k} = 1 - \dfrac{\alpha}{2} \end{cases} \qquad (5-24)$$

做变换 $u = l\bar{a}t_{n+k}^{\bar{b}} - l\bar{a}t_n^{\bar{b}}$，上式又可改写为

$$\begin{cases} \int_0^{l\bar{a}t_{n+k, L}^{\bar{b}} - l\bar{a}t_n^{\bar{b}}} \dfrac{1}{\Gamma(k)} u^{k-1} \exp(-u) \mathrm{d}u = \dfrac{\alpha}{2} \\[3mm] \int_0^{l\bar{a}t_{n+k, U}^{\bar{b}} - l\bar{a}t_n^{\bar{b}}} \dfrac{1}{\Gamma(k)} u^{k-1} \exp(-u) \mathrm{d}u = 1 - \dfrac{\alpha}{2} \end{cases} \qquad (5-25)$$

根据不完全伽马函数与卡方分布的关系，可以得到

$$\begin{cases} t_{n+k, L} = \left[t_n^{\bar{b}} + \dfrac{1}{2l\bar{a}} \chi_{\alpha/2}^2(2k) \right]^{\frac{1}{b}} \\[3mm] t_{n+k, U} = \left[t_n^{\bar{b}} + \dfrac{1}{2l\bar{a}} \chi_{1-\alpha/2}^2(2k) \right]^{\frac{1}{b}} \end{cases} \qquad (5-26)$$

当 $k=1$ 时

$$\begin{cases} t_{n+1, L} = \left[t_n^{\bar{b}} - \dfrac{1}{l\bar{a}} \ln\left(1 - \dfrac{\alpha}{2}\right) \right]^{\frac{1}{b}} \\[3mm] t_{n+1, U} = \left[t_n^{\bar{b}} - \dfrac{1}{l\bar{a}} \ln\left(\dfrac{\alpha}{2}\right) \right]^{\frac{1}{b}} \end{cases} \qquad (5-27)$$

同理，当系统运行过程中取时间截尾时，随机变量 t_{n+k} 的置信度为 $1-\alpha$ 的预测区间 $[t_{n+k, L}$，$t_{n+k, U}]$ 为

$$\begin{cases} t_{n+k, L} = \left[T^{\bar{b}} + \dfrac{1}{2l\bar{a}} \chi_{\alpha/2}^2(2k) \right]^{\frac{1}{b}} \\[3mm] t_{n+k, U} = \left[T^{\bar{b}} + \dfrac{1}{2l\bar{a}} x_{1-\alpha/2}^2(2k) \right]^{\frac{1}{b}} \end{cases} \qquad (5-28)$$

当 $k=1$ 时

$$\begin{cases} t_{n+1,\,L}=\left[T^{\bar{b}}-\dfrac{1}{la}\ln\left(1-\dfrac{\alpha}{2}\right)\right]^{\frac{1}{b}} \\[4mm] t_{n+1,\,U}=\left[T^{\bar{b}}-\dfrac{1}{la}\ln\left(\dfrac{\alpha}{2}\right)\right]^{\frac{1}{b}} \end{cases} \tag{5-29}$$

5.3 基于退化量分布的性能退化预测

高可靠、长寿命是民用飞机零部件的典型特征,在飞机研制阶段利用寿命试验获取寿命观测,利用可靠性统计推断决策维修时间已经变得不现实。在明确故障机制的基础上,我们通过获取产品关键性能参数退化数据,可对其寿命开展预测研究,为该类部件维修间隔确定提供参考。

5.3.1 条件假设

基础零部件性能退化受退化机制制约,源自同一母体的样本呈现相似退化规律,也具有差异性。具体表现在性能退化量随时间的退化过程不完全相同,在不同测量时刻其性能退化量具有相同的分布形式,只是分布参数随时间不断变化。即产品性能退化量在不同测量时刻服从同一分布族,其分布参数为时间变量的函数。据此,通过探寻退化量分布参数随时间变化规律,即可利用退化量分布对产品的可靠性和寿命进行评估或预测,为确定其维修时间提供参考。

视零部件量为随机变量,记为 d。选择 n 个样本进行退化试验,样本的第 j 次观测时间记为 $t_j(j=1,2,\cdots,m)$,该时刻 n 个样本的累积退化量观测值记为

$$d_{1,\,j},\,d_{2,\,j},\,\cdots,\,d_{i,\,j},\,d_{i+1,\,j},\,\cdots,\,d_{n,\,j}.$$

进行 m 次退化量测量,共获得 n 个样本 $n\times m$ 个观测值。

基于退化量分布的可靠性建模基于以下假定[60]。

(1)所有样品在若干测量时刻的退化量服从同一分布族,但分布族的参数可能随时间有所变化。

(2)分布族参数可表示为时间 t 的函数,并且如果存在加速应力,分布族参数可表示为时间 t 的函数。

(3)样品的失效阈值 D_f 为一常量,当样品退化量 d 首次达到失效阈值时,定义为样品失效。

(4)产品性能退化量服从正态分布、对数正态分布、Weibull 分布。

(5)被研究产品的退化参数必须能被监测,并且有准确的定义。

(6)随着产品工作时间或试验时间的推移,产品性能退化参数应有明显的趋势性变化,能够明显地反映出产品的工作状况。

5.3.2 退化量分布拟合

确定产品性能退化量分布的方法共有两种:一种是基于失效物理分析确定分布

类型;另一种是基于拟合优度检验方法确定分布类型。本文基于 n 个样本的第 j 次累积磨损量观测值,采用柯尔莫哥洛夫检验选择刹车片累积磨损量最优分布族类型。

设累积磨损量分布为 $F(d)$,$F_{0,j}(d)$ 为确定的、连续型分布函数,它是累积磨损量分布的潜在选择。建立原假设 H0 和备则假设 H1。

(1)建立假设。

设退化量分布为 $F(d)$,$F_0(d)$ 为确定的、连续型分布函数,它是退化量分布的潜在选择。建立原假设 H0 和备则假设 H1

$$\text{H0:} \ F(d) = F_0(d);\ \text{H1:} \ F(d) \neq F_0(d)。$$

(2)柯氏统计量。

$$D_{n,j} = \sup_{-\infty < d < \infty} | F_{n,j}(d) - F_{0,j}(d) | \tag{5-30}$$

式中:$F_{n,j}(d)$ 容量为 n 的样本的经验分布函数,

$$F_{n,j}(d) = \begin{cases} 0, & d < D_{1,j} \\ \dfrac{i}{n}, & D_{i,j} < d < D_{i+1,j} \\ 1, & d > D_{n,j} \end{cases} \tag{5-31}$$

此处,$d_{1,j}, d_{2,j}, \cdots, d_{n,j}$ 为 n 个样本第 j 次观测值 $d_{i,j}$ 的次序统计量。

为了计算 $D_{n,j}$,可先计算

$$\delta_{i,j} = \max\left\{ F_{0,j}(d_{i,j}) - \frac{i-1}{n}, \frac{i}{n} - F_{0,j}(d_{i,j}) \right\}, i = 1, 2, \cdots, n \tag{5-32}$$

那么

$$D_{n,j} = \max\{\delta_{1,j}, \delta_{2,j}, \cdots, \delta_{n,j}\} \tag{5-33}$$

当 $D_{n,j}$ 较小时,若 $D_{n,j} < D_{n,j,a}$,则说明所选分布 $F_{0,j}$ 与退化量拟合的较好,接受原假设。

5.3.3 分布参数时序建模

在确定样本在 t_j 时刻的概率分布后,依据 n 个样本在该时刻的次观测值 $d_{i,j}$,可计算刹车片磨损退化量概率分布参数[61]。

(1)若累积磨损量服从正态分布,时刻 t_j 的样本均值与样本方差为

$$\begin{cases} \mu_j = \dfrac{1}{n}\sum_{i=1}^{n} d_{ij} \\ \sigma_j^2 = \dfrac{1}{n-1}\sum_{i=1}^{n}(d_{ij} - \mu_j)^2 \end{cases} \tag{5-34}$$

（2）若累积磨损量服从对数正态分布，时刻 t_j 的样本对数均值与对数方差为

$$\begin{cases} \mu_j^* = \dfrac{1}{n}\sum_{i=1}^{n}\ln d_{ij} \\[2mm] \sigma_j^{*\,2} = \dfrac{1}{n-1}\sum_{i=1}^{n}(\ln d_{ij}-\mu_j)^2 \end{cases} \tag{5-35}$$

（3）若性能退化量服从 Weibull 分布，时刻 t_j 的分布形状参数 β_j 与尺度参数 η_j $(j=1, 2, \cdots, m)$ 为

$$\begin{cases} \dfrac{\displaystyle\sum_{i=1}^{n}(d_{i,j})^{\beta_j}\ln d_{i,j}}{\displaystyle\sum_{i=1}^{n}(d_{i,j})^{\beta_j}} - \dfrac{1}{\beta_j} = \dfrac{1}{n}\sum_{i=1}^{n}\ln d_{i,j} \\[4mm] \eta_j^{\beta_j} = \dfrac{1}{n}\sum_{i=1}^{n}(d_{i,j})^{\beta_j} \end{cases} \tag{5-36}$$

式中：β_j 是与故障机制相关的形状参数；η_j 是尺度参数。

据上式计算正态分布、对数正态分布与 Weibull 分布参数，列于表 5-6。

退化轨迹模型是指试验样品在某一工作条件下性能退化量与试验时间之间的函数关系，所以有几个性能退化指标，就有几条性能退化轨迹。在误差允许的条件下，我们可以把拟合后的退化轨迹看作产品实际的退化轨迹。对于大部分具有性能退化过程的产品来说，其退化量一般可以用以下 4 种退化轨迹模型来进行有效的拟合。

表 5-6 分布参数估计值

序号 j	测量时间 t_j	正态分布		对数正态分布		Weibull 分布	
		μ_j	σ_j^2	μ_j^*	$\sigma_j^{*\,2}$	β_j	η_j
1	t_1	μ_1	σ_1^2	μ_1^*	$\sigma_1^{*\,2}$	β_1	η_1
2	t_2	μ_2	σ_2^2	μ_2^*	$\sigma_2^{*\,2}$	β_2	η_2
…	…	…	…	…	…	…	…
m	t_m	μ_m	σ_m^2	μ_m^*	$\sigma_m^{*\,2}$	β_m	η_m

线性模型

$$\theta(t) = at + b \tag{5-37}$$

指数模型

$$\theta(t) = a\exp(bt) \tag{5-38}$$

幂函数模型

$$\theta(t) = at^b \tag{5-39}$$

对数函数模型

$$\theta(t) = a\ln t + b \tag{5-40}$$

式中：$\theta(t)$表示随时间变化的分布参数；a, b, c 为待定系数。

5.3.4 可靠性模型、剩余寿命预测剩余寿命预测

依据刹车片累积退化量当前观测值，我们可依据参数时序模型预测未来 t_{FU} 时刻刹车片累积磨损量的概率分布参数 $\theta(t_{FU})$，也即确定了 t_{FU} 时刻刹车片累积磨损量的概率分布。

设刹车片累积磨损量达到 D_f 时，刹车片失效。则未来 t_{FU} 时刻刹车片可靠度可表示为

$$R_{t_{FU}}(d) = 1 - F_{t_{FU}}(d) = 1 - P_{t_{FU}}, \ d \geqslant D_f \tag{5-41}$$

当累积退化量服从正态分布时，未来 t_{FU} 时刻刹车片可靠度为

$$R_{t_{FU}, \text{Norm}}(d) = \Phi\left(\frac{D_f - \mu_{t_{FU}}}{\sigma_{t_{FU}}^2}\right) \tag{5-42}$$

式中：$\Phi(\cdot)$为标准正态分布累积概率函数；$\mu_{t_{FU}}$, $\sigma_{t_{FU}}^2$ 为 t_{FU} 时刻正态分布参数。

当累积退化量服从对数正态分布时，未来 t_{FU} 时刻刹车片可靠度为

$$R(d)_{t_{FU}, \text{Norm}} = \Phi\left(\frac{D_f - \mu_{t_{FU}}^*}{\sigma_{t_{FU}}^{*2}}\right) \tag{5-43}$$

式中：$\mu_{t_{FU}}^*$, $\sigma_{t_{FU}}^{*2}$ 为 t_{FU} 时刻对数正态分布参数。

当累积退化量服从 Weibull 分布时，未来 t_{FU} 时刻刹车片可靠度为

$$R_{t_{FU}, \text{wbl}}(d) = 1 - \exp\left[-\left(\frac{D_f}{\eta_{t_{FU}}}\right)^{\beta_{t_{FU}}}\right] \tag{5-44}$$

式中：$\beta_{t_{FU}}$, $\eta_{t_{FU}}$ 为 t_{FU} 时刻 Weibull 分布参数。

5.3.5 工程应用例

飞机刹车过程是利用刹车片与刹车盘构成的摩擦副在工作时产生摩擦力矩来实现的，刹车片与刹车盘是保证刹车系统性能的重要组件之一。在刹车过程中，刹车片与刹车盘的相互摩擦会引起表面材料的流失和转移，从而产生磨损，且磨损量随使用时间增加而增大。正常情况下，由于刹车盘的耐磨性高于刹车片，因此在相同工作时间内，刹车片的磨损量远大于刹车盘。虽然现代飞机刹车系统通常设有刹车间隙调节器，能自动补偿刹车片的磨损，保持稳定的刹车性能，但当刹车片磨损量

超出允许值后,刹车性能将严重衰减甚至完全失效。当碳刹车片达到完全磨损的程度,即刹车组件上的磨损指示杆伸出长度为 0 时,这时要求更换刹车组件。然而某型飞机在检查间隔期内多次发生刹车片厚度超标,甚至将铆接刹车片的铆钉磨出等现象。因此,在飞机运行过程中,为保证飞机具有稳定的刹车性能,维护人员必须定期检查刹车片厚度,并适时更换刹车片。

一次飞机降落刹车过程包含滑行阶段点刹(taxi snub),滑行阶段刹车(taxi stop)和着落阶段刹车(landing stop)的顺序过程,具体如下:

3 taxi snubs

3 taxi snubs

1 taxi snub

2 taxi stops

2 taxi stops

1 landing stop

2 taxi snubs

1 taxi snub

2 taxi snubs

2 taxi stops

刹车片性能退化试验过程: 将刹车片置于试验台,模拟飞机降落刹车过程,并重复 100 次降落刹车过程。每隔 5 次降落,测量刹车片累积磨损量并记录。

选择 12 个刹车片进行磨损退化试验,重复 100 次降落刹车过程。为了消除机械加工导致的断面毛刺对刹车性能的影响,前 20 次刹车退化数据忽略不计。试验数据如图 5-1 所示。

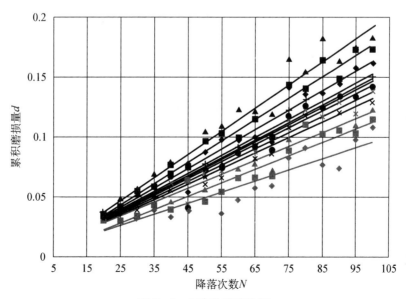

图 5-1　刹车片试验数据

（1）拟合优度检验。

我们选择正态分布作为刹车片磨损量的分布，进行拟合优度检验，结果如表 5-7 所示。

表 5-7 柯氏统计量

测量点/飞行循环数	D_n	测量点/飞行循环数	D_n
1	0.1747	10	0.1353
2	0.1135	11	0.1926
3	0.1009	12	0.1582
4	0.1478	13	0.1520
5	0.1823	14	0.1344
6	0.1330	15	0.1764
7	0.0947	16	0.2059
8	0.1413	17	0.0911
9	0.2151		

给定 $\alpha = 0.1$，查 $D_{n,\alpha}$ 表，得 $D_{n,\alpha} = 0.33815$。与表 5-8 比较，我们可以发现所有统计量均小于临界值。据此，可认为刹车片累积磨损量服从正态分布。

（2）分布参数计算。

t_j 时刻刹车片累积退化量分布参数如表 5-8 所示。

（3）分布参数时序模型。

利用多项式模型拟合分布参数，拟合直线为

表 5-8 正态分布参数估计值

测量点/飞行循环数 t_j	μ_j	σ_j
t_1	0.0329	0.0017
t_2	0.0363	0.0056
t_3	0.0443	0.0079
t_4	0.0511	0.0079
t_5	0.0610	0.0144
t_6	0.0618	0.0167
t_7	0.0728	0.0185
t_8	0.0764	0.0207
t_9	0.0871	0.0188
t_{10}	0.0904	0.0183
t_{11}	0.0877	0.0158
t_{12}	0.1185	0.0234
t_{13}	0.1246	0.0168

（续表）

测量点/飞行循环数 t_j	μ_j	σ_j
t_{14}	0.1237	0.0274
t_{15}	0.1276	0.0233
t_{16}	0.1311	0.0252
t_{17}	0.1443	0.0230

$$\beta(t) = 0.0014t + 0.0017 \tag{5-45}$$

$$\sigma(t) = 0.0003t + 0.0015 \tag{5-46}$$

（4）可靠度曲线。

在外场使用过程中，维护手册规定观察刹车组件上的两个磨损指示杆来监控刹车片的使用状态，新品及修后的刹车组件磨损指示杆均露出 25.4 mm，随着刹车片的磨损，指示杆外露部分会缩短。此处取 $D_f = 25.4$ mm，约 1 in。

t_{FU} 时刻产品可靠度为

$$R_{t_{FU},\text{Norm}}(d) = \Phi\left(\frac{D_f - 0.0014t + 0.0017}{(0.0003t + 0.0015)^2}\right) \tag{5-47}$$

绘制可靠度曲线，如图 5-2 所示。

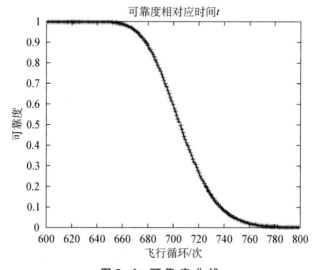

图 5-2 可靠度曲线

5.4 基于 Wiener 过程的性能退化预测

基于退化量分布的性能退化建模方法，没有将退化过程视为随机过程。本节拟采用 Wiener 过程拟合性能退化过程，开展寿命预测研究。

5.4.1 维纳（Wiener）过程

Wiener 过程主要是用来对平稳独立高斯增量的性能退化过程进行建模，如果一元连续时间随机过程 $\{W(t) \mid t \geqslant 0\}$ 满足以下性质[62]：

（1）时刻 t 到时刻 $t+\Delta t$ 之间的增量服从正态分布，即 $\Delta W = W(t+\Delta t) - W(t) \sim N(\mu \Delta t, \sigma^2 \Delta t)$；

（2）对于任意两个不相交时间区间 $[t_1, t_2]$、$[t_3, t_4]$，且 $t_1 < t_2 \leqslant t_3 < t_4$，增量 $W(t_4) - W(t_3)$ 与 $W(t_2) - W(t_1)$ 相互独立；

（3）$W(0) = 0$，并且 $W(t)$ 在 $t = 0$ 处连续。

则称 $W(t)$ 为一元 Wiener 过程，特别地，当 $\sigma = 1$ 的 Wiener 过程称为标准 Wiener 过程，记为 W_0。

5.4.2 基于 Wiener 过程的个体性能退化建模

Wiener 过程主要用来对平稳独立高斯增量的性能退化过程进行建模，以 $Y(t)$ 表示产品在 t 时刻的性能退化量，如果 $Y(0) = 0$，$Y(t) \sim N(at, \sigma_w^2 t)$ 具有平稳独立增量，则 $Y(t)$ 可以用有漂移参数的 Wiener 过程描述，数学表达式如下：

$$Y(t) = at + \sigma_w W_0(t) \tag{5-48}$$

式中：$W_0(t)$ 为标准的 Wiener 过程，a 是漂移参数，σ_w 是扩散参数。

多数产品物理失效和性能失效都是在性能首次超过失效阈值时，即一旦产品的退化过程 $Y(t)$ 达到某个特定的水平 ζ 时产品失效，因而，寿命可以定义为产品退化的样本路径 $Y(t)$ 超过 ζ，其数学描述为

$$T = \inf\{Y(t) \geqslant \zeta\} = \{t \mid Y(t) \geqslant \zeta, Y(s) \leqslant \zeta, 0 \leqslant s \leqslant t\} \tag{5-49}$$

确定了产品的失效阈值，并给定 a、σ_w 值时，有漂移的 Wiener 退化过程的寿命分布概率密度，即首次击中阈值时的时间分布为逆高斯分布，其数学描述为

$$f(t \mid a, \sigma_w, \zeta) = \frac{\zeta}{\sqrt{2\pi\sigma_w^2 t^3}} \exp\left[-\frac{(\zeta - at)^2}{2\sigma_w^2 t}\right] \tag{5-50}$$

某个产品在试验和运行中积累了一系列的性能数据，$D = \{(t_0, y_0), (t_1, y_1), \cdots, (t_{n_1}, y_{n_1})\}$，$t_0 < t_1 < t_2 < \cdots < t_{n_1}$。$n_1$ 个时间区间的增量 $\Delta D = \{(\Delta t_1, \Delta y_1), \cdots, (\Delta t_i, \Delta y_i), \cdots, (\Delta t_{n_1}, \Delta y_{n_1})\}$，其中 $\Delta y_i = y_i - y_{i-1}$，$\Delta t_i = t_i - t_{i-1}$（$1 < i < n_1$，且为正整数）。

由于有漂移的 Wiener 过程具有独立高斯增量的特性可知

$$\Delta y_i = a\Delta t_i + \sigma_w W_0(\Delta t_i) \tag{5-51}$$

式中：$W_0(\Delta t_i) \sim N(0, \Delta t_i)$。由维纳过程定义可知

$$f(\Delta y_i) = \frac{1}{\sqrt{2\pi\sigma_w^2 \Delta t_i}} e^{-(\Delta y_i - a_1 \Delta t_i)^2 / 2\sigma_w^2 \Delta t_i} \tag{5-52}$$

由维纳过程平稳独立增量可得 Δy_1，Δy_2，$\cdots$，Δy_{n_1} 联合概率密度，即样本似然函数 $L(a_1, \sigma_w)$

$$L(a, \sigma_w) = f(\Delta y_1, \Delta y_2, \cdots, \Delta y_{n_1}) = \prod_{i=1}^{n_1} f(\Delta y_i) \tag{5-53}$$

根据式(5-52)和式(5-53)，对样本似然函数 $L(a_1, \sigma_w)$ 求常用对数，并分别对 a_1、σ_w 求偏微分得

$$\frac{\partial \ln L(a, \sigma_w)}{\partial a} = \sum_{i=1}^{n_1} \frac{\Delta y_i - a\Delta t_i}{\sigma_w^2 \Delta t_i} = 0 \tag{5-54}$$

$$\frac{\partial \ln L(a, \sigma_w)}{\partial \sigma_w} = \sum_{i=1}^{n_1} \frac{-1}{\sigma_w} + \frac{(\Delta y_i - a\Delta t_i)^2}{\sigma_w^2 \Delta t_i} = 0 \tag{5-55}$$

求解由式(5-54)和式(5-55)构成的方程组可得 $a = \dfrac{1}{n_1} \sum\limits_{i=1}^{n_1} \dfrac{\Delta y_i}{\Delta t_i}$，$\sigma_w = \left[\dfrac{1}{n_1} \sum\limits_{i=1}^{n_1} \dfrac{(\Delta y_i - a\Delta t_i)^2}{\Delta t_i}\right]^{1/2}$。

5.4.3 考虑个体差异的 Wiener 过程退化建模

只是获取单个产品的维纳过程模型，还不能满足实际需要，工程上有时需要对批次产品的寿命进行预测，以了解该批产品总体的寿命特征以及是否达到设计要求。因此，我们有必要对总体的维纳过程模型进行参数估计，个体的漂移参数和扩散参数为确定值，为描述个体之间的差异，总体参数为正态分布的随机变量，利用自助法可对其进行自助估计和精度分析。

对于单个产品来说，其漂移参数 a 和扩散参数 σ_w 是确定值，其寿命分布概率密度为式(5-50)，而对于同型号的批次产品总体，由于其加工工艺、制造误差、运行环境等其他因素的影响，不同的个体之间的漂移参数和扩散参数存在差异，因而，对批次产品进行寿命评估时，应考虑上述差异，用随机变量来描述维纳过程参数 a、σ_w；本文取 a、σ_w 均为正态变量，$a \sim N(\mu_a, \sigma_a^2)$、$\sigma_w \sim N(\mu_{\sigma w}, \sigma_{\sigma w}^2)$。根据(5-50)式可得到确定失效阈值情形总体寿命分布的概率密度函数为[63]

$$f(t \mid \zeta) = \int_0^{+\infty} \int_{-\infty}^{+\infty} \frac{\zeta}{\sqrt{2\pi\sigma_w^2 t^3}} e^{-(\zeta-at)/2\sigma_w^2 t} \cdot \phi(a, \sigma_w) \mathrm{d}a \mathrm{d}\sigma_w \tag{5-56}$$

式中：$\phi(a, \sigma_w) = N(a \mid \mu_a, \sigma_a^2) \cdot N(\sigma_w \mid \mu_{\sigma_w}, \sigma_{\sigma_w}^2)$，对上式进行积分计算，可得批次产品的寿命的概率密度函数。

同一批次产品在使用之前,会抽出几个来进行性能试验,以获取产品正常运行的性能特征,设某产品随机抽取了 n_2 个样本进行性能试验,试验所得到的各产品的性能数据分别为 D_1,D_2,$\cdots$,D_{n_2},即

$$
\begin{pmatrix} D_1 \\ \vdots \\ D_j \\ \vdots \\ D_{n_2} \end{pmatrix} = \begin{pmatrix} t_{01}, y_{01} & t_{11}, y_{11} & \cdots & t_{n_1 1}, y_{n_1 1} \\ \vdots & \vdots & \vdots & \vdots \\ t_{0j}, y_{0j} & t_{1j}, y_{1j} & \cdots & t_{n_1 j}, y_{n_1 j} \\ \vdots & \vdots & \vdots & \vdots \\ t_{0n_2}, y_{0n_2} & t_{1n_2}, y_{1n_2} & \cdots & t_{n_1 n_2}, y_{n_1 n_2} \end{pmatrix} \tag{5-57}
$$

n_1 个时间区间的增量为

$$
\begin{pmatrix} \Delta D_1 \\ \vdots \\ \Delta D_j \\ \vdots \\ \Delta D_{n_2} \end{pmatrix} = \begin{pmatrix} (\Delta t_{11}, \Delta y_{11}) & (\Delta t_{21}, \Delta y_{21}) & \cdots & (\Delta t_{n_1 1}, \Delta y_{n_1 1}) \\ \vdots & \vdots & \vdots & \vdots \\ (\Delta t_{1j}, \Delta y_{1j}) & (\Delta t_{2j}, \Delta y_{2j}) & \cdots & (\Delta t_{n_1 j}, \Delta y_{n_1 j}) \\ \vdots & \vdots & \vdots & \vdots \\ (\Delta t_{1n_2}, \Delta y_{1n_2}) & (\Delta t_{2n_2}, \Delta y_{2n_2}) & \cdots & (\Delta t_{n_1 n_2}, \Delta y_{n_1 n_2}) \end{pmatrix}
$$

$$\tag{5-58}$$

根据式(5-55)和式(5-56)可分别针对每一个产品计算退化参数,得到一组

$$
\begin{bmatrix} a \\ \sigma \end{bmatrix} = \begin{bmatrix} a_1, a_2, \cdots, a_j, \cdots, a_{n_2} \\ \sigma_1, \sigma_2, \cdots, \sigma_j, \cdots, \sigma_{n_2} \end{bmatrix} \tag{5-59}
$$

据此可得参数 a 均值与方差

$$
\begin{cases} \hat{\mu}_a = \dfrac{1}{n_2} \displaystyle\sum_{j=1}^{n_2} a_j \\ \hat{\sigma}_a^2 = \dfrac{1}{n_2} \displaystyle\sum_{j=1}^{n_2} [a_j - \hat{\mu}_a]^2 \end{cases} \tag{5-60}
$$

参数 σ_w 均值与方差分别为

$$
\begin{cases} \hat{\mu}_{\sigma_w} = \dfrac{1}{n_2} \displaystyle\sum_{j=1}^{n_2} \sigma_j \\ \hat{\sigma}_{\sigma_w}^2 = \dfrac{1}{n_2} \displaystyle\sum_{j=1}^{n_2} [\sigma_j - \hat{\mu}_{\sigma_w}]^2 \end{cases} \tag{5-61}
$$

5.4.4　剩余寿命预测

t 时刻产品是否发生退化失效是通过判定退化量 $Y(t)$ 与失效阈值 ζ 时的大小关系确定的,即利用 t 时刻的概率 $P\{Y(t) \leqslant \zeta\}$ 给出。实际上根据退化失效的定义,产

品寿命是指在性能退化量 $Y(t)$ 首次达到失效阀值时的时间,即

$$T = \inf\{t \mid Y(t) = \zeta;\ t \geqslant 0\} \tag{5-62}$$

根据文献[64]可知,T 服从逆高斯分布。若产品在 τ 时刻的退化量为 w_τ ($w_\tau < \zeta$),则此时产品剩余寿命 T_1 为

$$T_1 = \inf\{t \mid Y(t) \geqslant \zeta - w_\tau;\ t \geqslant 0,\ \zeta \geqslant 0\} \tag{5-63}$$

由文献[65]可知,T_1 也服从逆高斯分布,概率密度为

$$f_{T_1}(t) = \frac{\zeta - w_\tau}{\sqrt{2\pi\mu_{\sigma_w}^2 t^3}} \exp\left[-\frac{(\zeta - w_\tau - \hat{\mu}_a t)^2}{2\mu_{\sigma_w}^2 t}\right] \tag{5-64}$$

式中参数可以根据式(5-60)和式(5-61)计算获得。

可知剩余寿命的均值为

$$E(T_1) = \int_0^\infty t \cdot f_{T_1}(t)\mathrm{d}t \tag{5-65}$$

给定置信度 γ,剩余寿命的置信下限为

$$1 - \gamma = \int_0^{T_{1,L}} f_{T_1}(t)\mathrm{d}t \tag{5-66}$$

5.4.5　工程应用例

发动机排气温度裕度(exhaust gas temperature margin,$EGTM$)是衡量发动机健康状态的一项辅助参考指标,同时也是被航空公司采用的发动机换发的依据和重要的性能指标。$EGTM$ 定义为发动机在海平面压力、拐点温度条件下,做全功率起飞时,发动机排气温度(exhaust gas temperature,EGT)值与 EGT 红线值之间的差值,同时要求起飞过程中飞机正常引气,发动机整流罩防冰和大翼防冰关闭。通常当排气温度裕度退化到其阈值时,发动机便会下发送修。因此,我们可以通过分析排气温度裕度的退化规律来评估发动机的性能可靠性,预测发动机的剩余寿命。由于发动机某一时刻的性能退化量也是随机的,受使用环境、维修、部件损伤等因素综合的作用,我们可以利用一些随机过程模型来描述发动机的性能退化过程。

由于发动机排气温度裕度值通常随着发动机使用循环和飞行小时的增加而减少,所以可以将发动机 t 时刻的性能退化量 $Y(t)$ 表示为 $Y(t) = L - E$,其中 E 代表 $EGTM$,L 为同一型号发动机送修返回后排气温度裕度值恢复到的同一值。通常 $EGTM$ 值为 0 时发动机必须下发返厂修理,此时发动机的性能退化量 $Y(t) = L$ 达到最大。

我们选用某航空公司某型发动机总共 18 台,从 2002—2007 年共 6 年的 $EGTM$ 使用数据[66],进行实时剩余寿命与可靠性预测。令时刻 t 表示发动机的使用循环次数,即 t 的单位为 cycle(见表 5-9)。

表 5 - 9　EGTM 监测数据

| 循环 | 发动机 | | | | | | | | | | | | | | | | | |
---	1#	2#	3#	4#	5#	6#	7#	8#	9#	10#	11#	12#	13#	14#	15#	16#	17#	18#
100	76.9	77.7	67	63	70.8	58.3	69	63	67	65	45	59	49	56	67	74	61	69
200	73.7	71.4	61.4	61.4	56.2	53.7	63	63	65.7	63	36.1	57	47.8	56	65	70	65.3	63.3
300	75.5	75.1	56.8	56.8	44.6	51.6	59	63	64.1	61	54.2	55	49.8	56	61.1	65.5	65.8	61.1
400	77.3	78.8	62.2	62.2	49	49.5	59	56	62.5	59	59.8	53	51.8	56	59.8	64	59.6	59.5
500	74.1	72.5	57.6	57.6	53.4	44.2	56	59	60.9	57	59.8	51	53.8	56	58.4	64.9	59	57.6
600	76.9	66.2	58	58	57.8	38.9	53	57	38.5	55	58.2	49	61.2	56	57.8	52.1	53.1	54
700	77.7	59.9	56.4	56.4	52.2	38.9	49	59	38.5	53	56.9	49	53.6	56	47	50.7	53	39.5
800	74.5	53.6	58.8	58.8	56.6	38.9	45	59	38.5	51	55.6	49	53.6	56	47	60.3	49.2	41
900	71.3	47.3	58.2	58.2	36	39.8	39	59	38.5	49	54.3	43	53.6	56	56.3	56.8	49.2	49.6
1 000	68.1	45.35	53.6	53.6	14.9	41.5	37	59	33.7	51	53	45	52	56	48	56	51.9	57.8
1 100	64.9	43.85	57	57	26.7	43.2	39	59	38	58	51.7	49	50.8	56	54	56	39	48.9
1 200	61.7	42.35	59	59	38.9	45.8	35.2	59	41.8	56	50.4	49	49.6	56	52.8	53.3	25.3	58
1 300	58.5	41.5	51	51	51.6	47.3	46.5	59	46	54	49.1	49	48.4	56	56.3	52.2	44.3	56.7
1 400	55.3	41.5	51	51	51.6	47.3	41.8	59	50.7	57	47.8	49	47.2	56	49.1	48	44	46.9
1 500	52.1	41.5	51	51	47.9	48.8	38.6	58.1	50.7	55	46.5	49	46	56	45.1	38	20	44
1 600	49	43.9	53.5	53.5	45.7	49.6	35.5	58.7	52.6	54	45.2	49	44.8	56	46.7	46.5	43	43.7
1 700	45.7	42	55	55	47.2	50.4	25.1	58.5	54.5	53	43.9	49	43.6	56	44.8	45.8	42	42.8
1 800	46	42	58	58	48.7	50.3	25.1	58.4	56.4	53	42.6	49	42.4	56	43	45.1	42.2	42.1
1 900	46	38	51	51	48.5	50.3	25.1	55.9	56.4	55	41.3	43.3	41.2	56	43	54.7	35	42.1
2 000	46	37	51	51	37.8	48.6	19.2	31	56.4	55	40	37.6	40	56	47.8	48.4	35	49.9
2 100	46	36	51	51	36	47.3	24.5	31	53.7	55	38.7	40.2	38.8	56	42.5	43.4	32	48.9
2 200	44	36	51	51	35	46	27.7	31	52	55	37.4	42.6	37.6	56	38.4	43	37.5	37
2 300	46	35	51	51	35	44.7	30.2	31	50.3	54	36.1	46.4	36.4	56	37	40	30.3	36.6

（续表）

循环	发动机																	
	1#	2#	3#	4#	5#	6#	7#	8#	9#	10#	11#	12#	13#	14#	15#	16#	17#	18#
2 400	46	35	51	51	32.4	43.4	30.2	30.3	48.6	53	36	31.6	35.2	56	46.9	39	30.3	36.4
2 500	43	34.8	51	51	31	42.1	27.3	28.9	46.9	56	36	31.6	34	56	46.4	47.7	28.3	39.5
2 600	43	33.5	51	51	30	40.8	24.4	28.7	45.2	56	36	31.6	32.8	56	35.6	43	28	35.4
2 700	39	36.5	46.4	46.4	30.4	39.5	24.4	28.5	43.5	56	36	31.6	31.6	56	35	43.6	30.9	34.7
2 800	39	39.5	47.5	47.5	29	38.2	30.5	29.7	41.8	56	36	31.5	30.4	56	28.7	31.9	29	33
2 900	36	36.8	48.6	48.6	29	36.9	32	12.2	40.1	56	36	38.1	29.2	56	24.9	31.5	39	33
3 000	34	33.8	49.6	49.6	25	35.6	32	23.05	38.4	56	36	44.7	28	56	29	30	25	41.6
3 100	36	33.8	28	28	24	34.3	33.9	30.9	36.7	56	36	39.9	26.8	56	35.1	29.5	24.5	30
3 200	31.4	33.8	23.4	23.4	24	33	31	37.8	35	40.9	36	38.2	27	44	20.1	28.4	21.4	39.8
3 300	33.9	27	18.8	18.8	23.5	31.7	28.1	37.8	33.3	37.1	36	23.1	27	43.1	20.0	24.4	30	27.8
3 400	35.3	26	14.2	14.2	21	30.4	25.2	27.1	31.6	33.3	36	23.1	27	47.1	9.2	20	16.2	28
3 500	32.1	27	19.6	19.6	20	29.1	22.3	26.9	29.9	57.4	20.5	23.1	27	47.8	6.1	12	15.3	26.2
3 600	28.9	25.7	15	15	19	27.8	19.4	26.7	28.2	51.8	19.2	23.1	27	47.8	-0.38	8	13.9	21.6
3 700	—	—	10.4	10.4	17.1	26.5	16.5	26.5	26.5	34.4	17.9	20.1	27	27.8	—	5.6	12.5	18.7
3 800	—	—	12.8	15.8	16.4	26	13.6	26.3	24.8	34.4	16.6	16.8	27	27.8	—	-0.12	6.8	9.5
3 900	—	—	—	11.2	10.4	26	10.7	26.1	25	34.4	15.3	13.5	27	27.8	—	—	-0.9	1.2
4 000	—	—	—	—	—	26	6.8	25.9	25	29.1	14	10.2	27	27.8	—	—	—	-0.8

计算结果如下：

（1）基于 Wiener 过程的个体性能退化建模如表 5 - 10 所示。

表 5 - 10　个体 Wiener 过程退化参数

序号	a	σ_w	序号	a	σ_w	序号	a	σ_w
1	0.0271	0.2559	7	0.0174	0.388	13	0.0107	0.3811
2	0.0147	0.2915	8	0.0125	0.6003	14	0.011	0.4419
3	0.0154	0.4679	9	0.0122	0.4064	15	0.0201	0.5473
4	0.0155	0.4825	10	0.0114	0.5823	16	0.0203	0.4893
5	0.0306	0.7063	11	0.0141	0.577	17	0.0187	0.8351
6	0.0110	0.2465	12	0.0148	0.4482	18	0.0192	0.6011

首次击中阀值时的时间分布 $f(t \mid a, \sigma_w, \zeta)$ 如图 5 - 3 所示。

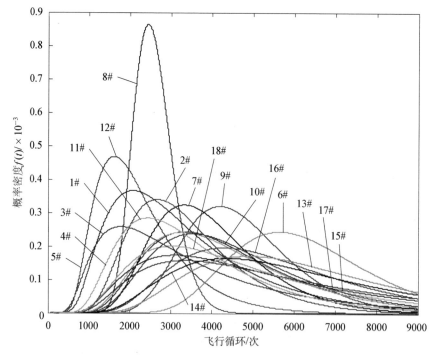

图 5 - 3　首次击中阀值时的时间分布

以第一台发动机性能退化为例，当 $EGTM$ 分别退化至 50，40，30，20，10 时，剩余寿命分布如图 5 - 4 所示。

（2）考虑个体差异的 Wiener 过程退化建模。

从图 5 - 3 可知，18 台发动机的 $EGTM$ 具有离散性。个体的漂移参数和扩散参数为确定值，我们视母体的漂移参数和扩散参数为正态分布型随机变量，如表 5 - 11 所示。

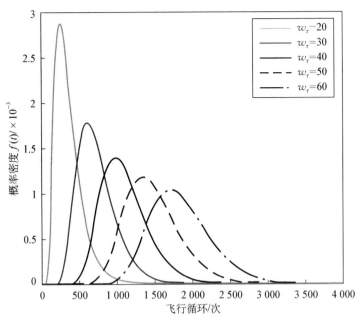

图 5 - 4　剩余寿命分布

表 5 - 11　考虑个体差异的 Wiener 过程退化参数

a		σ_{w}	
$\hat{\mu}_a$	$\hat{\sigma}_a^2$	$\hat{\mu}_{\sigma_{\mathrm{w}}}$	$\hat{\sigma}_{\sigma_{\mathrm{w}}}^2$
0.016 5	2.89×10^{-5}	0.486	0.022

总体的寿命分布如图 5 - 5 所示。

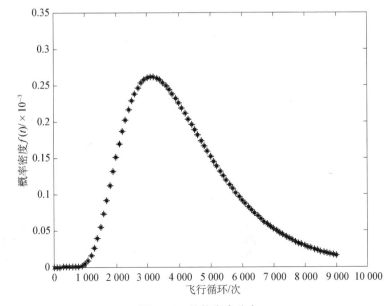

图 5 - 5　总体寿命分布

总体的剩余寿命分布如图 5-6 所示。

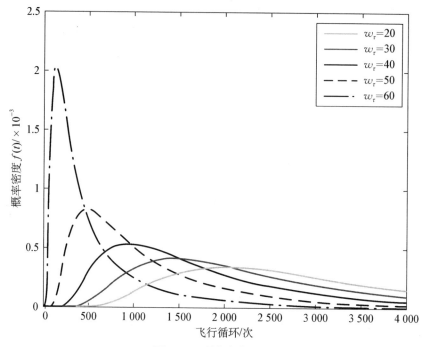

图 5-6　剩余寿命分布

5.5　基于时间序列模型的缝翼不对称故障预测方法

5.5.1　缝翼不对称故障分析

缝翼系统属于高升力系统，包括一个 PDU 动力控制组件（2 个液压马达）、8 个缝翼倾斜传感器、2 个翼尖刹车组件、扭力管、角齿轮箱、扭力管支架、20 个旋转作动器。

驾驶员操纵襟/缝翼控制手柄到指令位置，襟/缝翼控制手柄信号通过电缆传到襟/缝翼控制计算机，控制通道经过计算形成控制指令，控制动力驱动装置驱动传动系统，将力矩和转动传给作动器，作动器驱动襟/缝翼舵面放下或收上。安装在传动系统末端的翼梢位置传感器将襟/缝翼舵面位置信号反馈给襟/缝翼控制计算机，准确地控制襟/缝翼到达指令位置并通过 WTB(wing-tip brake)将翼面锁定在指令位置。襟/缝翼运动过程如表 5-12 所示。

表 5-12　襟/缝翼作动过程

a) 运动时间

飞机襟/缝翼收放总运动时间不大于 37 s。襟/缝翼收放时间的定义为从驾驶员开始操纵手柄（即驾驶舱手柄发出信号），到襟缝翼收放到指定位置的时间

b) 正常状态襟缝翼收放逻辑

	内外缝翼为联动方式,即外缝翼收放到 0°、21°、26.5°时,内缝翼同时收放到 0°、15°、19°。以下采用外缝翼偏度来定义收放逻辑
襟 缝 翼 放 下 逻辑	0 卡位到 1 卡位:缝翼放到 21°后襟翼开始运动,襟翼放到 10°或 0° 1 卡位到 2 卡位:缝翼不动,襟翼放到 19° 2 卡位到 3 卡位:缝翼不动,襟翼放到 25° 3 卡位到 FULL 卡位:缝翼放到 26.5°,襟翼放到 34°,缝翼先放到位
襟 缝 翼 收 起 逻辑	FULL 卡位到 3 卡位:缝翼收到 25°,缝翼收到 21°,襟翼先收到位 3 卡位到 2 卡位:缝翼不动,襟翼收到 19° 2 卡位到 1 卡位:缝翼不动,襟翼收到 10°或 0° 1 卡位到 0 卡位:缝翼收到 0°后,缝翼收到 0°

c) 襟翼卡阻时襟缝翼收放逻辑

	当襟翼卡阻在 ≤ 3 卡位时,缝翼可处于 0、1、2、3、full 卡位 当襟翼卡阻 > 3 卡位位置时,缝翼可处于 1、2、3、full 卡位

d) 缝翼卡阻时襟缝翼收放逻辑

	缝翼卡在 < 1 卡位时,襟翼只能处于 0、1、2、3 卡位 缝翼卡在 ≥ 1 卡位时,襟翼可以处于 0、1、2、3、full 卡位

e) 双发失效时襟缝翼舵面的运动逻辑

	双发失效时,缝翼将失去液压源,襟缝翼舵面的运动逻辑与缝翼卡阻时的收放逻辑相同

f) 襟缝翼舵面的左右非对称角度限制

	不超过 3°

襟/缝翼主要故障模式可分为如下 3 种类型。

非指令运动过限:①作动器偏离高升力控制律发出的正确指令位置。②作动器达到指令位置后继续运动。③作动器与指令位置反方向运动。

非对称运动过限:左右侧机翼的襟/缝翼的舵面位置不一致,且超出限制值。

倾斜过限:内外侧襟/缝翼位置不一致,且超过限制值。

缝翼不对称故障的表现形式为缝翼位置指示器指针分开,但根据这一点无法判断是否发生不对称故障,缝翼位置指示器指针分开也有可能是缝翼偏斜、FSEU 故障、缝翼位置指示器故障或线路问题等引起的,如果是线路问题指针分开角度近似为 180°,如果是缝翼偏斜或缝翼不对称指针分开角度为 10°～20°,如果是指示系统、传感器或线路故障等电器故障,可以从 QAR 数据入手,找到左右缝翼位置数据,进行分析可以很容易发现是否发生此类故障。

进一步分析导致缝翼不对称故障的成因可知,由于机械部件的设计和质量及维护等原因,随着机体持续运行,襟翼部件的抗腐蚀和润滑油的保持能力降低,造成诸如丝杠、球型螺帽、支架轴承等部件过度磨损,阻力增大,左右缝翼的磨损和润滑状况不一致,使得左右缝翼动作速度不一致,发生缝翼不对称故障。左右缝翼角度差值,隐含地表征缝翼系统磨损和润滑状况,若缝翼系统存在润滑油保持能力下降、零部件磨损的隐患,可能导致机械卡阻、传动能力降低,使左右缝翼角度不一致。因此,以左右缝翼角度差值作为表现系统性能退化的特征值,对其进行建模和预测,从而确定缝翼系统是否会发生缝翼不对称故障是合理的。

5.5.2　时间序列模型

时间序列预测法有很多种,包括回归分析法、分解分析法、移动平均法、指数平滑法、自适应过滤法、ARMA(auto regressive and moving average model)模型等。文献[67]比较了这些方法,如表 5 - 13 所示。

表 5 - 13　各种时间序列分析方法比较

方法	适用性	优缺点
回归分析法	积累了一定的数据,且序列与时间存在某函数关系,序列没有跳跃式变化	计算简单,有统计软件工具如(SPSS)支持,只是往往难于找到适用的预测模型
分解分析法	要求积累了较多数据	可消除某些变动因素的影响,计算简单,有统计软件工具如(SPSS)支持,只是对于信息量要求稍高
移动平均法	要求积累了一定的数据,且序列没有周期性变化	能较好地反映实践序列的趋势及其变化,且计算简单,可以用 EXCEL 简单编辑计算,但当序列存在随机性时,存在预测值滞后于实际值的问题
指数平滑法	要求积累了一定的数据	操作简单,适应性强,建立模型耗时长,有统计软件工具(如 SPSS)支持建模,但计算过程尚无软件支持
自适应过滤法	要求积累了一定的数据	简单易行,适用于数据点较少的情况,具有自适应性,能自动调整回归系数,可以用 EXCEL 简单编辑计算,但建立模型耗时长
ARMA 模型	要求积累了一定的数据,要求序列本身必须是平稳的	模型较灵活,预测精度较高,计算过程复杂,但有统计软件工具(如 SPSS、SAS)支持

本节采用 $AR(p)$、$MA(q)$、$ARMA(p, q)$ 模型进行系统故障预测。

5.5.2.1　AR(p)模型

p 阶自回归模型 $AR(p)$ 结构[68]为

$$x_t = \varphi_1 x_{t-1} + \varphi_2 x_{t-2} + \cdots + \varphi_p x_{t-p} + \varepsilon_t \qquad (5-67)$$

式中:$E(\varepsilon_t) = 0$;$var(\varepsilon_t) = \sigma_\varepsilon^2$;$E(\varepsilon_t \varepsilon_s) = 0$;$s \neq t$,对任意 $s < t$,存在 $E(x_t \varepsilon_s) = 0$。

模型满足两个条件:① $\varphi_p \neq 0$ 保证了模型最高阶数为 p。② $E(\varepsilon_t) = 0$,

$var(\varepsilon_t) = \sigma_\varepsilon^2$，$E(\varepsilon_t\varepsilon_s) = 0$，$s \neq t$ 要求随机干扰序列 ε_t 为零均值白噪声序列。

引入延迟算子 B，使得

$$Bx_t = x_{t-1}$$
$$B^m x_t = x_{t-m} \tag{5-68}$$

则 AR(p) 模型又可简记为

$$\Phi(B) = 1 - \phi_1 B - \phi_2 B^2 - \cdots - \phi_p B^p \tag{5-69}$$

称 $\Phi(B) = 0$ 为 AR(p) 模型的特征方程。特征方程的 p 个根 $\lambda_i (i = 1, 2, \cdots, p)$ 被称为 AR(p) 的特征根。如果 p 个特征根全在单位圆以外，即

$$|\lambda_i| > 1, \ i = 1, 2, \cdots, p$$

则称该 AR(p) 模型为平稳的 AR 模型，满足该模型的序列被称为平稳 AR 序列，为 AR 模型的平稳条件。

由于 $\Phi(B) = 0$ 是关于延迟算子 B 的多项式，因此，AR 模型是否平稳取决于参数 ϕ_1，ϕ_2，$\cdots$，ϕ_p。

5.5.2.2 MA(q) 模型

MA(q) 模型记为

$$x_t = \varepsilon_t - \theta_1\varepsilon_{t-1} + \theta_2\varepsilon_{t-2} + \cdots + \theta_q\varepsilon_{t-q} \tag{5-70}$$

引入延迟因子，该模型又可记为

$$x_t = \Theta(B)\varepsilon_t \tag{5-71}$$

式中：$\Theta(B) = 1 - \theta_1 B - \theta_2 B^2 - \cdots - \theta_q B^q$ 称为 q 阶滑动平均系数多项式。

称 $\Phi(B) = 0$ 为模型 MA(q) 的特征方程。特征方程的 q 个根 $\lambda_k (k = 1, 2, \cdots, q)$ 为 MA(q) 的特征根。如果 q 个特征根全部在单位圆外，

$$|\lambda_k| > 1, \ k = 1, 2, \cdots, q$$

则称满足 MA(q) 的序列 x_t 为可逆的 MA(q) 序列。模型为可逆模型。

由于 $\Phi(B) = 0$ 是关于延迟算子 B 的多项式，因此，AR 模型是否平稳取决于参数 θ_1，θ_2，$\cdots$，θ_p。

5.5.2.3 ARMA(p, q) 模型

ARIMA(p, q) 模型记为

$$x_t = \phi_1 x_{t-1} + \phi_2 x_{t-2} + \cdots + \phi_p x_{t-p} + \varepsilon_t - \theta_1\varepsilon_{t-1} - \theta_2\varepsilon_{t-2} - \cdots - \theta_q\varepsilon_{t-q} \tag{5-72}$$

引进延迟算子，ARMA(p, q) 模型又可记为

$$\Phi(B)x_t = \Theta\varepsilon_t \tag{5-73}$$

式中：$\Phi(B) = 1 - \phi_1 B - \phi_2 B^2 - \cdots - \phi_p B^p$ 为 p 阶自回归系数多项式。$\Theta(B) = 1 - \theta_1 B - \theta_2 B^2 - \cdots - \theta_q B^q$ 称为 q 阶滑动平均系数多项式。

　　显然当 $q = 0$ 时，ARMA(p, q) 模型退化为 AR(p) 模型；当 $p = 0$ 时，ARMA(p, q) 模型退化为 MA(q) 模型，是 ARMA(p, q) 模型的特例。ARMA 模型是否平稳，取决于参数 ϕ_1，ϕ_2，$\cdots$，ϕ_p，θ_1，θ_2，$\cdots$，θ_p。因此，可知：

　　(1) 当 $\Phi(B) = 0$ 的根的模全大于 1 时，称 ARMA(p, q) 为平稳的自回归滑动平均模型；

　　(2) 当 $\Phi(B) = 0$ 的根的模全大于 1 时，称 ARMA(p, q) 为可逆的自回归滑动平均模型；

　　(3) 当 $\Phi(B) = 0$ 与 $\Theta(B) = 0$ 的根的模全大于 1 时，称 ARMA(p, q) 为平稳可逆的自回归滑动平均模型。

5.5.2.4　模型定阶

AR(p) 模型的自相关函数递推公式为[69]

$$\rho_k = \phi_1 \rho_{k-1} + \phi_2 \rho_{k-2} + \cdots + \phi_p \rho_{k-p} \tag{5-74}$$

　　平稳 AR(p) 模型的自相关函数有两个显著的性质：一是拖尾性，即 ρ_k 始终有非零取值，不会在 k 大于某个常数之后就恒等于 0；二是呈负指数衰减。

　　AR(p) 模型中

$$\begin{bmatrix} \rho_1 \\ \rho_2 \\ \vdots \\ \rho_p \end{bmatrix} = \begin{bmatrix} 1 & \rho_1 & \cdots & \rho_{p-1} \\ \rho_1 & 1 & \cdots & \rho_{p-2} \\ \vdots & \vdots & \vdots & \vdots \\ \rho_{p-1} & \rho_{p-2} & \cdots & 1 \end{bmatrix} \begin{bmatrix} \phi_1 \\ \phi_2 \\ \vdots \\ \phi_p \end{bmatrix} \tag{5-75}$$

$$\Psi_{kj} = \begin{cases} \phi_j, & j = 1, 2, \cdots, p \\ 0, & j = p+1, \cdots, k \end{cases} \tag{5-76}$$

　　可以证明平稳 AR(p) 模型的偏自相关函数具有 p 步截尾性。所谓 p 步截尾是指，$\psi_{kk} = 0$，$\forall k > p$。反之也可以证明，若一个序列的偏自相关函数 ψ_{kk} 是 p 步截尾的，则该序列满足 AR(p) 模型。

5.5.3　工程应用例

　　每次飞行后，经过 QAR 数据译码后得到左/右后缘襟翼角度值，它们是随时间变化的离散量，采样间隔为 1 s。记左侧襟翼角度为 $L = \{L_1, L_2, \cdots, L_m\}$，右侧襟翼角度为 $R = \{R_1, R_2, \cdots, R_m\}$，理论上有 $L = R$，实际上两者存在差值，这个差值就是我们要提取的特征值，它要能够反映一次飞行的整体水平，它的计算有多种方法，可以取平均绝对差值：

$$\frac{1}{m} \sum_{i=1}^{m} \mid L_i - R_i \mid \tag{5-77}$$

也可以取差值的平均平方根：

$$\frac{1}{m}\sqrt{\sum_{i=1}^{m}(L_i-R_i)^2} \tag{5-78}$$

我们还可以用线性回归的方法,设 $L=aR+b$,通过最小二乘法,计算出 a、b 的值,理论上 $a=1$,$b=0$;b 反映了左右襟翼的平均差值,b 与 0 差值越大,左右襟翼差值也越大;a 反映了左右襟翼角度的变化比例关系,a 偏离 1 越大,左右襟翼差值也越大,而且差值随 R 的增大而成比例增大,会产生很严重的后果。对这几种方法分别进行计算,我们发现得到的结果趋势基本相同,因此选取计算过程较简单的平均绝对差值作为特征值计算方法。对某飞机 726 次飞行的 QAR 数据进行计算。

时间序列的 m 步预报,是根据 $\{X_k,X_{k-1},X_{k-2},\cdots\}$ 的取值对未来 $k+m$ 时刻的随机变量 $X_{k+m}(m>0)$ 做出估计。估计量记为 $\hat{X}_k(m)$,它是 X_1,X_2,X_3,$\cdots$ 的线性组合。

5.5.3.1　基于 AR(p) 模型的预测

预测基本公式为 $\hat{X}_k(m)=\sum_{i=1}^{p}\varphi_i\hat{X}_k(m-i)$,$m>p$,又 $\hat{X}_k(m)=\hat{X}_{k-m}(k\leqslant m)$,这就给出 AR($p$) 序列的预测递推公式：

$$\begin{cases}\hat{X}_k(1)=\varphi_1\hat{X}_k+\varphi_2\hat{X}_{k-1}+\cdots+\varphi_p\hat{X}_{k-p+1}\\\hat{X}_k(2)=\varphi_1\hat{X}_k(1)+\varphi_2\hat{X}_k+\cdots+\varphi_p\hat{X}_{k-p+2}\\\vdots\\\hat{X}_k(p)=\varphi_1\hat{X}_k(p-1)+\varphi_2\hat{X}_k(p-2)+\cdots+\varphi_{p-1}\hat{X}_k(1)+\varphi_p\hat{X}_k\\\hat{X}_k(m)=\sum_{i=1}^{p}\varphi_i\hat{X}_k\end{cases}$$

由此可见,$\hat{X}_k(m)(m\geqslant 1)$ 仅仅依赖于 X_t 的 k 时刻以前的 p 个时刻的值,这是 $AR(p)$ 预测的特点。

5.5.3.2　基于 MA(q) 模型与 ARMA(p, q) 模型的预测

关于 MA(q) 序列的预报,有 $\hat{X}_k(m)=0$,$m>q$,因此我们只需要讨论 $\hat{X}_k(m)$,$m=1,2,3,\cdots,q$。为此,定义预测向量 $\hat{X}_k^{(q)}=[\hat{X}_k(1),\hat{X}_k(2),\cdots,\hat{X}_k(q)]^{\mathrm{T}}$,需要的递推预测是求 $\hat{X}_k^{(q)}$ 与 $\hat{X}_{k-1}^{(q)}$ 的递推关系,对 MA(q) 序列有：

$$\begin{cases}\hat{X}_{k+1}(1)=\theta_1\hat{X}_k(1)+\hat{X}_k(2)-\theta_1 X_{k+1}\\\hat{X}_{k+1}(2)=\theta_2\hat{X}_k(1)+\hat{X}_k(3)-\theta_2 X_{k+1}\\\vdots\\\hat{X}_{k+1}(q-1)=\theta_{q-1}\hat{X}_k(q-1)+\hat{X}_k(q)-\theta_{q-1}X_{k+1}\\\hat{X}_{k+1}(q)=\theta_{q-1}\hat{X}_k(1)-\theta_q X_{k+1}\end{cases}$$

递推初值可取 $\hat{X}_{k_0}^{(q)} = 0$(k_0 较小),因为模型的可逆性保证了递推式的渐近稳定,即当 n 充分大后,初始误差的影响可以逐渐消失。

对于 ARMA(p, q)序列,$\hat{X}_k(m) = \sum_{i=1}^{p} \varphi_i \hat{X}_k(m-i)$,$m > p$。ARMA($p$, q)具有传递形式 $X_t = \sum_{i=0}^{\infty} G_i \varepsilon_{t-i}$。

令 $\varphi_j^* = \begin{cases} \varphi_j,\ j = 1,\ 2,\ \cdots,\ p \\ 0,\ j > p \end{cases}$,可证下列递推预测公式

$$
\hat{X}_{k+1}^{(q)} = \begin{bmatrix} -G_1 & 1 & 0 & \cdots & 0 \\ -G_2 & 0 & 1 & \cdots & 0 \\ \vdots & \vdots & \vdots & \vdots & \vdots \\ -G_{q-1} & 0 & 0 & \cdots & 1 \\ -G_q + \varphi_q^* & \varphi_{q-1}^* & \varphi_{q-2}^* & \cdots & \varphi_1^* \end{bmatrix} \hat{X}_k^{(q)} + \begin{bmatrix} G_1 \\ G_2 \\ \vdots \\ G_{q-1} \\ G_q \end{bmatrix} X_{k+1} + \begin{bmatrix} 0 \\ 0 \\ \vdots \\ 0 \\ \sum_{i=q+1}^{p} \varphi_j^* X_{k+q+1-j} \end{bmatrix}
$$

一次差分预测结果加到原始数据上就是原始数据的预测结果,得到原始数据预测结果如"原始数据预测结果"所示,初始阶段数据有些波动,然后波动逐渐减小,并有较小的上升趋势。根据 AMM 规定,当襟翼左右角度差值超过 9°时,发生襟翼不对称故障,但实际操作时,角度差大于 3°就会进行故障报告,以此作为阈值,发现在 3 049 步之后左右襟翼角度差大于 3°。得出结论,按照当前情况,在较长时间内不会发生左右襟翼不对称故障。

5.6 本章小结

从故障模式影响分析切入,本章分析影响飞机寿命的关键单元与部位。在获得故障观测的基础上,本章基于 Weibull 分布计算系统平均剩余寿命,考虑的系统伴随维修的运行过程,利用 Weibull 过程计算未来发生时间,在难于获得故障观测的情况下,通过监测获得产品性能退化数据,基于寿命分布与 Wiener 过程建立性能退化预测模型,计算产品剩余寿命。在获得产品状态数据的基础上,我们基于时间序列模型建立产品剩余寿命预测模型。

6   飞机健康状态评估

本章在以往的研究基础上,结合民用飞机及其系统健康状态评估特点,总结了健康状态评估的定义、方法、实施等,并介绍了目前较为前沿的健康状态评估方法。

为保证飞机安全可靠运行,降低飞机全寿命周期运营维修保障费用,以美国为首的西方国家提出了航空器综合健康管理(integrated vehicle health management, IVHM)新技术[70]。健康状态评估是其关键技术之一,关系着 IVHM 的成败。健康状态评估不同于传统的、航空器单一分系统故障诊断,其着眼点是融合源数据信息通过智能推理来实现快速精确的故障识别与隔离,判断故障严重程度、发展趋势,提高诊断准确性降低虚警率。它还扩展了故障诊断功能,不仅辨识系统当前健康状态,而且能根据系统故障传播特性评估系统未来的健康趋势[71]。

6.1   健康状态评估体系

6.1.1   健康状态评估概念与定义

众所周知,飞机健康状态的优劣直接影响甚或决定着飞机的飞行安全,所以,对飞机健康状态评估是否准确、客观便显得至关重要,对于提高飞机系统的可靠性和运行安全,飞机健康状态综合评估方法研究具有重要的研究意义与应用价值。目前,各国在健康状态评估方法和应用方面开展了大量的研究。健康状态评估目的在于管理、分类评估数据并采取积极主动的措施监测飞机整机及系统的健康状态,预报变化趋势。健康状态评估不同于分立系统故障诊断,它扩展了故障诊断的功能,健康状态评估技术是一种对飞机的健康状态进行量化评价的方法和手段。

目前,各国在健康状态评估方法和应用方面开展了大量的研究。美国自 1970 年以来,对健康状态评估的研究已经取得了较大的进展,在 IVHM 健康状态评估领域应用最成功的是基于模型的诊断推理技术,其研究成果已经成功应用于 B777、B787、A350/A380、JSF 联合攻击战斗机,由于整机级诊断推理模型算法设计复杂性带来巨大挑战,在工程应用领域目前只有 NASA,Boeing,Honeywell,Airbus,Lockheed Martin,BAE Systems 等少数领先厂商[72, 73]。B777 和 B787 中央维护系统(CMS)采用的都是霍尼韦尔的基于模型的专利诊断技术,霍尼韦尔作为飞机系统集成商,与波音及其机载系统供应商完整地建立起飞机级故障模型,消除了故障合并和故障级联效应,确保了与驾驶舱效应的正确关联。

根据健康状态评估的特性,"健康状态评估"是指根据飞机系统的监测信息评估系统的健康退化情况,给出带有置信度水平的系统故障诊断结论,并结合系统的健康历史信息、运行状态和运行负载特性,预报(指根据健康状态评估的诊断结论,结合系统故障传播特性和系统运作情况,定性评估故障的二次影响方向或组件)系统未来的健康状态[74, 75]。

对于飞机健康监测及健康管理,通常的做法主要是对各种手段获取的监测数据、历史数据等进行综合分析,利用各种故障诊断模型算法挖掘这些数据所反映的健康状态信息及其变化趋势,依据评估算法对飞机各个系统的健康状态进行评估及管理。但是,这种单独对机载系统进行监控的做法无法从整体上对飞机的健康状态进行把握。各机载系统的重要程度不尽相同,有些系统对于飞机而言至关重要,而有些系统却无关大局。因此,我们有必要对飞机进行一个整机级的健康状态评估,确定故障部位及故障严重程度,给出飞机整体健康状况,为航空公司安排飞机运营提供参考,为合理安排计划维修提供决策支持等帮助。

6.1.2　健康状态等级划分

飞机的健康状态描述了系统、子系统及部附件执行设计功能的能力。飞机的健康状态是一个相对的概念,很难用具体的数值表示,因此我们采用健康状态等级来描述飞机的健康状态,衡量飞机或系统处于何种状态要综合考察功能性、签派限制、安全性、经济性,并可以与维修等级相对应,具有较强的工程背景和良好的可操作性。

概括来说,飞机或系统的健康状态由低到高可以划分为故障、异常、亚健康、健康4个等级,每个健康状态等级的具体描述如表6-1所示。

表6-1　健康状态等级的划分与描述

等级	功能性	签派限制	安全性	经济性	维修决策
1 故障	主要功能失效,严重影响飞机的操纵性	不能放行	安全性指标不合格或严重偏离安全区域	将造成非常高的经济损失	要求立刻检查维修或返厂维修
2 异常	能够完成主要功能,对飞机操纵性有影响	放行将受到约束限制	在满足放行条件的情况下安全	将造成比较高的经济损失	要求近期解决
3 亚健康	能够完成设计功能,性能或效率下降,对飞机操纵性有一定影响	正常放行	安全性指标合格或基本合格,飞机及其子系统性能有所下降,也可能处于超标的边缘	有造成经济损失的潜在可能	视情维护

（续表）

等级	功能性	签派限制	安全性	经济性	维修决策
4 健康	能够完成设计功能,不会对飞机操纵性产生影响	正常放行	飞机及其子系统安全性能良好	经济性良好	不需要维修

6.1.3　健康状态评估功能架构

2001 年由 Boeing、GE、Honeywell、Rockwell 等联合制定的 CBM 开放系统体系结构(open system architecture for CBM, OSA - CBM)[76],目前已经成为国际上主流的 PHM 体系结构参考模型,在民机维修领域,波音公司的飞机健康管理(AHM)系统及空客公司的 AIRMAN 系统都是基于 CBM 思想研发的。GE 航空集团更是推崇以 OSA - CBM 为标准建立飞行器综合健康管理架构(IVHM),并通过此架构为客户提供全面的维修解决方案。遵循开放系统方法,我国民机 PHM 系统将会采用国际上主流的 IVHM 体系结构参考模型(open system architecture for condition based maintenance, OSA - CBM),它是一种基于逻辑分层的、面向服务的、开放的系统架构,逻辑层次分为数据获取层(data acquisition, DA)、数据处理层(data Manipulation, DM)、状态监测层(condition monitoring, CM)、健康评估层(health assessment, HA)、故障预测层(prognostics)、决策支持层(decision support, DS)和表示层(presentation)共 7 个层次,以规范 CBM 系统的基础架构和功能。目前,在国际上已经形成了标准规范——ISO13374、OSA - CBM 标准,是针对 CBM 方式网络化维护系统的建设所提出的框架标准。OSA - CBM 标准的目的在于提供一种开放的全球厂家共享的技术规范用以促进 CBM 策略在各行业的推广和发展。

健康管理(PHM)系统中健康状态评估(HA)模块组成结构如图 6 - 1 所示,主要用于对监测系统、子系统、组成部件的性能衰退进行评估,确定部件、系统及整机

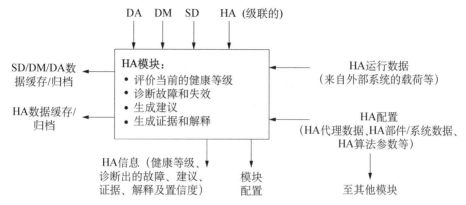

图 6 - 1　HA 健康状态评估模块

的当前健康状况以及诊断存在的故障状态[77]。HA 模块通过将 DA、DM、SD 和其他 HA 模块的输入数据结合在一起来确定健康状态和潜在的故障。HA 模块在进行评估时还将考虑系统的 HA/SD 历史数据、操作状态、维护历史和系统运行负载等因素。

HA 模块的输出包括相关部附件/系统当前的健康等级评估结果、风险等级及诊断出的故障和失效,解释(详细说明关于诊断或健康等级的依据)、相关配置参数及要保存的归档数据等。

具体到民用飞机健康状态评估实现层面,健康状态评估的对象是单架飞机,它通过获取飞机的警告信息、故障信息、飞机/发动机状态参数数据等信息,经过健康管理地面分析系统的处理,以判定或预报本架飞机的健康状态。从组成内容上来说,单机健康状态评估的研究对象主要包括机载系统及其部附件、发动机和飞机结构。机载系统及其部附件是飞机整机的主要组成部分,其健康状况也成为影响单架飞机健康状态的重要因素(见图 6-2)。

图 6-2　单机健康管理的主要组成

6.1.4　飞机健康状态评估的实施途径

飞机健康状态评估主要是在飞机所有系统 ACARS/QAR 实时监控故障信息采集与识别的基础上,综合考虑维修数据、工程管理数据、可靠性管理数据、发动机性能数据、机龄、定检等飞机系统和整机维护相关的数据信息,对当前整机的健康状态进行评估。这种方法从传统的对故障的状态识别转移至对性能退化程度的检测和量化描述。飞机故障预测与健康管理系统能够通过机载 OMS 系统、数字化维修管理系统、可靠性管理系统等获取飞机健康状态评估所需的数据信息。

健康状态评估是民机健康管理系统(PHM)的重要组成部分,其功能是通过机载系统采集的故障报告和性能参数数据,按照给定的计算模型对机载系统及其部附件的使用情况、故障发生次数、故障分布情况及性能参数的变化趋势进行分析和预报,从而实现对当前和未来健康状态的判断。健康状态评估模块主要由健康管理的地面系统实现,技术途径如图 6-3 所示。

健康状态评估系统通过接受来自不同监控模块及其他健康状态评估模块的数据,持续不断地将来自多个信息源的数据进行累计和融合,从而得到对飞机健康状态的评价,并综合利用监控的数据信息,评估和预报被监测对象未来的健康状态。

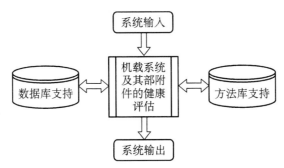

图 6-3　健康状态评估技术实现途径

图 6-3 中的数据库支持是指软件可与实时数据库、历史数据库、知识数据库等进行交互,以实现系统功能所要求的数据存取。航线信息、各类维护手册、航空公司维修数据等都是数据库的有机组成部分。方法库中囊括了实现健康状态评估和故障预警可能用到的各种数学方法。系统输出主要包括飞机系统部附件当前以及未来的健康状态,为下一步的维修决策提供数据基础。

从数据类型和传输的路径划分,系统输入的数据主要包括两类:一类是实时的故障报告;另一类是部附件的性能参数。其中,故障报告由 ACARS 链路传输至地面,性能参数主要在航后从 QAR 中获得。从数据源上区分,输入数据主要来源于机载设备中的 CMS(包括 CMC 和 CAS)和 ACMS。数据组成结构如图 6-4 所示。

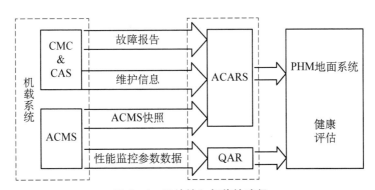

图 6-4　系统输入与传输路径

从上图可以看出,通过机载部分获得的实时报告主要包括 CMS 报文和 ACMS 报文,其中 ACMS 报文也可以提供实时的性能数据;QAR 中的数据来源于数字化飞行数据获取组件(digital flight data acquisition unit, DFDAU),而 DFDAU 是 ACMS 的重要组成部分。因此,在下文中,把健康状态评估分成以下两部分进行论述:①基于故障报告的健康状态评估;②基于性能数据的健康状态评估。

在此分类下,飞机健康状态评估的功能模块如图 6-5 所示。

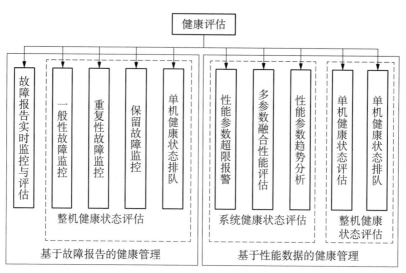

图 6-5　健康状态评估的功能组成

6.2　基于故障报告的健康状态评估

6.2.1　健康状态相关的报文信息

ACARS 空地数据链系统为飞行安全监控提供了完备的实时报文数据。从内容上说,ACARS 报文主要包括 AOC、CMS、ACMS 报文等。

(1) AOC(airplane operational control)报文是指航空公司运控/签派部门用于机组双向通信或跟踪飞机实时运行状态的系列报文,如 OOOI 报、POS 报、WXR 报等。

a. OOOI 报: ACARS 的首先应用是去自动检测和报告飞机在主要飞行阶段(推出登机门——out of the gate;离地——off the ground;着陆——on the ground;停靠登机门——into the gate,工业上简称 OOOI)的变化。这些 OOOI 事件是由 ACARS 管理单元通过飞机上各种传感器(例如,舱门、停留刹车和起落架上的开关传感器)的输出信号来确认的。在每一飞行阶段的开始时刻,ACARS 将一个数字报文发送到地面,其中包括飞行阶段名称、发生时刻以及其他诸如燃油量或始发地和目的地。

b. POS 报: 这是多个时间(定时)触发的下行报文,除了当前位置和时间等信息外,同时不同航空公司可以根据各自的运营管理需要,附加不同的信息。比如,飞机的当前油量、飞行高度/高度层、风向、风速、大气总温等信息。

(2) CMS 报文由 CMC 和 CAS 提供,CMS 通过其内置的故障方程式在 MFD 上显示 FAULT LRU 及其相关信息,并与 ACARS 系统交互,相应的 LRU 故障信息与 EICAS 信息被重新编码为 CMS 报文。

（3）ACMS报文来源于机载数据采集系统,可编程实现特定航段或故障时刻的数据快照报文,为健康状态的判定提供必要的数据支持。ACMS报主要是指飞机发动机及其他机上系统的性能数据,其报文的产生机制是事件驱动机制,包括不同的飞行阶段、各类预设性能警告、各类操作超标等。

在上述各类报文中,与机载系统及其部附件健康状态直接相关的是CMS报文和ACMS报文,AOC报文提供了飞机当前的运行状况,也是健康状态评估和预报的重要依据。

本节内容主要围绕故障报告展开,这里的故障报告主要是指CMS报文。CMS的主要功能是收集、处理、存储飞机各系统故障数据,产生维护报告,并可启动系统测试。CMS监控FDE(警告信息)和FAULT(故障信息)(见图6-6)。

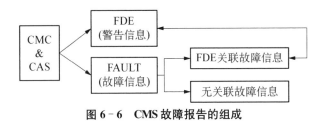

图6-6　CMS故障报告的组成

基于故障报告的健康状态评估,其组成如图6-7所示。

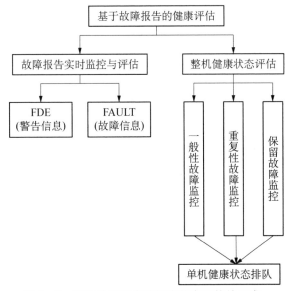

图6-7　基于故障报告的健康状态评估的组成

根据健康状态的定义和健康状态评估的实施途径,基于故障报告的部附件健康状态评估主要由两部分组成。

一是对故障报告的实时监控和等级评估,该部分内容可为维护人员的操作提供优先级建议。

二是对整机健康状态的评估和预报,具体包括一般性故障监控、重复性故障监控和保留故障监控等;该部分内容通过监控不同类型或级别故障发生的次数、频率及分布情况,可对飞机健康状态进行判断,并进行单机健康状态排队。

6.2.2　故障报告的实时监控与评估

6.2.2.1　FDE信息的等级评估

驾驶舱效应(FDE)提醒飞机和机务人员与飞机运行相关的状况。当探测到某个系统发生故障需要修理或影响签派时,飞机系统会发FDE数据在显示系统显示。地面人员在放行前要对FDE进行放行和检查。FDE包括EICAS信息、PFD故障信号旗、ND故障信号旗等。FDE显示为故障代码加故障描述的形式。

FDEs信息根据故障的影响程度可以分为Warning、Caution、Advisory及Status 4种。实时下发的故障信主要有Warning、Caution及一些Advisory信息[78]。这4种信息的出现意味着发生了影响飞机签派的故障;反之,如果没有STATUS及以上级别的信息出现,则说明飞机在允许的运行限制下飞行。

参照表6-1中对健康状态等级的划分,FDE信息由高到低可以划分为High、Middle、Low和Status 4个等级。在判定某FDE信息处于哪一等级时,除了要考虑该信息中所包含部附件的健康状态,即从功能性、签派限制、安全性、经济性以及维修决策5个方面对飞机进行综合评估外,还要参考CAS对该信息等级的判定,最终得到FDE信息的优先等级。具体评估机制如图6-8所示。

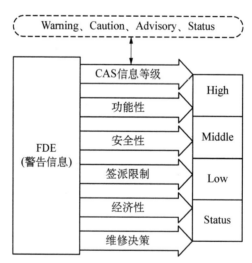

图6-8　FDE信息的等级评估机制

6.2.2.2　FAULT信息的等级评估

FAULT信息(故障信息,或称维护信息)提供详细的故障信息给机务人员,帮助机务人员进行相应的维护工作。如果飞机系统探测到某个系统故障时,CMC会接收到 FAULT 信息。CMS 处理这些数据并显示维护信息,维护人员根据 FAULT 信息指定维修措施。FAULT 信息也以代码的形式显示。如果 FAULT 信息与 FDE 相关,CMS 会将 FDE 信息和 FAULT 信息同时显示。维护人员可以根据 FDE 信息或 FAULT 信息的故障代码或者维护号以及故障描述去查找 FIM 的任务号进行排故。

在进行 FAULT 信息的等级评估时,除了按照健康等级的划分对其中涉及部附件的健康状态进行判断外,还需要判定该 FAULT 信息是否与 FDE 信息相关联。若为 FDE 关联信息,CAS 信息等级也是需要考察的因素之一;若为无关联故障信息,则需对该信息转化为 FDE 信息的可能性进行计算,最终综合各标准得到 FAULT 信息的优先处理等级。与 FDE 信息类似,FAULT 信息也可以划分为 High、Middle、Low 和 Status 4 个等级,其评估过程如图 6-9 所示。

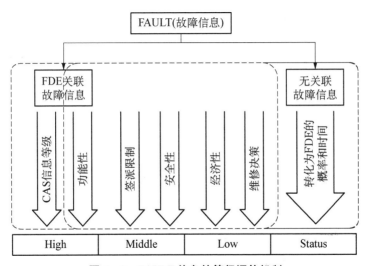

图 6-9 FAULT 信息的等级评估机制

6.2.3 整机健康状态的评估与预报

6.2.3.1 一般性故障监控

根据机载系统采集的故障数据,未达到重复性故障标准,并且没有进行保留性处理的故障我们定义为一般性故障。对于一般性故障,可以采用以下的监控方式处理。

(1)次数绝对值监控:按时间、按航段、按飞机统计故障发生的次数,并与系统定义的阈值进行比较,以此判断飞机的健康状态。这里的次数阈值是一个加权后的数值,权重根据上一节对 FDE 信息和 FAULT 信息的评估等级确定,具体过程如图 6-10 所示。

(2)次数变化率分析:按时间统计故障次数,与同长度时间段的故障发生比率进行比较,并按时间段绘制单机各系统的故障次数趋势分析图,根据故障次数变化率的正负及大小判断飞机的健康状态。

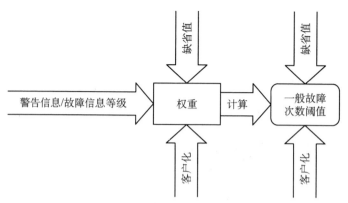

图 6-10   一般性故障次数阈值的确定

在一般性故障的监控和评估中,次数阈值、故障等级权重及时间段的选取,分别提供缺省设置和客户化设置。同时,系统可提供报表统计、数据导出、报表打印等功能服务。

6.2.3.2   重复性故障监控

所谓重复性故障,是指同一架飞机在 n 天内出现 m 次或 m 次以上的相同的故障(n、m 为自然数)。对于重复性故障,系统在提供缺省设置的同时,允许用户自定义相关参数,包括重复性故障发生周期、故障发生次数、ATA 位数、需要忽略的 ATA 等参数。

当系统接收到故障报告时,将按照当前的重复故障定义自动判断该故障是否属于重复性故障。若故障被判定为重复性故障,将按时间、按航段、按飞机统计故障发生的次数,并与系统定义的阈值进行比较,以此判断飞机的健康状态。

在重复性故障的监控和评估中,次数阈值也是一个加权后的数值。系统根据 FDE 或 FAULT 信息的评估等级和故障发生的频率,即相同时间段内重复故障的发生次数,进行权重的计算。具体操作如图 6-11 所示。

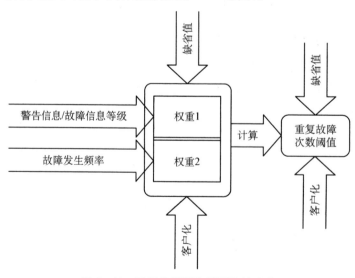

图 6-11   重复性故障次数阈值的确定

与一般性故障类似,次数阈值、故障等级权重、故障频率权重及时间段的选取,也有缺省设置和客户化设置两种方式可选。同时系统提供重复性故障查询、统计、数据导出、报表打印等功能服务。

6.2.3.3　保留故障监控

保留故障项目是指飞机在飞行和维修检查中发现的故障、缺陷,因工具设备、器材短缺,停场时间不足等原因,不能在下次起飞前排除,短期推迟修复又对飞机的适航性和飞行安全无影响并经过批准的项目。

对于保留故障,系统将按飞机统计保留故障的个数,并与系统定义的阈值进行比较,以此判断飞机的健康状态。这里的个数阈值也是根据故障报告评估等级进行权重计算得到的加权数值,其中权重和个数阈值在提供缺省设置的同时,也可进行客户化。同时,系统也提供故障查询、统计、数据导出等功能服务。个数阈值的计算方法如图 6-12 所示。

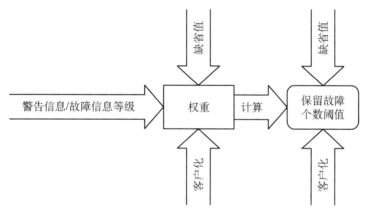

图 6-12　保留故障个数阈值的确定

6.2.3.4　单机健康状态排队

按照前面各类故障的统计结果,系统可以进行单机健康状态的排队。一方面,根据一般性故障、重复性故障、保留故障监控评估得到的飞机健康状态可以单独作为单机健康状态排队的依据。同时我们也可综合前面几类故障的分析结果,对飞机的健康状态进行综合的判定。

此时由一般性故障、重复性故障和保留故障评估得到的健康状态,可以作为影响机队飞机相对健康度的排序因素,我们对各排序因素的影响程度可用不同的权重表示。对于权重的取值,系统可分别提供缺省值和客户化设置。其中,若仅考虑某一排序因素,则其他因素权重取 0。单机健康状态排队计算方法如图 6-13 所示。

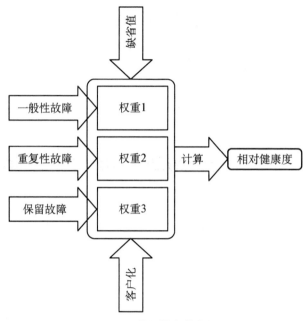

图 6-13　单机健康状态排队

6.3　基于性能参数的健康状态评估

6.3.1　基于性能参数的健康状态评估流程

快速存取记录器(QAR)中过往航班的历史飞行数据可以有效地弥补实时飞行数据不足的问题。航后数据来源于飞行数据记录设备(DFDR/QAR)，其数据记录过程具备高采样率、多参数并行存取的特点，并且数据从传感器到存储介质(MO盘/PCMCIA卡)是机载数据总线单向通信的过程。因此，健康管理地面系统在航后译码所得的数据具有完备性、可靠性的特征。

基于性能参数的健康状态评估，其功能组成如图 6-14 所示。

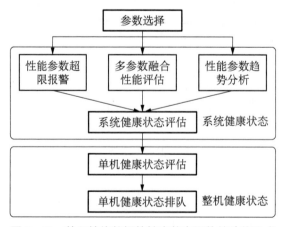

图 6-14　基于性能数据的健康状态评估的功能组成

由于 QAR 数据具有海量化的特点,通过筛选可以得到各个系统的性能参数。对于选定的性能参数进行监控,让它可以超限报警,并对来自不同传感器的参数进行信息融合,并自动绘制出各类性能参数的趋势分析图,由此评估系统的健康状态,进而对整机健康状态进行评估,实现单机健康状态排队。

6.3.2　性能参数选择

参数可以反映飞机系统、子系统、部附件性能的变化。例如,空调管道温度、座舱压力等,这些参数可由机载设备直接采集。在飞行各阶段机载设备分别记录参数的变化情况,必要时将这些参数转换成标准状态下的数值,并与缺省设置或客户化的标准性能参数进行比较,可以得到偏差的变化情况。通过对偏差的分析及偏差的变化趋势分析,我们可以判断部附件的健康状况,实现对部附件的监控;通过及时发现参数与标准值之间的偏差异常或参数的变化趋势异常,分析产生异常的原因,可以为预防和排除故障提供依据。

在参数选择过程(见图 6 - 15)中,按照系统、子系统、部附件逐级选择的原则,我们分别选择与系统、子系统、部附件性能相关的参数,并送入筛选器进行合理的取舍,最终得到该系统需监控的性能参数。

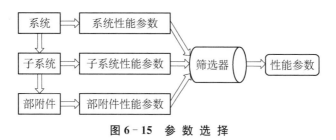

图 6 - 15　参　数　选　择

在构建筛选器时,需要注意以下几点:

(1) 选择与系统、子系统、部附件健康状态相关的参数,这些参数可能是一个,也可能是多个,最终筛选得到的性能参数集合应为能完备地反映关键信息的最小集合。

(2) 由传感器拾取的信息可直接作为需要监控的参数,无法直接获得的参数,可考虑用其他相关参数替代。

(3) 性能参数数据既包括飞机在飞行过程中通过机组报告或者 ACARS 报文得到的信息。例如,ACMS 数据快照;也包括航后对 QAR 中的数据进行转录、译码获得的信息。

6.3.3　系统健康状态的评估与预报

6.3.3.1　性能参数超限报警

在监控所选定的性能参数数据时,可以进行超限报警的相关操作,具体包括特征参数的选择和阈值的确定,如图 6 - 16 所示。

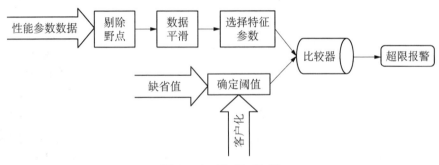

图 6 - 16　超 限 报 警

系统接受来自传感器、数据处理及其他状态监测器的数据,若某些数据出现幅值变化很大,当检查与之有关联动作的参数在同时刻或按要求时序并没有发生相应的变化时,则确定该时刻的数据为野点,对其进行剔除。对剔除野点之后的数据还要进行平滑处理,并选择特征参数。这里的特征参数可能是参数数据的原始形式,也可能是性能参数的各种统计参数。例如,均值、极值、均方根值等,根据不同系统的不同工作状态,可以做出相应的判断。

对于确定的特征参数数据,系统可以对实时阈值进行比较。阈值应反映出特征参数的正常工作范围,当参数超限时进行报警处理。系统阈值的确定有缺省设置和客户化设置两种方式可选。

6.3.3.2　多参数融合性能评估

根据参数的个数,健康状态评估方法可以分为两种:基于单参数的健康状态评估和基于多参数的健康状态评估。基于单参数的健康状态评估方法就是分别监控各个参数的变化,对系统状态进行评估和预报。工程实际中采集到的信息往往不止一个参数,为了提高评估和预报的准确性,往往要综合利用多种参数,对各种信息进行融合。

所谓多参数融合,就是利用传感器获取系统的多个参数,使用多参数融合模型对这些参数进行综合处理,得到健康指数,从而评估得到系统健康状态。

常用的多参数融合评估方法(见图 6 - 17)包括基于经验型的综合评估、多元统计分析方法、基于多属性决策方法等。在建立多参数融合模型时,应根据不同系统、

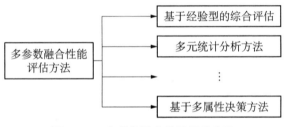

图 6 - 17　多参数融合性能评估方法

不同部附件、不同参数选择适用的建模方法。整个建模过程包括模型输入参数的确定,模型输出参数的确定,模型的建立、训练、验证等环节。

6.3.3.3 性能参数趋势分析

随着使用时间的延长和使用次数的增加,部附件的性能可能呈下降趋势,这就需要对部附件性能的衰退程度进行预测评估。精确的性能趋势预测是判断部附件是否发生故障的基础。性能参数趋势分析主要是通过机载系统采集部附件性能参数,然后由系统绘制各类参数变化曲线,利用各种预测方法计算参数的变化趋势或者未来的取值状态,与预先设定的标准参数进行对比,从而分析参数超限或即将超限的状态或趋势,据此给出飞机的健康状态等级。

根据不同的工作状况及有无突发事件出现,性能参数的趋势分析与预测包括正常监控和重点监控两种情况(见图 6-18)。

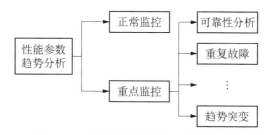

图 6-18 性能参数趋势分析的功能组成

在正常运行的情况下,对选定的性能参数进行正常监控,此时数据的变化趋势比较平稳,分析过程要求的数据量只要能反映相关的信息即可,相对来说,数据采集或传输的时间间隔比较长。

对于某些特殊情况,例如基于可靠性数据的分析结果,根据预报得到的可靠度,如果某部附件即将到达故障多发时刻,则系统需对相关参数进行密集监控,即重点监控,此时采样的时间间隔相对缩小,数据量明显增大。当系统出现重复故障或者参数趋势出现异常变化时,也要实施重点监控。

在部附件的健康中,常用的预测算法包括基于特征进化/统计趋势的预测、基于人工智能(artificial intelligence,AI)的预测和基于物理模型的预测等。

6.3.4 单机健康状态评估与排队

通过超限报警、多参数融合和趋势分析,系统可以得到各系统的当前或者未来的健康状态,根据系统自身的重要性等指标可以进行加权计算,最终得到单机的健康状态,其中权重的设置与前面一样,可以选择缺省值,也可以进行客户化。具体实现如图 6-19 所示。已经完成健康状态评估的单架飞机,采用类似于图 6-13 中的相对健康度定义,计算飞机的健康度,可以实现基于性能参数的单机健康状态排队。

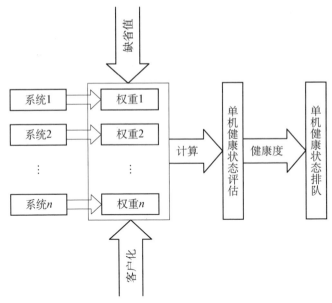

图 6‑19   单机健康状态评估与排队

民用飞机是一个庞大复杂的大系统，根据功能的不同，可以将其分成若干分系统，飞机整体的健康状态取决于各分系统、部附件的健康状况。对民用大型客机进行整体健康状态评估，需要对每个分系统进行健康分析。

民用飞机的健康指数可由式(6‑1)得出

$$\begin{cases} H = \sum_{i=1}^{n} \lambda_i h_i \\ \sum_{i=1}^{n} \lambda_i = 1 \end{cases}, \ i = 1, 2, \cdots, n \tag{6-1}$$

式中：H 表示飞机的健康指数，$H \in [0, 1]$，0 表示系统完全损坏，不能继续执行飞行任务，1 表示系统完全健康，没有出现任何故障；h_i 表示分系统 i 的健康状态，$h \in [0, 1]$；λ_i 表示分系统 i 的权重系数；n 表示飞机系统的个数。

定义惩罚函数 α，当关键系统(如飞控系统)出现灾难性故障(严酷度级别为 1)时，该函数将对飞机健康指数进行修正，α 由式(6‑2)计算：

$$\alpha = \frac{1}{n^2 \lambda_i}, \ i = 1, 2, \cdots, n \tag{6-2}$$

此时，式(6‑1)变为

$$\begin{cases} H = \alpha \left[\sum_{i=1}^{n} \lambda_i h_i \right] \\ \sum_{i=1}^{n} \lambda_i = 1 \end{cases}, \ i = 1, 2, \cdots, n \tag{6-3}$$

飞机整机进行健康状态评估需要确定各组成系统的健康状态及各系统在整机健康指数中的权值。

6.4　飞机健康状态评估技术应用

飞机健康状态评估技术作为健康管理(prognostics and health management, PHM)的核心内容之一,已成为有效降低寿命周期费用的一项非常有前途的军民两用技术。目前,欧美主要航空发达国家非常重视该技术的研发、熟化。飞机健康状态评估技术典型的研究与应用实例代表是波音 AHM 系统、JSF-35 的 PHM 系统上应用的飞机健康状态评估技术。上述两个系统中很重要的一项功能就是对飞机进行近乎实时的健康状态评估。在飞机处于飞行时将状态、故障数据下传,后勤维修部门在分析数据后对飞机的健康状态做出评估,根据飞机当前的状态来调整飞行任务计划,并对维修做出规划。

国际上主流的、基于 OSA-CBM 的 PHM 体系结构参考模型中,健康状态评估是其中 7 个模块之一。健康状态评估功能主要覆盖了飞机 PHM 地面系统的系统级、整机级、机队级。部件级/设备级/分系统级/系统级的健康状态评估主要由各部件/系统自带的分布式 BIT/BITE 及机载健康管理系统实现。

飞机健康状态由两部分组成,第一部分为自身健康状态,第二部分为相对于其他飞机的健康排队。

(1) 自身健康状态:飞机的健康状态描述了部件/设备/分系统/系统/整机执行设计功能的能力。衡量飞机或系统处于何种状态要综合考察功能性、签派限制、安全性、经济性及对维修决策的影响。目前,国内外多数研究将飞机或系统的健康状态由低到高可以划分为故障、异常、亚健康、健康 4 个等级。

(2) 健康排队:主要参照健康管理历史数据,参照航空公司的自身情况,并结合其服役时间,确定决定健康状态的主要参数,并对参数赋予权重,形成反映健康状态的逻辑式进行健康等级排队。对此逻辑式,航空公司可根据自身情况,对权值进行一定的调整。

波音 AHM 具有的飞机级/机队级健康状态评估功能主要是对监控的机队进行健康排名。它是基于 AHM 系统对每架飞机现有的 FDE 故障信息和潜在的将出现 FDE 的故障信息所占的比重来完成的。这个健康等级指数值对预估飞机是否能够执行下一航段的飞行计划具有很好的参考价值。波音 AHM 系统具有 Heath Ranking 的健康指数计算、健康排序功能[79]。

从图 6-20 AHM 系统 Heath Ranking 功能界面、图 6-21 AHM 系统对信息的分级显示可以分析得出,AHM 健康指数模型输入参数,主要包括以下 3 类。

(1) AHM 系统接收到的故障报文中的故障信息,主要有 FDE、MMSG (Related MMSG)和 Prognostic MMSG(Non-Related MMSG)3 类。FDE 信息是指

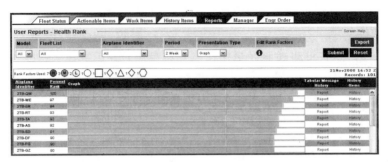

图 6-20　AHM 系统 Heath Ranking 功能界面

所有的警告级别(Warning、Caution、Advisory 和 Status)的驾驶舱效应信息;MMSG 是指所有 FDE 相关的维护信息;Prognostic MMSGs 是 AHM 系统内部特有的故障类型,系统将不相关的 MMSGs 作为 Prognostic MMSGs。AHM 系统将不同的 FDE 和所有的 MMSG(Related and Non-Related)用不同形状不同颜色标明,表示对飞机不同的影响级别(见图 6-21)。

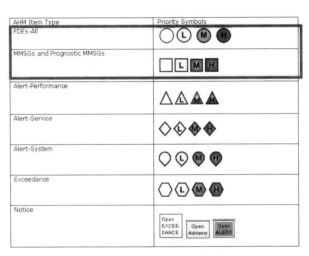

图 6-21　AHM 系统对信息的分级显示

(2) AHM 系统接收到的故障报文中的勤务信息,包括勤务相关 FDE 信息和 ACMS 报文信息(Alert-service),也包括超限(Exceedance)和客户化警告,主要包括 APU 滑油、发动机滑油、氧气、轮胎胎压和液压油等方面。

(3) AHM 系统接收到的故障报文中的性能报警信息,主要是指飞机的巡航数据,具体到 B747 和 B777 飞机则分别为飞机/发动机稳态巡航报和飞机性能报 (APM)。系统在接收到这些报文后,计算出能够表征飞机性能水平的几个典型参数,这些参数包括最小巡航动力设置、最小巡航推力、燃油流量和燃油里程数。系统会持续跟踪这些典型参数与飞机基准数据的偏差,并在超出航空公司/波音设置设定的门槛值时触发相应的报警,提醒航空公司进行相关的维护和检查工作。

（4）AHM 系统计算机队的健康等级指数时，可以根据健康等级的影响，修改 FDE、警告、性能超限等的权重参数，权重取值范围从 0～99，取 0 表示对健康等级没有影响，如图 6－22 所示。

图 6－22　AHM 系统 Heath Ranking 权重系数修改界面

7 实时监控与健康管理系统集成与测试

飞行器的 PHM 集成环境一般以机械设备信息管理开放系统架构(MIMOS)组织提出的视情维护的开放系统体系结构(OSA - CBM)作为参考模型。主要由 3 部分组成：开发环境、运行环境及验证环境。该环境提供 PHM 设计人员与使用人员系统开发工具平台、系统使用测试平台以及验证评估平台，可以完成 PHM 系统从设计、使用、测试、验证、改进等全过程的监控与管理。通过该 PHM 集成工程环境的应用，系统 PHM 的适用性和可靠性可以提高，最终提升飞行器系统的可靠性和全寿命周期预测与管理水平[80]。

验证与确认是 PHM 系统设计过程中一个非常重要的阶段，通过开发相应验证与确认方法将提高 PHM 系统认证的可信度，有效减少人力需求、拓展系统功能、提升技术水平。验证与确认贯穿于整个 PHM 系统的研发过程。在设计阶段研究人员主要进行系统建模和测试，不断促进验证和确认工作的完成，建立验证和确认方案进行修正，完成对系统的集成和重构，并选用优化的方法进行测试和分析。在实际操作和维护过程中，研究人员不断对其可行性和定义研究进行反馈修正，从而完善验证和确认过程[81]。在民用飞机 PHM 技术研究与应用中，研究人员尤其注重 PHM 系统的集成和验证工作。通过仿真试验、相似对比、试飞验证等手段，研究人员验证和确定系统的数据接口和通信协议，为系统技术改进提供验证基础和技术积累[82]。

7.1 PHM 系统集成技术

PHM 系统集成技术是指将数据信息的传输、存储、分析、应用在同一系统平台上融合实现的具体技术解决方案和运作方案。PHM 系统集成过程中不仅要考虑各子系统之间的逻辑关系，还要注意与航空用户使用的相关其他系统的兼容性，提高系统的可扩展性，使 PHM 系统具有较强的适应性和二次开发能力。本章将 PHM 系统分为数据收发与处理、数据应用、数据及知识管理、扩展功能等相关子系统进行介绍。

7.1.1　数据收发与处理子系统

7.1.1.1　系统描述

数据收发与处理是整个 PHM 系统运行的关键和基础,是系统功能实现的原始驱动力。系统需要实时接收空地链路下传的报文,并根据报文具体格式定义进行解码,然后将解码后的数据存储在数据库中,报文源文件则保存在文档服务器中。在报文解码完成的同时,系统自动将解码报文发送给需要的模块或系统进行后续处理。数据收发与处理主要包括两个方面:空地实时数据处理、航后数据处理。

空地实时数据处理模块接收飞机飞行中经 ACARS 链路数据等实时下传的数据,一方面实时解析和存储,另一方面传输至系统各业务模块调用。同时,该系统还通过 ACARS 链路实现对命令的配置和编码上传。

航后数据处理模块是 PHM 系统的扩展数据监控接口,该接口能够接收经航后数据处理系统(如航空公司常用的 QAR 译码软件)按预先协调的方法处理后的输出数据,并利用这类数据进行监控应用。

7.1.1.2　软件功能组成

软件功能组成如图 7-1 所示。

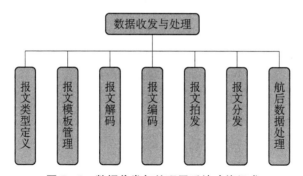

图 7-1　数据收发与处理子系统功能组成

(1)报文编码。

报文编码功能是数据收发与处理子系统的重要功能之一。用户实时将需要通过空地链路上传的数据传送至编码器,编码器根据报文类型和模板对其进行正确编码。系统同时支持报文类型定义及报文模板管理等基础功能。

(2)报文解码。

报文解码是数据收发与处理子系统的核心功能之一。报文解码实时准确地接收空地链路下传的报文数据,并根据报文类型和模板对其进行正确解码,准确获取报文内信息,驱动实时监控等功能程序的应用。

(3)报文分发。

报文分发主要是指针对解码后的报文进行归类处理,从报文模板中提取不同格式和类型的信息数据,根据数据类型的设定分发给不同的数据库,以便不同功能模块调用此报文数据。例如,AOC 报文、CMCF 报文及 ACMF 报文需要根据类型的不同分发到实时监控数据库的不同分区,从而实现不同数据种类的有效存储管理。

(4) 航后数据处理。

航后数据处理模块是 PHM 系统的扩展数据监控接口,该接口能够接收经航后数据处理系统(如,航空公司常用的 QAR 译码软件)按预先协调的方法处理后的输出数据,并利用这类数据进行监控应用。

7.1.1.3 系统集成接口

(1) 实时数据收发接口:实时数据收发接口关系如图 7-2 所示。

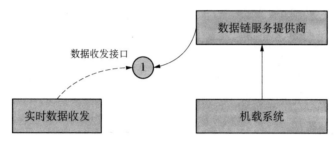

图 7-2　实时数据收发接口

实时数据收发接口,是地面系统与机载系统实时进行数据交互的数据接口,具体涉及 3 类接口:报文下传接口、报文上传接口和 SVC 报文接口,接口列表如表 7-1 所示。

表 7-1　实时数据收发接口

编号	接口名	接口数据	接口类型	接口使用说明
1	报文下传接口	机载系统实时下传的各种维护相关的报文,如 OOOI 报、CFD 报、DFD 报等	协议接口	数据链服务商提供接口
2	报文上传接口	编码好的用户自定义数据报文	协议接口	数据链服务商提供接口
3	SVC 报文接口	服务通信报	协议接口	数据链服务商提供接口

(2) 航后数据接口:航后数据接收接口关系如图 7-3 所示。

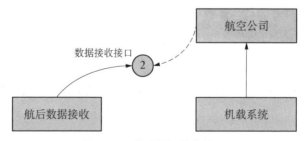

图 7-3　航后数据接收接口

航后数据接收接口,能够接收来自航空公司、经航后数据处理系统(如航空公司常用的 QAR 译码软件)按预先协调的方法处理后的输出数据,并利用这类数据进行监控应用,接口列表如表 7-2 所示。

表 7-2 航后数据接收接口

接口名	接口数据	接口类型	接口使用说明
航后数据接收接口	经航后数据处理系统(如航空公司常用的 QAR 译码软件)按预先协调的方法处理后的输出文件	协议接口	PHM 系统提供接口

7.1.2 数据应用子系统

数据应用子系统是根据 PHM 系统功能应用划分的若干子系统,本书以实时监控、故障诊断两个数据应用子系统为例进行说明。

7.1.2.1 实时监控子系统

1) 系统描述

航空公司需要实时掌握执飞飞机的运行状态,及时了解飞机的故障及超限情况,提前做好维修准备,保障航班的安全、准点运行。该子系统实时获取飞机的各类 ACARS 报文数据,并将解码后的数据以友好、直接的形式展示给监控或维护人员。

2) 软件功能组成

软件功能组成如图 7-4 所示。

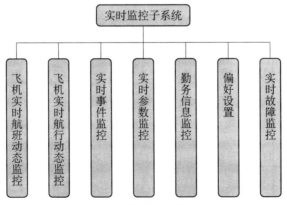

图 7-4 实时监控子系统功能组成

(1) 飞机实时航班动态监控功能。

本功能主要用来显示航班的基本信息(机号、航班号、离港机场、到港机场、滑出时间、起飞时间、着陆时间、滑入时间等),并通过[警告标识]字段来标识飞机当前的技术状态(正常、故障、超限或警告等)。通过本功能模块子系统可以随时了解飞机的航班动态,同时也能及时获知飞机当前的健康状况等信息。此模块需要提供与某飞机有关的多种信息的链接入口,包括参数设置、页面自动刷新、数据查询、PLF 链接、航段历史数据链接、航段详情链接、现有故障链接、报文上传功能链接等。

(2)飞机实时航行动态监控功能。

本功能主要借助电子地图来监控、展示飞机的飞行状况和技术状态。将飞机航行动态信息与地图叠加,实时显示飞机的位置信息和飞行状态信息。系统通过对 ACARS 报文的实时接收与解码,驱动飞机图标在地图上的动态展现,通过点击飞机图标可以显示与此飞机有关的信息,比如,机型、机号、航班号、当前经纬度、高度、空速、起飞时间、预计到达时间,起飞、降落机场、报文信息等。对飞机航行动态的实时监控和展示可以帮助用户随时掌握飞机的位置和飞机的技术状态。

(3)实时故障监控功能。

该功能对实时下传的驾驶舱效应故障信息及相关联的维护信息进行分析,实现将故障按照故障的影响严重程度和紧急程度进行排序,并且列出该故障历史发生次数,将故障信息与《FIM 手册》关联,给出维修建议。

(4)实时事件监控功能。

事件监控包括机载系统参数超限监控和异常事件监控。

参数超限监控主要是指对飞机系统参数超限的监控,系统根据报文解码和数据分拣自动采集需要监控的参数,并将这些参数与设定的参考值进行对比,如果超出预设标准则系统通过多种方式(系统消息、手机短信或 Email 等)将此信息发送给相关监控人员。此功能中,要求系统能够修改门限值。异常事件监控主要包括重着陆/超重着陆、严重湍流及起落架收放异常等事件。应该允许用户自定义事件,并对自定义事件进行监控。

(5)实时参数监控功能。

该功能通过解析飞机下传的参数状态报文,获取飞机系统参数信息,基于此对各系统的状态和参数进行实时监控。一方面可以辅助维护人员对飞机现有故障进行排故,另一方面也可以用于提前发现系统的异常状态信息并进行预防性维护。

(6)勤务信息监控功能。

该功能主要是通过 ACRAS 报文收集飞机的燃油、滑油的消耗情况,实现对飞机勤务信息的自动远程监控,同时根据监控情况自动提醒机务人员及时添加燃油或滑油,也可以根据大量报文历史数据分析单机燃油、滑油的消耗趋势,辅助工程技术人员对飞机的技术性能进行分析,提高燃油经济性,降低运营成本。

3)系统集成接口

(1)报文上传接口:报文上传接口关系如图 7-5 所示,接口内容如表 7-3 所示。

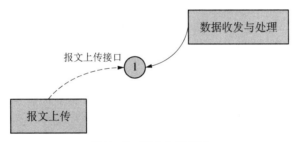

图 7-5 报文上传接口

表 7-3 报文上传接口

提供接口模块	调用接口模块	接口名称	输入	输出	接口类型
数据收发与处理	实时监控	报文上传	飞机标志、目标地址、上传请求方式、内容	报文	模块接口

（2）短信发送接口：短信发送接口关系如图 7-6 所示，接口内容如表 7-4 所示。

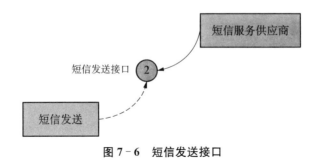

图 7-6 短信发送接口

表 7-4 短信发送接口

接口名称	接口数据	接口类型	接口使用说明
短信发送	手机号码（可多个）、短信内容	组件接口	参考短信服务供应商应该提供接口，不同短信服务供应商接口参数不同

（3）邮件发送接口：邮件发送接口关系如图 7-7 所示，接口内容如表 7-5 所示。

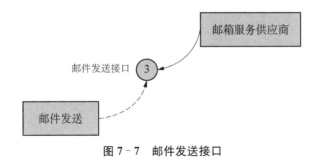

图 7-7 邮件发送接口

表 7 - 5　邮件发送接口

接口名称	接口数据	接口类型	接口使用说明
邮件发送	邮件地址(可多个)、邮件标题、邮件内容	组件接口	参考邮箱服务供应商应该提供接口,不同邮箱服务供应商接口参数不同

（4）GIS地图接口：GIS地图接口关系如图 7 - 8 所示,接口内容如表 7 - 6 所示。

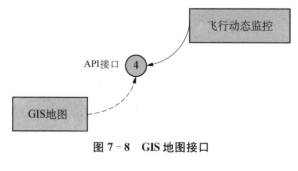

图 7 - 8　GIS 地图接口

表 7 - 6　GIS 地图接口

接口名称	接口数据	接口类型	接口使用说明
GIS 地图接口	飞机位置数据、地图操作数据	API 接口	地图数据服务供应商应该提供操作 API接口

7.1.2.2　故障诊断子系统

1）系统描述

故障诊断子系统是实时监控子系统的延伸,主要是通过实时监控子系统收集到飞机实时下传的实时故障信息、FDE 信息、机上记录的故障信息及参数快照等,并将其作为数据源。一方面利用实时的故障数据信息及相关的手册资源、案例知识等进行基于手册和基于案例的诊断,诊断的结果统一通过故障可视化显示模块显示给维修控制工程师以及排故工程师,排故工程师主要利用排故处理模块将不同的故障进行分门别类处理。另一方面,故障统计分析模块完成对历史故障的统计分析处理,并将结果交由故障可视化显示模块进行显示,其总体结构如图 7 - 9 所示。

故障诊断子系统功能逻辑如下：

（1）首先根据机上下传的故障代码等基本信息,系统自动关联 MEL 手册,并定位到相应的 MEL 的有效页,方便用户做出放行或者拒绝放行的决策。

（2）同时根据故障信息,直接查找《故障隔离手册》等电子手册资源,如果存在相应的故障信息,则直接进入相应的排故流程,确认故障 LRU。

（3）如果电子手册资源中不存在相应的故障信息,则根据当前的故障信息、异常事件、状态超限等飞行信息,检索历史故障案例信息,加快故障隔离处理过程。

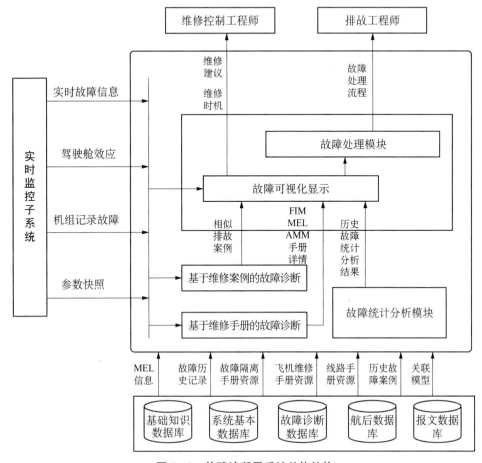

图 7 - 9 故障诊断子系统总体结构

（4）以上的故障诊断结果均作为维修控制工程师及排故工程师任务处理的参考依据；排故工程师主要参考这些故障诊断结果并按照故障处理的流程完成故障处理任务。

2）软件功能组成

故障诊断子系统根据故障代码、故障现象等信息，通过一定的算法逻辑，综合应用维修类手册、维修历史案例等信息，实现对飞机故障的快速诊断，并给出合适的维护建议方案。故障诊断子系统主要从基于维护手册和基于案例检索两种途径实现诊断支持。

根据需求，故障诊断子系统主要实现下述功能：

（1）故障显示与处理。

故障显示与处理模块是故障诊断子系统的基础模块，它将故障信息来源及故障分析的结果以直观的方式展现给用户，主要包括 FDE 信息、MMSG 信息、警告类信息及其他信息，主要以故障优先级、故障代码和故障简要描述的方式显示。故障处理模块是本功能模块的重点,故障处理模块允许用户对进入故障处理任务队列的故障进行处理,用户处理的操作包括:处理完成、部分完成、任务取消和任务修改。

（2）基于维修类手册的故障诊断。

基于维修类手册的故障诊断是通过报文中的某些关键词（机型、FDE 代码/MMSG 代码、ATA 章节）自动将维修类手册（主要是 FIM 手册、MEL 手册）中的相关内容进行关联显示,并将维修类手册的详细内容在用户查看故障详情的时候进行集中显示;另外,通过系统的某些关键词,自动关联到技术出版物系统,并在技术出版物系统中完成自动排故,进而达到支持快速排故的目的。

（3）基于维修案例的故障诊断。

基于维修案例的诊断方法是故障诊断的另一种重要方式,其应用原理主要是根据故障关键要素的相似度（机型、ATA 章节、故障代码、故障描述的关键词等）检索曾经发生过的类似故障及其排故方案,检索结果可能存在多条类似故障的排故方案,系统将按照故障排除成功率从高到低对结果进行排序显示,集成显示在故障诊断详情页面中。

（4）排故处理方案及信息反馈。

用户可参考故障关联信息、手册信息、案例信息等制订对当前故障的排故方案。本系统支持用户在系统中编写排故方案,并填写排故结果反馈信息。

故障诊断子系统功能组成样例（见图 7－10）。

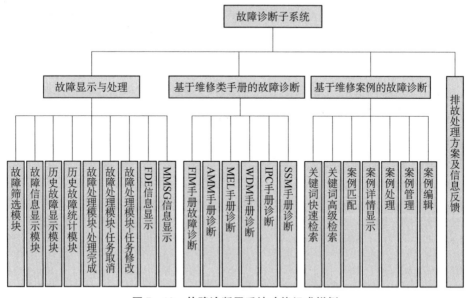

图 7－10　故障诊断子系统功能组成样例

3）系统集成接口

（1）报文查询接口：报文查询接口关系如图 7－11 所示,接口内容如表 7－7 所示。

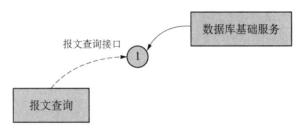

图 7 - 11　报文查询接口

表 7 - 7　报文查询接口

提供接口模块	调用接口模块	接口名称	输入	输出	接口类型
平台支撑系统	故障显示与处理	报文查询	航空公司、机尾号、航班号、航段、报文类型、查询时间等筛选条件	DFD 报，CFD 报，AOC 报	模块接口

（2）短信服务接口：短信服务接口关系如图 7 - 12 所示，接口内容如表 7 - 8 所示。

图 7 - 12　短信服务接口

表 7 - 8　短信服务接口

提供接口模块	调用接口模块	接口名称	输入	输出	接口类型
平台支撑系统	故障监控、事件监控	短信发送接口	短信发送地址、故障信息或事件信息	短信形式的故障或事件信息	组件接口

（3）邮件服务接口：邮件服务接口关系如图 7 - 13 所示，接口内容如表 7 - 9 所示。

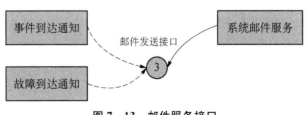

图 7 - 13　邮件服务接口

表7-9　邮件服务接口

提供接口模块	调用接口模块	接口名称	输入	输出	接口类型
平台支撑系统	故障监控、事件监控	邮件发送接口	邮件发送地址、故障信息或事件信息	邮件形式的故障或事件信息	组件接口

（4）故障超期监视接口：故障超期监视接口关系如图7-14所示，接口内容如表7-10所示。

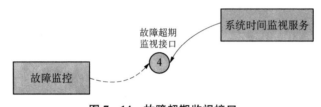

图7-14　故障超期监视接口

表7-10　故障超期监视接口

提供接口模块	调用接口模块	接口名称	输入	输出	接口类型
平台支撑系统	故障显示与处理	超期监视接口	故障基本信息、故障产生时间、故障超限门限	故障任务是否超期的标志	组件接口

7.1.3　数据及知识管理子系统

7.1.3.1　系统描述

数据及知识管理子系统目标是实现 PHM 系统的后台数据及知识管理功能，并进行知识挖掘和自学习，可以有效建立数据和知识的应用保障。其总体结构如图7-15所示。

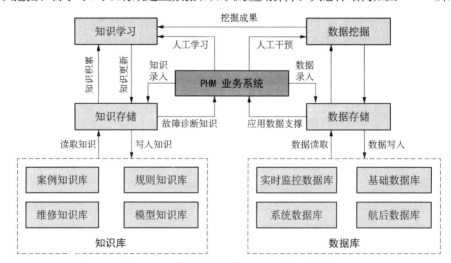

图7-15　数据及知识管理子系统总体结构

7.1.3.2　软件功能组成

数据及知识管理子系统主要由知识库、数据库以及4个应用模块构成：

（1）数据库中存储实时监控数据、基础数据、系统数据以及航后数据，为系统整体业务的运行提供应用数据支撑。

（2）知识库中存储案例知识库、规则知识库、模型知识库和维修知识库，为系统故障诊断业务的运行提供知识支撑。

（3）数据存储模块提供从数据库中读取数据和向数据库中录入数据的接口，为系统运行提供数据或保存系统的数据。

（4）知识存储模块提供从知识库中获取知识和向知识库中录入或更新知识的接口，为业务运行提供知识或者根据系统反馈或录入请求等录入或更新知识。

（5）数据挖掘模块提供数据挖掘模式、构成和框架，包含一系列的数据挖掘算法等，为数据挖掘提供基础支撑和算法支撑，并且能够将数据挖掘成果反馈到知识学习模块中，使之成为新的知识。

（6）知识学习模块提供人工学习和机器学习两种模式，能够接收系统人工录入的知识或者根据系统操作反馈自学习知识，或者根据内置的算法和引擎进行机器自学习来扩展和更新知识。

7.1.3.3　系统集成接口

数据及知识管理子系统接口主要为内部接口，且主要与基础数据库存在直接接口关系，实时监控、故障诊断、航后应用及应用支撑等系统通过调用数据及知识管理系统所存储的相应配置信息，从而分别实现自身功能的应用。数据及知识管理子系统接口关系如图7-16所示，接口内容如表7-11所示。

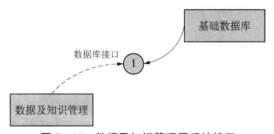

图7-16　数据及知识管理子系统接口

表7-11　数据及知识管理子系统接口

提供接口模块	调用接口模块	接口名称	输入	输出	接口类型
基础数据库	数据及知识管理	数据库接口	数据查询条件	数据库查询数据	模块接口

7.1.4　扩展功能子系统

7.1.4.1　系统描述

扩展功能子系统提供运行系统扩展配置功能，作为运行系统的扩展补充，是运行系统的扩展性基础支持,通过调用应用支撑系统中所提供的基础服务,实现对系统基础信息配置、监控参数配置等方面的扩展配置,从而为系统的运行提供灵活的扩展接口,通过用户定制的方式,方便、快捷地开展扩展配置工作。其总体结构如图 7 - 17所示。

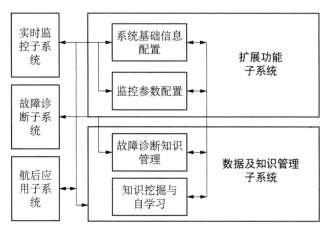

图 7 - 17 扩展功能子系统总体结构

系统对已有的配置数据进行搜索和筛选,通过扩展功能,实现对其的更新和修改等管理操作,形成新的配置,供 PHM 系统相应的业务应用所调用;并在系统的实际使用和运行中,不断对配置进行修正,以实现系统业务应用的精确度的提高,其业务流程如图 7 - 18 所示。

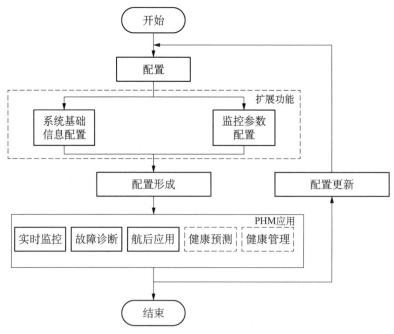

图 7 - 18 扩展功能子系统业务流程

7.1.4.2 软件功能组成

扩展功能子系统提供系统基础信息、实时监控以及故障诊断相关功能的扩展和配置;同时,通过调用应用支撑系统中所提供的基础服务,实现为 PHM 系统的扩展。扩展功能子系统主要功能组成如图 7 - 19 所示。

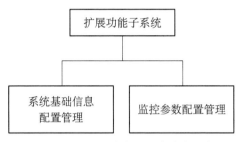

图 7 - 19 扩展功能子系统功能组成

7.1.4.3 系统集成接口

扩展功能子系统接口主要为内部接口,且主要与数据及知识管理系统存在直接接口关系,实时监控、故障诊断、航后应用及应用支撑等系统通过调用数据及知识管理系统所存储的扩展功能子系统提供的相应配置信息,从而分别实现自身功能的应用。扩展功能子系统接口关系如图 7 - 20 所示,接口内容如表 7 - 12 所示。

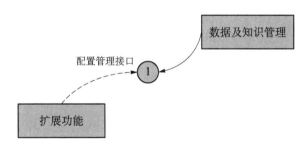

图 7 - 20 扩展功能子系统接口

表 7 - 12 扩展功能子系统接口

提供接口模块	调用接口模块	接口名称	输入	输出	接口类型
数据及知识管理	扩展功能子系统中的基础信息配置管理、监控参数配置管理、故障诊断知识管理以及知识挖掘与自学习等	配置管理接口	基础信息配置数据、监控参数配置数据、故障诊断知识以及分析形成的故障案例及相关知识	配置信息、案例、知识	模块接口

7.2　PHM 系统性能测试

PHM 系统性能测试旨在验证测试环境下系统的用户访问量、业务处理能力,为系统性能调优、数据结构优化等提供参考,具体测试内容有下几点:

(1) 在测试环境下,测试系统访问量、业务处理能力等是否满足线上性能要求。

(2) 验证系统的稳定性能力是否能够满足最低要求并持续运行一定时间。

测试过程中可设立与系统性能指标匹配的测试指标范围,如以下指标样例:

(1) 系统能够支持 1 万名不同身份的用户同时在线,支持超过 1000 名用户并发访问系统;同时,系统具备扩展到支持 10 万名不同身份的用户同时在线、超过 1 万名用户并发访问的能力。

(2) 每日接收处理报文能力不低于 30 万份(按每天 10 h 有效时间计算约每秒 15 份),峰值每秒处理能力不低于 50 份。

(3) 能够同时监控超过 1500 架飞机的航行动态信息。

7.2.1　测试启动/结束/暂停/再启动准则

7.2.1.1　启动准则

测试项目启动准则包括但不限于以下前提条件:

(1) 数据库安装并调试成功,并通过相应优化,初始数据量满足测试要求。

(2) 应用服务器安装成功,带测试版本已正确部署。

(3) 测试客户端机器到位,系统软件安装完毕。

(4) 网络配置正确,连通顺畅,可以满足压力测试需求。

(5) 测试所需的存储到位。

(6) 其他环境资源就绪。

(7) 待测交易的测试数据和测试脚本准备完毕。

(8) 待测交易通过功能测试,版本稳定。

7.2.1.2　暂停/再启动准则

(1) 测试中发现问题无法继续测试,需要项目组修复。

(2) 测试中发现服务器规划部署问题,需要重新调整部署方案。

(3) 需要调整测试环境资源,如加减 CPU 数目,增加存储等。

(4) 测试环境受到干扰,比如服务器被临时征用,或服务器的其他使用会对测试结果造成干扰。

7.2.1.3　结束准则

(1) 完成全部性能测试及性能测试结果分析,并提交测试报告。

(2) 对验证测试的内容从测试外渠道获得权威的结论。

7.2.2　测试准备

7.2.2.1　测试环境安装

根据测试环境需求,测试应准备相应主机服务器及相应数据库、应用软件,保证其版本、补丁配置,确保网络无通信故障。根据被测系统拓扑图我们进行各服务器系统部署,并保证服务器正常运行。

7.2.2.2　测试工具

根据系统特性选择相应的软件测试工具,进行测试工具安装,并应用相应指标设置。

7.2.2.3　测试脚本、数据及其预验证

由于报文收发不能录制脚本,因此测试脚本需要手动编写,其他场景测试脚本通过录制和简单的编写实现。系统性能测试可使用真实的飞机运行历史数据进行。

7.2.3　测试方法

7.2.3.1　基准测试

基准测试的目的在于验证测试脚本及后台环境、初步检查业务本身是否存在性能缺陷。

测试方法:使用测试工具向服务器发送事务请求,接受并分析返回结果。系统无压力下,针对每个业务,单个用户运行若干分钟,观察事务响应时间的变化。

7.2.3.2　单业务负载测试

单业务负载测试目的在于验证单交易是否存在性能缺陷。

测试方法:使用测试工具向服务器发送交易请求,接受并分析返回结果。压力发起采用梯度加压的方式,分别测试系统在不同梯度下的性能表现,直到出现性能瓶颈,获取系统资源、服务等占用情况。各梯度场景持续运行若干分钟,运行结束后,所有用户同时停止。

7.2.3.3　混合场景性能测试

混合场景性能测试按照实际业务比例设置测试场景,目的在于检验系统在混合场景下运行的情况。

7.2.3.4　退出方式性能测试

基于不同的场景进行测试不同退出方式下服务器性能运行的情况,主要是检测在异常退出时系统是否会释放连接资源,正常退出时对服务器产生的资源消耗。系统的退出方式共有两种:①正常退出,点击【注销】文字按钮退出;②异常退出,直接关闭浏览器退出。

7.2.4　测试策略

7.2.4.1　测试发起策略

系统测试可采用测试工具发起压力,压力采用逐步递增方式增压,减压方式采用直接减压方式。

(1)压力发起点:用测试工具模拟用户向系统的 web 发起压力。

(2)测试交易路径:交易路径:web 服务器→应用服务器→数据库服务器。

(3)测试加压策略:采用测试工具发起压力,压力采用增加并发用户数的逐步递增方式增压。

（4）测试减压测试：测试采用直接减压方式。

（5）压力分布实现测试：在测试场景中采用虚拟用户数方式控制各交易压力分布。

7.2.4.2　测试执行策略

采用迭代方式测试，执行顺序参照测试方法。

7.2.4.3　测试监控策略

性能测试可在局域网环境内进行，对 web 服务器、应用服务器、数据库服务器的资源使用情况进行监视。

（1）主机监控：主机监控指标样例如表 7-13 所示。

表 7-13　主机监控指标样例

监 控 指 标	
CPU	CPU-User%、CPU-Sys%、CPU-Wait%、CPU-Idle%
Memory	Memory-%Used、Memory-%Free
Pages	Pages/sec In、Pages/sec Out
Disk	Disk-Busy、Disk-Read、Disk-Write

（2）数据库监控：数据库监控指标样例如表 7-14 所示。

表 7-14　数据库监控指标样例

指标类型	指标名称	指 标 描 述
静态配置指标	Shared pool	共享池大小
	PGA	程序全局区情况
	SGA	系统全局区情况
	Sessions	活动会话，top session 等
	Log Archive Start	数据库是否允许归档模式
	Lock SGA	实例的 SGA 是否完全为物理内存
	表空间信息	当前数据库各表空间的大小、类型、使用情况等
	数据文件信息	当前数据库各数据文件大小、存放位置及使用情况等
实时运行指标	Run Queue	Oracle 的队列长度
	Top sql	最占资源的 sql
	Alert<SID>. log	数据库日常运行警告信息
	缓冲区命中率	指数据块在数据缓冲区中命中率
	内存排序率	指排序操作在内存中进行的比率

（续表）

指标类型	指标名称	指 标 描 述
	共享区命中率	该指标主要代表 sql 在共享区的命中率
	软解析的百分比	该指标是指 Oracle 对 sql 的解析过程中,软解析所占的百分比
	闩命中率	指获得 latch 的次数与请求 latch 的次数的比率
	sql 语句执行与解析的比率	指 sql 语句执行与解析的比率
	共享池内存使用率	该指标是指在采集点时刻,共享池内存被使用的比例
	等待事件	Oracle 等待时间是衡量 Oracle 运行状况的重要依据及指示,等待时间分为两类:空闲等待事件和非空闲等待事件

（3）网络监控：网络监控指标样例如表 7 - 15 所示。

表 7 - 15 网络监控指标样例

工具名称	监控器	描述
Netstat 命令	Netstat-i	显示网络接口的信息
Top 命令	Top	显示硬件资源使用情况
Tail 命令	Tail - n 1000 ＊ . log	查看服务器的日志情况

7.2.5　测试风险分析

（1）网络风险：性能测试与实际应用的网络环境可能存在差别,测试的主要目的是为了保证软件程序不存在性能瓶颈,所有测试结果（如响应时间等）不能完全表示真实情况。

（2）接口风险：测试系统有较多接口时,对问题的定位和分析更加复杂。

（3）配置风险：测试情况与事件情况有较大差别时,系统配置参数没有完全调整,所以和实际情况有所偏差,最终测试数据分析只作为实际使用过程中的参考借鉴。

7.3　PHM 系统安全设计

实现网络安全首先要保证机房能为各种核心设备提供符合标准的运行环境,要有门禁系统、防火、防雷、防静电、防潮、防鼠防虫等设备,有冗余供电线路和后备电源甚至发电系统,有空调设备保证机房恒温,每天定时巡检,及时发现问题及时解决,要实现网络安全首先要实现承载各种业务系统的操作系统的安全;比如,及时升级系统补丁堵住漏洞,关闭不必要的端口,配置系统安全策略,有选择性限制用户对系统的使用权限等。这些一系列复杂的操作,要按期望的结果执行,则必须制订一定的规范,将所有需要执行的步骤程序化,这样可以规范一线工程人员的操作行为,减少误操作的可能性,为网络安全奠定坚实的基础。

对安全性要求较高的场合,设计采用数字证书等认证方式,代替传统的不安全的用户名口令授权模式;对业务系统和内部网络应进行严格监控,防止异常情况的发生,并在发现异常时能及时采取相应措施。

关键业务数据必须按照内控要求及时备份,并定期对备份介质进行可读性检查;公司移动办公用户接入内网办公时,数据需要加密传输;保证业务系统正常运行,即使在业务中断情况下也能迅速恢复。关键网络设备应该有冗余线路和冗余设备,以便在网络中断或设备停止工作时能自动切换,保证系统平稳运行。

加强对系统操作人员的培训,通过培训加深相关人员对业务系统的理解和认识,从而可以减少误操作可能性,最大程度减少内部原因引起的各种不稳定因素。

7.3.1　物理安全

7.3.1.1　选址原则

(1) 远离容易引起水渗漏的区域。
(2) 远离有主干电力电缆穿越的场所。
(3) 房屋结构稳定、房型规则且容易分割。
(4) 离数据信息点密集区域较近。
(5) 相对安全、易于管理的区域。
(6) 避免选择易遭雷击的区域作计算机机房。
(7) 机房位置应在建筑物避雷装置的保护范围之内。
(8) 拟建机房区域承重情况良好。

7.3.1.2　布局原则

(1) 机房布局必须利于计算机设备的使用和运行。
(2) 全面考虑中心机房数据处理的流程,合理分布工作空间及各类设备安装场所。
(3) 结合机房建设原有的建筑格局,使维护通道、日常工作行走路线尽可能缩短,划分各分功能区简洁清晰,严格区分人流、物流方便机房的维护和安全。
(4) 大量的服务器机架的管理是机房工作的重中之重,放置在制冷效果好,又便于管理的位置,便于操作员迅速到达,解决故障,减少故障时间。
(5) 机房布局中机柜侧面距墙不小于 0.6 m,留有检修空间满足人员的走动要求。

7.3.2　网络安全

7.3.2.1　安全级别

系统的安全级别描述如下所述。

（1）一级安全应用：生产业务系统（本地生产系统和业务系统）属于一级安全应用，部署在核心交换机防火墙模块后面，通过防火墙提供安全防护，和 Internet 之间通过防火墙进行逻辑隔离，相互之间不能访问，从而保证主要生产业务系统的访问安全。

（2）二级安全应用：类似数据库查询系统属于二级安全应用，部署在核心交换机防火墙模块后面，可以通过访问一级安全业务系统，也可以访问 Internet，但互联网不能反向访问内网。

（3）三级安全应用：部署在防火墙的隔离区（demilitarized zone，DMZ），公网用户可以访问对外发布的网站系统，边界防火墙只根据需要开放端口，其他端口默认关闭。

区域安全级别划分如图 7-21 所示。

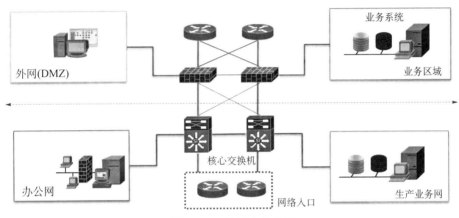

图 7-21　区域安全级别

7.3.2.2　网络边界

整个网络的出口由安全网关组成，利用防火墙区域（Zone）的概念，采用多个接口建立多个安全区域，分别与业务区域、DMZ 外网、互联网、内网核心连接，并根据区域的不同建立不同的安全访问控制策略，进行分类控制。

安全网关对所有进出互联网和各安全区域的数据流进行安全控制与过滤，同时为了增加可靠性，安全网关采用双机互备架构。

除了在安全网关内实现防火墙过滤外，还可以根据需要启用上网行为管理、流量控制或者防毒墙的模块，实现统一的网络边界安全。

边界安全架构如图 7-22 所示。

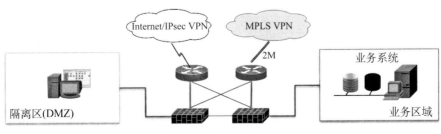

图 7-22　边界安全架构

7.3.2.3 网络核心

核心层网络安全主要由核心交换机及其防火墙模块构成,核心交换机为双机热备架构,向上连接到安全网关外的出口,向下连接到内部广域网的入口。核心交换机利用自有的 VLAN 隔离功能,划分 VLAN、配置访问控制列表,实现不同的区域和应用系统之间的逻辑隔离。单独配置的防火墙模块利用防火墙区域的概念,采用多个逻辑接口建立多个安全区域,并根据区域的不同建立不同的安全访问控制策略,进行分类控制。下属部门用户访问服务器群的时候,需要经过防火墙及安全策略许可才能访问到服务器群。双核心交换机的架构保障当任何一台核心交换机出现问题的时候,都不会中断网络流量。

网络核心安全架构如图 7 - 23 所示。

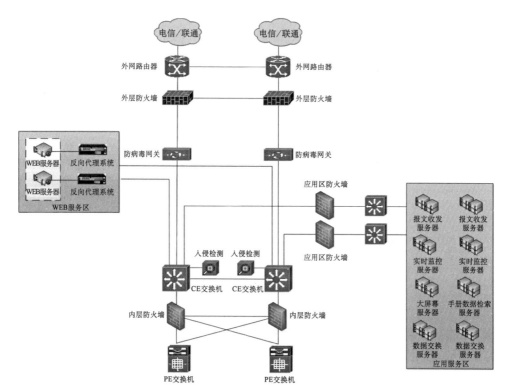

图 7 - 23 网络核心安全架构

7.3.2.4 DMZ 区域

DMZ 可以解决安装防火墙后外部网络不能访问内部网络服务器的问题,它设立的一个非安全系统与安全系统之间的缓冲区,这个缓冲区位于企业内部网络和外部网络之间的小网络区域内,在这个小网络区域内可以放置一些必须公开的服务器设施,如 Web 服务器、FTP 服务器等。DMZ 区域可以更加有效地保护内部网络,比起一般的防火墙方案,对攻击者来说又多了一道关卡。

DMZ 安全区域划分如图 7-24 所示，DMZ 系统应用划分如图 7-25 所示。

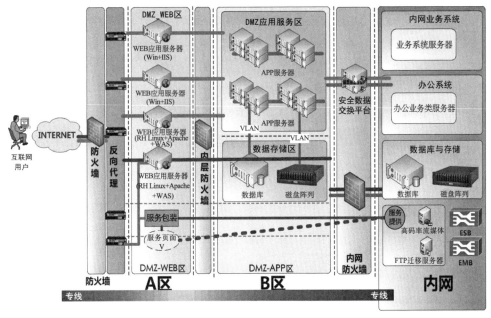

图 7-24　DMZ 安全区域划分

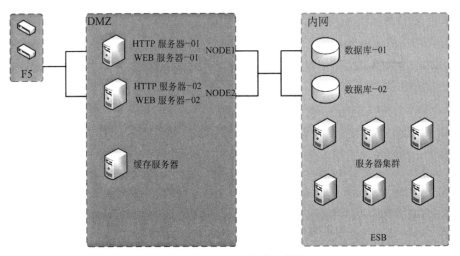

图 7-25　DMZ 系统应用划分

1）整合原则

（1）应用服务整合。

a. 需要对外网用户提供服务的应用系统原则上应当在 DMZ 区落地；

b. 应用系统的视图和控制器(view & controller，VC)层部署在 Web 应用服务器上；

c. 反向代理配置 Web 应用服务器的地址映射。

（2）存储整合。

a. 只供外网用户存取的存储应当部署在 DMZ 区，其他情况下数据库都部署到内网；

b. 外网用户只读、内网用户读写，分两种情况：如果存储能够开放独立的物理端口给 DMZ 区访问，则存储统一部署到内网。否则，在 DMZ 区设置独立存储，并实现从内网存储到 DMZ 区的单向数据同步（卷复制）；

c. 外网用户写（上传）、内网用户读写，则 DMZ 区和内网分别部署存储。外网上传数据先在 DMZ 区的存储做缓存，DMZ 区应用系统给内网应用系统发数据到达通知消息，内网应用系统主动到 DMZ 区存储抓取数据。数据到达通知消息应当通过安全数据交换设备。

2）安全访问原则

（1）内网→DMZ：防火墙访问控制、防病毒控制。

（2）DMZ →内网：受控的安全访问。

（3）禁止外网直接访问内网，所有请求必须在 DMZ 区落地。

（4）DMZ 区应用受限访问内网应用：阻断通用网络协议，内容安全检查，地址映射，限定访问权限（目标 IP、端口、协议、权限）。

（5）DMZ 区应用受限访问内网数据库：阻断通用网络协议，限定访问权限（目标 IP、端口、协议、权限），防 SQL 注入。

（6）DMZ 区应用受限访问内网存储：禁止 DMZ 区应用直接写内网存储，外网上传文件必须在 DMZ 区落地，而后通知内网应用系统到 DMZ 区指定位置读取文件数据。

3）部署原则

（1）只为外网用户提供服务的应用系统部署在 DMZ 区。

（2）同时为外网和内网用户提供服务的应用系统遵循以下原则：为外网用户提供上传功能的应用应当在 DMZ 区落地，并在 DMZ 区配置存储，为外网用户提 Web 服务的应用部署在 DMZ 区。

（3）邮件、短信、爬虫类应用部署在 DMZ 区。

（4）内外网应用逻辑已经完全分离、外网应用逻辑数据规模不大、内外网分别部署的授权（License）费用不高的应用建议在 DMZ 区落地。

（5）其他应用统一部署到内网，外网用户通过反向代理访问内网应用。

（6）DMZ 区的 Web 类应用通过反向代理完成地址映射。

7.3.3　授权控制

7.3.3.1　基于安全套接层（secure sockets layer，SSL）的传输

用户使用浏览器访问 Web 服务器时，会在客户端和服务器之间建立安全的

SSL 通道。在 SSL 会话产生时：

首先，服务器会传送它的服务器证书，客户端会自动的分析服务器证书，来验证服务器的身份。其次，服务器会要求用户出示客户端证书（即用户证书），服务器完成客户端证书的验证，来对用户进行身份认证。对客户端证书的验证包括验证客户端证书是否由服务器信任的证书颁发机构颁发、客户端证书是否在有效期内、客户端证书是否有效（即是否被窜改等）和客户端证书是否被吊销等。验证通过后，服务器会解析客户端证书，获取用户信息，并根据用户信息查询访问控制列表来决定是否授权访问。所有的过程都会在几秒钟内自动完成，对用户是透明的。

如图 7 - 26 所示，除了系统中已有的客户端浏览器、Web 服务器外，要实现基于 SSL 的身份认证和访问控制安全原理，还需要增加下列模块。

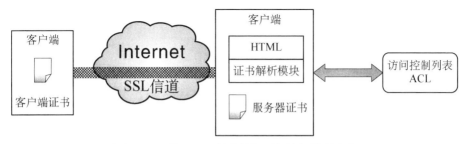

图 7 - 26 基于 SSL 的身份识别与访问控制方案

（1）Web 服务器证书：要利用 SSL 技术，在 Web 服务器上必须安装一个 Web 服务器证书，用来表明服务器的身份，并对 Web 服务器的安全性进行设置，行使 SSL 功能。服务器证书由 CA 认证中心颁发，在服务器证书内表示了服务器的域名等证明服务器身份的信息、Web 服务器端的公钥及 CA 对证书相关域内容的数字签名。服务器证书都有一个有效期，Web 服务器需要行使 SSL 功能的前提是必须拥有服务器证书，利用服务器证书来协商、建立安全 SSL 安全通道。这样，在用户使用浏览器访问服务器，发出握手时，服务器将配置的服务器证书返回给客户端，通过验证服务器证书来验证他所访问的网站是否真实可靠。

（2）客户端证书：客户端证书由 CA 系统颁发给系统用户，在用户证书内标识了用户的身份信息、用户的公钥及 CA 对证书相关域内容的数字签名，用户证书都有一个有效期。在建立 SSL 通道过程中，可以对服务器的 SSL 功能配置成必须要求用户证书，服务器验证用户证书来验证用户的真实身份。

（3）证书解析模块：证书解析模块以动态库的方式提供给各种 Web 服务器，它可以解析证书中包含的信息，用于提取证书中的用户信息，根据获得的用户信息，查询访问控制列表，获取用户的访问权限，实现系统的访问控制。

（4）访问控制列表：访问控制列表是根据应用系统不同用户建设的访问授权列表，保存在数据库中，在用户使用数字证书访问应用系统时，应用系统根据从证书中解析得到的用户信息，查询访问控制列表，获取用户的访问权限，实现对用户的访问控制。

7.3.3.2　分级数据授权

PHM 系统通过设定严格的数据权限(分级授权),来保障系统数据安全。

(1) 系统将唯一有一位超级管理员,用于分配初始用户、角色权限,此账户将在系统上线后被禁用;超级管理员可以设定系统管理员、信息管理员等高权限用户。

(2) 系统管理员、信息管理员等可以继续建立用户,并为其分配不得超过自身权限的功能权限和数据权限。

(3) 用户可以根据自己的功能权限使用系统提供的服务;根据自己的数据权限访问系统提供的数据。

7.3.4　数据安全

7.3.4.1　数据交换

数据交换的内容主要包括文件交换、消息交换、数据库交换、邮件交换、定制应用数据交换等几种类型,对不同的数据内容,应当根据实时性要求设计不同的数据交换方式。数据交换跨越内网与 DMZ 区边界的时候,原则上除实时类消息以外均在 DMZ 区做缓存,由内网通过 Pull 方式实现数据交换;实时类消息可以由 DMZ 区 Push 到内网,但应当设计严格的防护措施,必要的时候部署安全隔离系统。

7.3.4.2　数据灾备

存储区域网络(storage area network,SAN)架构可以通过两台磁盘阵列实现数据的同步,独立于操作系统和应用,一旦某个磁盘阵列出现问题,可以很快地切换到另一个磁盘阵列并恢复,保证数据不会丢失。数据的备份和恢复也是一个数据密集型访问的应用,如果使用其他方式要占用大量的带宽,前台响应将极为缓慢。但是在 SAN 的架构下,可以实现与服务器无关的备份解决方案和零停机时间的备份解决方案。

分别在项目试运行阶段和正式运行阶段,SAN 架构将实施两种不同的数据备份策略,以保证高度的数据安全性:

(1) 试运行阶段采取逻辑备份、全库冷备份的备份策略。

(2) 正式运行阶段采用 ORACLE DATAGUARD 灾难备份策略。(特别说明,也可通过热备份取代灾难备份策略,因为在 ORACLE RAC 环境中,启用 DG 对数据库及网络数据吞吐量压力很大。)

7.3.5　安全制度

要保证计算机网络的安全性,首先管理工作必须到位,因为网络管理也是计算机网络安全重要组成部分。通过制定相应的规范并有配套制度能保证正确、规范执行到位。比如,使用门禁系统严格控制并记录人员进出,机房每天定时巡查、设备出入严格记录并有负责人签字;设备或网络故障都有一套严格的响应机制和应急机制,确保及时发现、及时响应、及时处理。

8 基于飞机健康管理的维修控制决策

随着健康管理技术的日趋成熟,新一代主流民机型号均采用了健康管理系统,健康管理技术的发展和应用必将对民机维修模式和维修技术产生深远影响。国外就此已展开相关研究,涉及考虑 PHM 的计划维修任务制定、结构健康监测的适航审定等。国内研究主要集中在民机关键系统的健康监测技术,而相关基于 PHM 维修模式和维修决策支持技术的研究却很少。如何将 PHM 技术与现有计划维修模式融合以发挥技术的优势,此方面的理论研究和实践亟须开展。

本章节首先介绍了 PHM 技术对维修保障决策的影响和几种常见的维修保障策略,着重研究了基于 PHM 的民机维修保障新模式及考虑健康监控的维修大纲分析流程,最后介绍了目前我国某型飞机正在开发的维修控制决策软件系统。

8.1 PHM 技术对维修保障的影响

利用 PHM 的监控和智能诊断能力可以显著提高维修效率,利用 PHM 的预测能力可以减少保障规模和备件库存,PHM 系统的引入对飞机的维修保障会产生积极影响。飞机外场维修工作主要分为计划内维修和非计划内维修两大类。其中,计划内维修主要指的是周期性检查工作;而非计划内维修主要包括发动机地面试车、故障排故处理、故障部件的拆换、计划内维修后需进行的检查等。

飞机 PHM 系统对计划内维修活动的影响主要是减少定期检查来实现视情维修。例如,对于机翼某部位复合材料表面的意外冲击损伤,实际上 1000 次飞行循环可能才会出现 1 次明显损伤,若 PHM 中结构健康监测系统可以有效识别该损伤,则在这 1000 次飞行循环中所有的定期检查就可以取消,从而节省大量人力物力。

对非计划内维修活动,飞机 PHM 系统的影响主要是减少平均诊断时间,包括故障监测和排故隔离时间。目前,PHM 系统尚未成熟,无法完全覆盖所有故障问题。除了自动处理的故障外,常规的排故处置方法对 PHM 系统覆盖范围之外的故障仍然有效。

预测能力是飞机 PHM 系统区别于传统 BIT 的关键能力之一,可以显著提高飞机的安全性和经济性。预测技术通过提前预报潜在的故障以避免二次损伤甚至更严重的安全事故,在故障前采取措施,减少修理的工作范围和费用。对于系统关键部件的剩余寿命预测能力可以在保障使用安全的前提下充分发挥部件寿命,最大化使用时间。故障预测技术正在改变维修保障的模式,通过合理的规划,可将外场维修转化为基地级维修,将非计划内维修转化为计划内维修,从而进一步降低维修保障费用。

现行的维修保障时机由定时维修和视情维修组成,制订维修决策和内容的主要依据是主观人为经验。随着健康监测技术的应用,维修决策和内容将以 PHM 技术对重要部件的状态监控结果为依据,因此对维修时机和内容的决策将产生影响。

(1)组织机构的调整。

在 PHM 技术的支持下,地勤人员可以便捷地获取飞机系统/结构的故障信息,外场保障的主要工作重点不再是检查和故障定位而是完成故障件的更换。因此,地勤人员可以分为放飞保障和排故保障两部分,放飞保障组借助 PHM 的功能完成飞机系统/结构的监测;排故保障组借助 PHM 功能快速确定故障位置,这样既可以降低对地勤人员专业技术的要求,又可以弱化各专业间的技术跨度,还能减少地勤机组的人数。

(2)工作流程的调整。

在 PHM 技术的支持下,地勤人员能够在飞机落地前获取故障信息,并在飞机落地前完成排除故障的各种准备工作,在飞机落地后离机排除故障,恢复飞机的完好。地勤维护部需要再按照飞行后检查、发现并确认故障位置、完成排故准备、排除故障等流程,从而缩短维修保障时间,为提高飞机的利用率,减少航班延误奠定了基础。

(3)维修时机与内容的调整。

在 PHM 技术支持下,维修保障人员可以准确获知故障所处位置并预测故障件的剩余使用时间。在飞机落地后,地勤人员的主要工作是确认是否对部长部件进行更换。因此,地勤人员需要请示的操作授权由故障定位是否正确转变为故障件是否更换,维修主管的审批内容也由确认故障位置转变为确认更换故障件的时机。

(4)训练体系的调整。

在 PHM 技术支持下,维修保障人员可以准确获知发生故障的具体部件,并预测剩余的工作时间,地勤训练的重点也因此由传统的故障定位向综合考虑飞机完好性与维修保障经济性转移,地勤人员不仅要保证飞机系统/结构完好,还要确保飞机完好的前提下尽量降低维修保障成本,提高维修保障的经济性,提高飞机的使用效能。

8.2　基于 PHM 的飞机维修保障模式

随着传感器和数字信号处理技术的进步,飞机健康状况评估向自动化、智能化方向发展,机载系统上安装的传感器覆盖范围大幅拓展。以发动机为例,在附件机匣、后支撑环等处安装振动传感器等基本可以覆盖发动机上转动、传动部件,通过振动即可对这类部件的健康状态进行评估;另一类诸如轴承、减速齿轮等传动润滑部件,采用滑油状态、品质和碎屑监视手段;对于气路主要部件,采用进出口温度、压力转子转速和先进的自调整模型技术即可进行连续监控。这些预测与健康管理新技术的进步发展,不但可以使得外场可以更快地识别、隔离故障,提高排故处置效率,而且极大地刺激了飞机维修保障模式的进步,越来越多的信息得以充分利用,使得飞机系统/结构健康状态变得"可视",也使用户能够获得关键部件更准确的退化情况,无须储存大量备件,先进的剩余寿命预测更是及时使得用户可提前进行航材备件的采购,有效降低库存规模和成本。在健康管理系统中,前期状态监测、故障诊断和预测的最终目的之一是为决策生成提供支持。维修决策支持是系统自身健康状态评估结果后的输出,直接关系到维修活动的质量和经济性。

航空复杂装备的维修经历了如下几个阶段:修复性维修、预防性维修、视情维修、增强型视情维修,失效率随着维修策略的改进逐渐下降[83~86]。维修策略的演化及每种策略的特点如图 8-1 所示。其中,增强型视情维修即为基于 PHM 的维修。

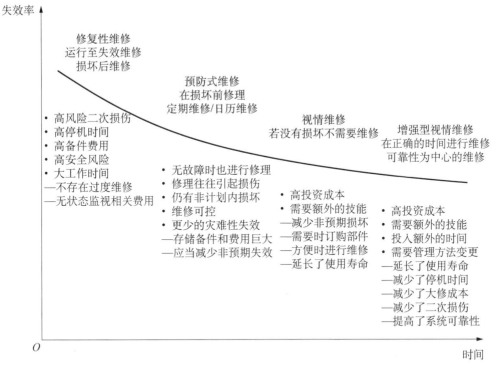

图 8-1 民机维修策略的演化发展

如表 8-1 所示,维修主要分为两种策略:被动式维修和主动式维修。被动维修是指修复性维修或事后维修;主动维修细分为预防性维修和预测性维修。预防性维修主要指的是定时维修,而预测性维修包括以系统状态诊断为核心的视情维修和以系统剩余寿命预测为核心的增强型视情维修两种方式。其中,诊断用于识别即将发生的失效事件,而预测用于预报系统剩余使用时间,用于进行最优的任务和维修规划。主动维修可以延长系统寿命。主动维修例如更换滑油,或引发失效部件的更换一般可使得系统运行更加高效持久,从而显著节省运营费用、提高利用率。尽管不能阻止零部件所有的灾难性失效,主动维修能够显著减少失效数和整个系统的停机时间。最小化失效也意味着可以节省维修和未来换件费用。由于零部件失效的内在随机性,当失效出现时,需要实时修复性维修。

表 8‑1　民机维修策略分类

维修类别	被动式维修	主动式维修		
	修复性维修	预防式维修	预测式维修	
子类别	事后维修	定期维修	视情维修‑诊断	增强型视情维修
何时计划	坏了就修	固定时间检查间隔、修理和大修	根据系统状态维修	根据系统的剩余寿命预测维修
为何计划	无	通过定期大修或更换,预防发生严重失效后果	根据需求安排维修	维修需求投射为任务时间内的可靠性
如何计划	无	根据失效率预测部件有用寿命	连续采集状态监测数据	根据实际的应力载荷预报系统的剩余寿命
预测类型	无	无	机载和离机系统,近实时趋势分析	机载和离机系统,实时趋势分析

8.2.1　修复性维修

修复性维修是指系统发生故障后,为使其恢复到规定技术状态所进行的被动式维修活动。其核心思想是坏了再修,这种修理策略主要针对的是失效不会造成装备损失或人员伤亡的非关键部附件。这些部附件以运行至失效或以非计划形式失效。

优点:修复性维修的好处一般不需要监视非关键部件的运行状态,可以充分发挥装备的使用价值,不会发生过度维修情况,也没有状态监控等投资费用,因而可以减少维修保障费用。

缺点:系统故障风险大,由于没有事先计划,修复性维修的停机时间较长,失效时间不确定不仅影响系统完好率,也影响其任务完成,导致停机费用和备件库存率高,缺少灵活性。

8.2.2　预防性维修

预防性维修是指为防止系统发生故障或功能退化,使其保持在规定状态所进行的维修活动。其目的是发现并消除潜在故障隐患,或避免故障产生的严重后果而防患于未然,其核心思想是在坏之前就修。这种维修策略通过确定潜在失效率预防关键失效的发生,其中潜在失效率可通过工作小时、日历时间、起飞、着陆次数等确定。

其代表性的维修方式是定时维修,根据平均历史失效率、工程估计或预定的循环次数确定的时间区间触发维修操作,进行停机检查、结题、更换零部件,以预防损坏继发生毁坏及运行损失。预防性维修也可以不定期进行,即在监测到导致失效或部件降级的状态时触发实施维修。

定时维修又可分为定时拆修和定时更换两种方式。定时拆修是指设备使用到规定时间予以拆修,通过分解、清洗或翻修使其恢复到规定的状态,有效地预防具有明显损耗期的设备发生故障;定时更换是指按一定的周期用新的设备或部件替换旧的使用中的设备或部件,当定时更换时间到达时,不管设备当时的可靠性状态如何,都将按计划更换,主要适用于寿命可知的设备或部件,以避免故障的发生。

优点:可以降低功能性故障的发生率,减少停机时间,提高安全性。

缺点:但常规的预防性维修一般通过最差工作区间确定维修时机,设备或部件往往在拆换前仍有相当的寿命,且在维修过程中容易引入其他附加损伤导致过度维修。

当前的发展趋势是利用健康管理和可靠性为中心的维修等实现系统服役时间的最大化。

8.2.3 视情维修

视情维修(condition based maintenance,CBM)是指通过嵌入式传感器、便携式设备外部测试、测量或其他数据采集方法对系统状态实行评估,由此导出一系列的维修过程和能力[87]。视情维修的目标是仅在需要时执行维修。

这种维修策略是在系统运行时,对其主要(或需要)部位进行定期或连续的状态监测和故障诊断,判定系统所处的状态,预测系统状态的发展趋势,依据系统状态的发展趋势和可能的故障,预先制订预测维修计划。CBM 属于预测性维修范畴,是应用状态监测技术和故障诊断技术,按诊断程序来确定系统"健康状态"的维修活动。

实施 CBM 的理论依据:多数系统在使用过程中,在故障发生至失效之前都会出现一些可以观察、感觉或测量到的信号。如,噪声、振动、发热、碎屑、裂纹等,即都存在一个可用于触发维修的时间区间(见图 8 - 2)。其中,首个降级可监测点称为 P 点,若有一定的监测方法能够在首次可监测点和功能失效出现,称为 F 点之间的时间段内发现降级,则就有机会避免失效发生。P 点和 F 点之间的区间称为 $P - F$ 区间。$P - F$ 区间支配着 CBM 任务的执行频率及何时需要采取措施对即将发生的失效进行修复。从中也可归纳出实施视情维修的条件:存在状态指示器可以检测到潜在的失效状态,状态指示器在小于 $P - F$ 区间内可以监视损伤的传播,$P - F$ 区间应足够长便于采取适当的维修措施避免装备进一步发生功能失效。总之,实时视情维修应具备:必须能发现某一具体故障模式征兆;可用适当的手段和参数标准加以检查,并且能发现其潜在故障状况;在潜在故障时间与功能故障时间必须有一个合理的时间间隔,以便采取必要的维修措施。

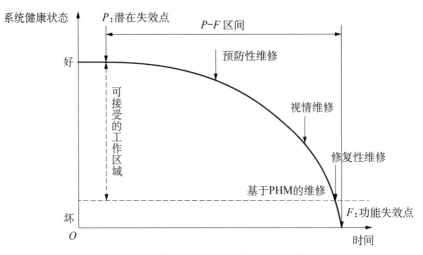

图 8-2　典型系统失效过程 **P-F** 曲线

实施视情维修需要依赖于机载传感器、BIT 和地面测试设备等对飞机系统关键部件和系统的状态进行实时监视和评估。实时视情维修的好处是可以减少定时维修项目，从而减少外场的维修保障规模；此外，可以充分利用诊断用的传感器，实现故障的快速定位，从而提高排故处置效率。这种维修由各种状态降级阈值驱动，这种维修方式仍具有一定的保守性，无法充分利用装备的寿命潜力，且由于不具备预测能力，无法进行外场维修保障资源优化，因而，仍需要保留较为庞大的维修保障体系。

8.2.4　增强型视情维修（基于 PHM 的维修）

增强型视情维修（condition based maintenance plus，CBM＋）也可称为是基于 PHM 的维修[88]。美军在国防部指令中定义 CBM＋指的是装备整个寿命周期内，通过适当的过程、技术和基于知识的能力应用和集成，获得指定的可用率、可靠性、运行和保障费用[89]。CBM＋根据所需的证据实施维修，并将可靠性为中心的维修与增强装备部件准备状态和维修有效性的使能过程、技术和能力进行无缝集成。CBM＋使用系统工程方法采集数据、分析数据、并为系统采办、现代化、保障和运行提供决策支持。CBM＋的关键技术主要有故障预测、增强诊断、便携式维修助手、《交互式电子技术手册》、数据分析与决策支持（自动推理）、综合信息系统、自动识别技术、交互式培训等。

与常规维修方式相比，CBM＋在制定策略时考虑了系统运行状态中由于制造过程、使用保障过程等造成的差异，并尽可能在故障前进行维修，由于掌握了装备的技术状态，运用数据分析与决策技术预测装备的剩余寿命，进行精确维修，故能有效减少停机时间，节约维修费用，延长使用寿命，提高装备的完好率和可用率。这种维修策略的核心是在正确的时间进行维修。

CBM+的主要目标是提高人、物执行能力并减少运行保障费用。在 PHM、增强诊断技术、失效趋势分析、便携式维修助手、序列号管理、自动识别技术、数据驱动交互式维修训练等技术的支持下，CBM+还可以增强综合维修和航材保障系统的维修有效性，提供更加准确的零件跟踪能力，支持更加有效的维修训练，产生更小的维修和航材保障指令，提高维修能力、供应/维修规划、应答性使装备得到最佳的可用率。通过预测能力，CBM+可将非计划内、被动维修转化为日常计划内维修，将外场维修转化为基地级维修。通过自动维修信息系统与航材保障系统进行无缝集成，CBM+可得到更加高效的维修保障模式、更小的保障规模。

RCM 与 CBM 密切相关，是根据系统可靠性参数和工作背景确定系统最优化失效管理策略的逻辑化、结构化过程，而不是一种独立的维修策略[90~92]。RCM 定义了系统，以最佳费用达到预期的安全性水平、环境坚固性和工作完好率所需进行的工作内容。如果说维修确保装备能够继续工作，则 RCM 确定了当前工作背景下必须做什么内容才能确保装备继续工作，例如美国海军航空系统司令部（Naval Air System Command，NAVAIR）将 RCM 定义为确定适当的失效管理策略确保安全运行和低成本完好率的分析过程。RCM 分析考虑失效过程和装备相关的可靠性，失效后果相关的严重性以及处理各种选项的费效分析。RCM 主要依据有：装备固有可靠性和安全性由设计确定，维修只能保持，不能提高；装备部件故障具有不同的影响和后果，应采取不同的对策；装备的故障规律不同，应采取不同方式控制维修时机和类型；不同的维修操作消耗的资源、费用、难度和深度不同，可进行优化排序。

RCM 通过对装备在使用环境下的功能与故障分析，明确系统内装备故障后果和危害程度，综合考虑故障后果、风险分析、维修技术可行性和经济因素等，利用一种规范化的决断逻辑对不同的维修策略进行组合和优化，实现装备失效后果的全面和有效管理。在 RCM 背景下，有主动式和被动式两种维修类型。采取主动式维修可保持系统的功能性（安全性或减少修理费用），减少非计划内停机时间或对任务性能的影响。当装备较小，后果是可接受或不可预测时，被动维修最为有效。在 RCM 过程中，一般优先将视情维修作为装备的主维修策略，对随机故障进行有效的管理。随机故障无法通过定时维修预防，只能通过对装备的状态检测与诊断，及时掌握装备状态，监视潜在故障发展过程，在装备发生故障前实施维修干预。

CBM+基于获得的装备健康状况，预测装备剩余有用寿命，进而精准安排维修活动，与 RCM 互为补充，一般需要结合起来使用才能发挥最佳效果，利用 RCM 决断逻辑选择装备的视情维修任务，根据必要性、技术可行性、经济性等因素进行状态监视技术的排序，合理选择视情维修策略。而 RCM 将装备风险反馈给视情维修，确定状态监视的频度和级别。CBM+为 RCM 提供动态实时数据，提供了 RCM 分析的科学性和准确性，装备的状态信息既可为回溯装备失效过程，也可为 RCM 正确判断故障特征和发生原因提供依据。

由于能够实时预测装备关键部附件和系统的剩余寿命，从而可以更加精确地优化安排外场的保障资源,从而可以不断减少外场维修人员的工作量、提高维修排故效率,还可以在足够的领先时间内调用备件,有效降低外场的保障规模,CBM＋已经成为21世纪最有发展潜力的新型维修保障模式。

8.3　视情维修建模方法

复杂系统维修是为了提高系统的可用性,减少由于故障造成的停机和延误,同时,减少维修费用也是提高复杂系统经济性的重要因素。维修中的大多数研究是关于系统在不同维修策略下的随机特性,从而确定最优化的系统维修策略。系统的随机特性主要是由系统维修成本和系统可靠性量度体现,如维修成本率、折扣成本率、可用性、平均故障间隔时间(mean time to failures,$MTTF$)和失效率等。总之,系统维修最优化的策略或许是下面其中之一[93]:

(1) 最小化系统维修成本率。

(2) 最大化系统可靠度。

(3) 当满足系统可靠性要求时,最小化成本率。

(4) 当满足系统维修成本要求时,最大化可靠度。

Wang 和 Pham 列出了一般的影响最优化维修策略的各种因素[93,94]。他们认为应当考虑结合不同的维修策略、系统结构、维修恢复程度、停止(shut-off)规则、优化标准、建模工具、系统状态、相关性、是否忽略维修时间等。视情维修优化决策方法与一般维修优化决策有很大联系。视情维修优化决策建模是在一般维修优化决策的范畴中,所以,前面这些建模因素,视情维修优化决策中当然也要考虑,但是视情维修有其独特性,比如它有状态参与决策。这里,从维修决策的理论优化角度出发,在现有文献的基础上,根据 Aven、王文义、黄洪钟等的观点,我们归纳出如图 8-3 所示的几个情维修优化决策需要考虑的因素[95~97]。主要解释如下:

(1) 维修策略。就是选择开展维修活动的时间点与确定维修方式。可以在与役龄相关的周期 T 时进行维修;也可以在与状态相关的某个检测时间点进行维修;当然发生故障失效时也是进行维修的时间点。

(2) 系统结构。是单部件系统,还是多部件系统,甚至可能是复杂系统、大系统。

(3) 停止规则。如,串联系统中有一个子系统故障修理,其他非故障子系统仍可用,修理完毕后,这些非故障子系统的状态可以看作与之前发生故障时的状态一致,详细各种规则可以参考文献[98]。

(4) 维修方式与程度。主要有预防性 PM,或者事后 CM。这里的维修方式与维修程度也是相关的,如采取更换、最小维修、不完全维修等。

(5) 维修成本。成本可以包含:系统正常运行费用、失效损失费用、修理费用、更换费用、备件相关费用、设备折扣等。成本可能是确定常数,也可能是模糊或随机的。

（6）系统状态的检测模式。随时（连续）检测，即可以随时获得系统状态；定时检测，即对系统状态作定时的检测，只有在检测时才能获得系统状态；随机检测，即对系统状态的检测是随机进行的。

（7）维修优化标准。也就是优化模型的目标函数，可以是关于费用的，例如长期运行下，单位时间平均费用最小、期望折扣费用最小等；也可以是关于可用度的，例如在某中费用结构限制下，使得系统在某时间区间里的可用度最大。另外，目标还可以是关于生成率或安全性的，例如使得生产率最大或安全性最好。

（8）最优化建模的工具。可以选择更新理论、马尔可夫方法、非齐次泊松过程、人工智能等方法。

（9）计划水平。指所优化时间的形式，可以是无限的、有限的、离散的，或连续的。

（10）系统的状态模式。如果系统状态只有"好"或"坏"两种，那状态模式是二元的；如果系统状态为多元的，用离散形式 $0, 1, \cdots, N$ 表示，其中可用 0 状态表示系统状态是新的，N 状态表示系统故障失效状态。

（11）相关性。也就是多部件系统中各个子系统之间的关联特性，包括经济相关性、故障相关性或者结构约束相关性。

（12）信息水平。完全信息水平，即检测时，获得关于系统状态的信息水平是完全的。

不完全信息水平，即检测结果以一定的概率符合系统运行状态，也会以某个概率获得错误的系统状态信息。

图 8 - 3 视情维修优化决策考虑因素

建模还需注意以下几点：

（1）系统的劣化模式。如果系统是普通失效，可以用递增的失效率来表示系统的劣化；如果系统的运行主要受某个外部和系统内部的冲击的影响，则用冲击模型来表示系统的劣化和失效。

（2）维修所占用时间的模式。如果认为维修（修理或者更换等）是瞬间完成的，认为用于维修的时间远小于运行时间，那么可以不计维修所用时间；如果考虑维修所用时间，可将维修时间看作一个常数，或者是一个随机变量。

（3）多部件系统的各个部件以成组（block）的形式组成，所以为了建模单个单元系统的可靠性度量和成本率，有必要研究出更有效且效率高的方法。所有这些单部件系统的方法将作为分析多部件系统的基础。

（4）文献中的大多数优化维修模型应用的优化准则是：忽略可靠性前提下最小化系统维修成本。然而，维修的目标是改善系统的可靠性。因而，优化维修策略必须建立在成本率和可靠性指标的基础上。需要注意的是对于多部件系统的系统维修成本率的最小化就可能不意味系统可靠度最大化。有时，当维修成本率最小的时候，系统可靠度也很低，以至于在实际中不适用。这是因为系统中的不同部件可能有不同的维修成本率并且在系统中有不同的可靠性重要度。因而，为了达到最优使用性能，一项优化维修策略需要同时考虑维修成本和可靠度。

按照以上各个要素的不同组合，我们可以得到各种各样的视情维修模型，目前文献中的大量视情维修模型大致都包含上述的要素。从要素的分析可以看出，维修策略派生推广出来的视情维修模型是纷繁杂乱的，根据前面所说的视情维修优化决策考虑的因素侧重不同，已有的模型大致可以分为最小维修模型、检测模型、延迟时间模型（delay time model）、冲击模型（shock model）、比例危险模型（proportional hazards model）和马尔可夫决策模型（Markov model）等。

比例危险模型认为故障率函数的比值不依赖于时间，且不同个体的故障率函数成正比。当确定了状态和故障率之间的关系后，按照一定的目标函数（费用或可用度等）建立模型，然后以故障率作为决策变量就可以得到故障率的阈值；应用时根据状态计算出当前故障率，然后与阈值作对比选择合适的维修策略，对于可修系统，对应的就是比例强度模型（PI模型）。

8.4　PHM 技术对维修大纲分析流程的影响

新一代飞机测试性的改进和提高、特别是健康监测技术的引进，促使飞机由定时的计划维修向更加高效的视情维修转变，为顺应这一变化趋势，在 ATA、SAE 等国际组织的领导下，新的 MSG‐3 方法做了相应调整，为计划维修分析任务中引进健康管理方法奠定了基础。健康监测技术引进后，一些传统的依靠人工实施的定时检查任务将可能被自动化的健康监测取代，还有相当一部分计划维修任务将被取消，取而代之的是视情维修与预测维修。针对实施视情维修或预测维修策略的

MSI/SSI,如何根据健康监测确定其最优的修理/更换时机成为一个重要问题。

8.4.1　系统维修任务制订

8.4.1.1　MSG‐3逻辑用于系统维修任务分析

MSG‐3采用演进逻辑为系统/动力装置确定维修任务,依据MSG‐3中设定的选择标准,将对飞机安全、运行和经济性有显著影响的系统组/部件选为重要维修项目(maintenance significant item,MSI),MSI的定义和选择是一个保守过程,主要根据工程经验预估可能的失效影响。然后我们针对每一个MSI展开进一步分析来确定维修任务类别。

(1) FMECA。

通过工作表单明确MSI的选择逻辑,包括其功能、功能失效、失效影响、失效原因以及属于该维修重要项目满足用户需求的额外数据。

(2) 上层分析。

对于选定的MSI,我们使用逻辑决断图表进行上层分析。每一个功能失效和失效原因必须通过逻辑分析判断是否需要维修任务,得出的维修任务和间隔形成初始计划维修。

上层分析需要评估每一个功能失效以确定失效影响的类别,即:明显的安全性、使用性、经济性、隐藏的安全性和非安全性。每一个功能失效经过逻辑决断分析被划入五大失效影响类别:①明显的安全性;②明显的使用性;③明显的经济性;④隐藏的安全性;⑤隐藏的非安全性。

(3) 下层分析。

在下层分析中,对于5种失效影响种类,维修任务的处理使用类似上层分析的方法。在选择特定的任务类型时我们需要考虑每种功能失效的原因。下级分析失效影响种类共有6种可能的任务结果问题,除了第一个有关"润滑/勤务"的问题,其他任务选择问题在所有情况下必须提问。当沿着隐藏或明显安全影响类别路径,所有后续问题必须提问。对于其他类别,继第1个问题后,回答"是"将退出逻辑决断得出相应的维修任务。

我们以明显安全影响类别为例来说明如何选择适用有效的MSI任务类别。图8‐4显示了具有明显安全影响的功能失效分析任务选择逻辑框架。该类别的维修任务要求能保证安全运营,同时必须考虑所有问题,如果最后没有有效的任务结果,则对该MSI需要进行重新设计。检查任务包括:一般目视检查(GVI),详细检查(DET)和特别详细检查(SDI)。功能检查是一种确定一个项目是否可以在指定范围内执行一个或多个功能的定量检查。

8.4.1.2　考虑系统健康监测的系统维修任务分析逻辑

系统健康监测(system/structural health monitoring,SHM)的引入提供了新的维修任务类别,可能改变现有的维修任务选择逻辑。对于检查和功能检查任务,除了传统的检查方式(包括GVI,DET和SDI),我们可以选择计划的系统健康监测(S

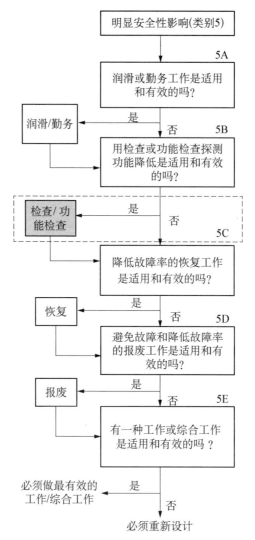

图 8-4 有明显安全影响的功能失效分析逻辑

-SHM)任务来满足必要的损伤/退化检测。随着技术发展,部分由维修人员操作的传统检查/功能检查任务可以被计划系统健康监测(S-SHM)任务甚至自动系统健康监测(A-SHM)任务取代。

(1)在一些工况下,当系统健康监测(SHM)系统功能满足或者超出 MSI 的探测要求,传统的检查/功能检查任务可以被 S-SHM 取代。S-SHM 系统在固定的时间间隔获取 SHM 设备的监测数据通过对比阈值检查 MSI 的健康状态。S-SHM 仍然属于计划维修任务,在初始计划维修任务列表中呈现。

(2)在另一些工况下,当使用自动化的健康监测系统监测 MSI,并且 A-SHM 系统满足系统损伤/退化的探测要求,传统的检查/功能检查任务可以被 A-SHM

取代,自动产生维修行动。当某 MSI 的 A‑SHM 系统满足其全部 MSG‑3 探测要求,在维修大纲(MRBR)计划维修任务列表中则不显示任务。

修改后考虑 SHM 技术的具有明显安全影响的功能失效维修任务分析流程如图 8‑5 所示。

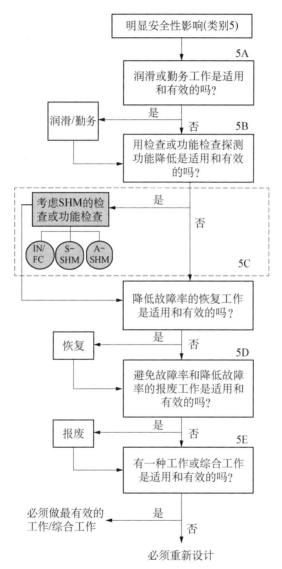

图 8‑5　考虑 SHM 的有明显安全影响的功能失效分析逻辑

8.4.2　结构维修任务制定

8.4.2.1　应用 MSG‑3 逻辑分析结构维修任务

结构的计划维修任务和间隔制定依据结构设计信息、疲劳和损伤容限、相似机型结构服役使用经验和相关测试结果的综合评估。结构维修任务的选择评估需要考虑以下因素：①结构损伤来源；②对结构损伤源的敏感程度；③结构损伤对持续适航的影响；④多种预防、控制或探测结构损伤方法（考虑检查阈值和间隔）的适用性和有效性。

　　根据飞机结构失效后对飞机安全性造成的后果我们可将结构件分为重要结构项目（SSI）和其他结构项目。重要结构项目（SSI）是指承受飞行、地面、增压或控制载荷的任何重要的结构细部、结构部件或结构组件，它们的故障将影响结构的完整性且危及飞机的安全性。其他结构是指非重要结构项目，在区域边界内定义为内部和外部的结构项目。我们对每一个 SSI 退化失效过程适用有效的结构维修任务选择需要进行如下分析：偶然损伤（AD）分析、环境退化（ED）分析，疲劳损伤（FD）分析，腐蚀和磨损分析。MSG－3 结构分析逻辑流程如图 8－6 所示。

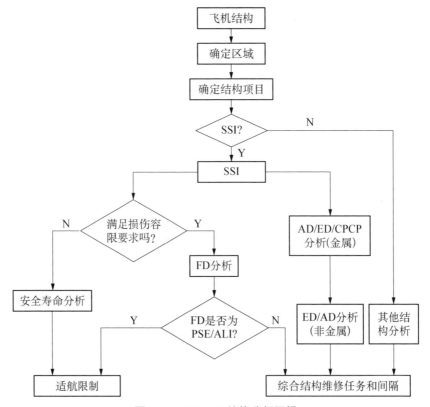

图 8－6　MSG－3 结构分析逻辑

8.4.2.2　考虑结构健康监测的结构维修任务分析

　　新兴技术如结构健康监测（SHM）可能成为 AD、ED 或 FD 分析的候选任务（一旦被证明适用且有效后）。为简便绘图，结构健康监测与系统健康监测均使用 SHM 表达，请注意区分。基于现行的 MSG－3 结构维修逻辑，我们考虑 SHM 的逻辑更

新如

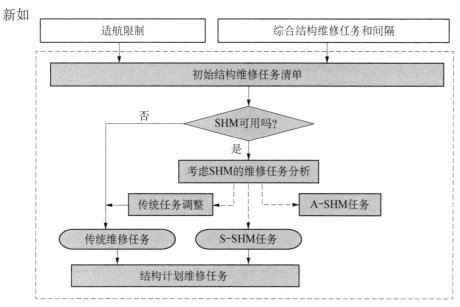

图 8 - 7 考虑 SHM 的结构维修任务

图 8 - 7 所示。

经过验证的结构健康监测系统可以被用于保证重要结构项目的固有适航性。该系统的特定设计将会决定符合相关计划维修要求的使用方法。引入结构健康监测系统后,计划维修要求扩展至包括计划的结构健康监测(S - SHM)和自动化的结构健康监测(A - SHM),一些计划维修任务可以被适用有效的 S - SHM 或 A - SHM 任务取代。

(1)在一些工况下,当计划的结构健康监测(S - SHM)系统适用并且其功能满足甚至超过对 SSI 的探测要求,传统的检查任务可以被 S - SHM 取代。S - SHM 系统在固定的时间间隔获取 SHM 设备的监测数据,通过对比阈值检查 SSI 的健康状态。S - SHM 仍然属于计划维修任务,在初始计划维修任务列表中呈现。

(2)在另一些工况下,当使用自动化的结构健康监测(A - SHM)系统监控 SSI 并且其满足结构损伤/退化的探测需求,传统的检查任务则可以被 A - SHM 取代,自动产生维修行动。当某 SSI 的 A - SHM 系统满足其全部 MSG - 3 探测要求,在维修大纲(MRBR)计划维修任务列表中则不显示任务。

8.5 民机维修控制决策系统开发

民机实时监控与故障诊断系统的目标是为民机制造商和航空公司建立基于状态的维修(CBM)能力,提供一套智能的客户服务支持系统。该系统具备飞机实时监控功能、故障诊断功能,将用于监控大型客机实时运行状态,为飞机健康预测、健康管理等应用提供基础,并对飞机各系统进行长期的趋势分析,从而对飞机的健康状态进行监控和管理。

该套系统原共包括数据收发与处理子系统、实时监控子系统、故障诊断子系统、航后数据监控子系统及应用支撑子系统等几个部分。根据面向用户的优化需求以及未来系统的完整应用需求，该套系统新增维修控制决策、发动机监控、维修品质分析、健康状态评估、飞机运行管理等五大子系统模块。同时，为辅助更好地完成维修控制决策系统工作，该套系统新增基于移动终端的维修控制决策软件，以辅助一线维修人员的前端现场应用。

8.5.1　系统功能

维修控制决策终端软件功能需求源自航空公司用户（主要为领先试用航空公司用户），主要提供并辅助一线维修人员执行维修工作，同时提供 MCC（维修控制中心）工程师和技术服务工程师等对飞机维修排故工作的实时监控与指导。

维修控制决策子系统主要包含以下功能。

（1）故障上报：包括文字图片上报、语音上报等故障上报方式及功能。

（2）维修监控：提供对维修任务的查看、维修进度的确认、维修结果记录及对新增维修任务与任务状态变更的实时推送功能。

（3）远程支援：提供文字图片、音频、视频等方式的远程协助功能，辅助一线现场维修人员进行远程指导及排故维修。

（4）本地资源管理：提供对终端硬件本地缓存内容的管理及同步，实现用户对关键、较大文件的快速访问，主要包括对手册的管理同步功能等（见图8-8）。

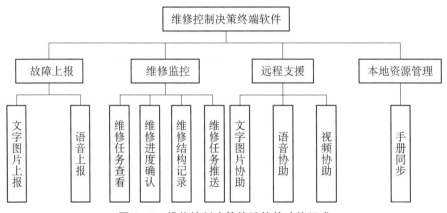

图8-8　维修控制决策终端软件功能组成

8.5.2　系统工作流程

维修控制决策终端软件主要提供便携式维修决策终端应用，以辅助一线维修人员完成对维修任务的执行工作，并提供维修监控人员、维修技术人员对维修任务的实时监控与远程指导等。一线维修人员在现场发现故障之后，通过移动终端，将故障上报给维修控制中心（MCC）或技术服务处，相关工程师在收到上报故障后，组织新建维修任务,并编写维修方案、下发排故任务。具体执行维修工作的一线维修人员通过便携式终端收到排故任务后,按照相应的排故方案及维修任务,执行维修工作,并将维修结果实时反馈;同时,若在维修过程中遇见相关问题,还可通过系统远程支援功能,申请与技术人员或专家进行一对一的文字、语音或视频交流,实现远程协同维修。系统主要流程如图 8-9 所示。

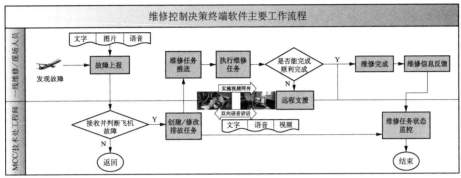

图 8-9　维修控制决策终端软件工作流程

此外,维修控制决策终端软件亦可提供对维修任务进度的实时变更推送功能,使 MCC 工程师等相关人员能够及时掌握维修任务进度情况。

8.5.3　维修监控模块

维修监控功能提供对用户相关的维修任务的查看、监控、结果记录等功能,并将与用户相关的新任务信息、任务变更状态信息等实时推送给用户。维修监控功能主要包括维修任务查看、维修进度确认、维修结果记录及维修任务推送等功能。

8.5.3.1　维修监控——维修任务查看

(1)功能描述。

维修任务查看主要提供对当前用户相关的维修任务的查看操作,并提供包括任务进度、任务详情以及相关的维修方案、手册内容的链接查看,帮助一线维修人员根据任务信息,执行维修任务。维修任务查看功能用例图如图 8-10 所示。

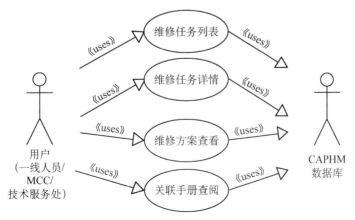

图 8-10　维修任务查看功能用例图

（2）前置条件。

用户以正确的账号登录系统，进入"我的维修任务"。

（3）操作权限。

主要面向航空公司一线维修人员、MCC、技术服务处工程师等。

（4）界面及说明。

（5）业务流程。

a. 用户进入维修任务列表页面；

b. 对维修任务详情、维修方案、关联手册等进行查看。

（6）业务控制说明：无。

（7）输入及输出。

输入：维修任务筛选；

输出：任务相关信息。

（8）其他。

8.5.3.2　维修监控——维修进度确认

（1）功能描述。

提供对用户当前执行维修工作状态的确认，包括"工具"、"航材"、"人员"是否到位、维修任务是否执行完成等进度的确认操作。

（2）前置条件。

用户以正确的账号登录系统，查看维修任务，根据当前状况，进行维修进度确认。

（3）操作权限。

主要面向航空公司一线维修人员、MCC、技术服务处工程师等。

（4）界面及说明。

（5）业务流程。

a. 用户进入维修任务查看页面；

b. 根据任务执行情况，对维修任务进度节点进行确认；

c. 提交确认信息。

（6）业务控制说明：无。

（7）输入及输出。

输入：任务执行状态；

输出：确认结果。

（8）其他。

8.5.3.3　维修监控——维修结果记录

（1）功能描述。

在维修任务执行完成之后，提供对维修任务结果的记录功能，支持通过录音方式记录维修结果。

（2）前置条件。

用户以正确的账号登录系统,并且具有使用本功能的权限,一线人员、MCC 及技术服务处工程师均可对维修结果进行记录。

（3）操作权限。

主要面向航空公司一线维修人员、MCC、技术服务处工程师等。

（4）界面及说明。

（5）业务流程。

a. 用户进入维修任务查看页面;

b. 查看具体维修任务,确认完成维修任务,编辑维修结果或通过录音记录维修结果;

c. 保存并提交维修结果记录。

（6）业务控制说明：无。

（7）输入及输出。

a. 输入：维修结果信息、录音信息;

b. 输出：记录提交结果。

（8）其他。

8.5.3.4　维修监控——维修任务推送

（1）功能描述。

维修任务推送实现对新增维修任务的实时推送,一线维修人员在收到新的维修任务时,系统将在终端中实时推送消息通知。同时,当维修任务状态变更时(如由"发布"变更为"完成"),也能将任务状态的变更实时推送给任务创建者及任务发布者。

（2）前置条件。

用户以正确的账号登录系统。

（3）操作权限。

主要面向航空公司一线维修人员、MCC、技术服务处工程师等。

（4）界面及说明。

任务推送的界面形式如图 8-11 所示。

图 8-11　维修任务推送界面形式示意

（5）业务流程。

a. 新的任务产生或任务状态变更；

b. 系统向相关人员进行消息推送。

（6）业务控制说明：无。

（7）输入及输出。

输入：任务状态信息；

输出：推送消息。

（8）其他。

9 工程应用实例

9.1 概述

民用飞机实时监控与健康管理系统主要是基于空地双向数据通信的系统,实时收集飞机的状态信息,及时获取飞机的健康状态,并对飞机的全寿命周期内的健康状态进行有效管理。

此类系统的典型代表是波音飞机健康管理系统(AHM)、空客飞机维修分析系统(AIRMAN)、巴西航空工业公司飞机健康分析和诊断系统(aircraft health analysis and diagnosis,AHEAD)、南航的飞机远程诊断实时跟踪系统。飞机主制造商利用其在飞机设计、参数设定及系统集成方面的技术优势和经验,借助其在飞机市场的领先地位,在飞机实时监控与健康管理系统的开发应用方面形成得天独厚的条件。

9.2 波音飞机健康管理系统

波音公司联合 Honeywell、SMI 公司、日本航空公司开发了 AHM 系统,能够减少定期航班运行中的中断成本,为航空公司创造效益。通过对飞机实时监控、故障信息前置和优先排序、预测,AHM 能够在需要的时间和地点提供飞机的数据,通知航空公司并使其快速有效地做出运行决策。波音每年都会根据用户需求持续升级完善,及时发布新版本,确保 AHM 系统的生命力和竞争力,也为航空公司带来持续的使用价值。

9.2.1 AHM 的工作原理

AHM 主要以飞机中央维护计算功能(CMCF)与飞机状态监控功能(ACMF)的实时数据为主要来源,收集的数据通过 ACARS 发送到地面并转发到波音 AHM 系统,航空公司用户可以通过 MyboeingFleet.com 门户网站使用 AHM 工具,对实时数据进行监控和分析,进行飞机维护工作决策;同时针对影响飞机放行或需要采取的维护措施,AHM 系统提供相关的维护文件链接,包括飞机最低设备清单(MEL)、《故障隔离手册》(FIM)和《飞机维护手册》(AMM)等。对于 AHM 系统监控的飞行中故障,维护工程师提前准备好排故文件和所需器材及人力,飞机落地后马上安排进行维修,从而减少了飞机停留时间,增加了飞机的可利用率。

各个航空公司根据自身情况对 AHM 系统进行客户化配置,包括对报警信息及能够查询的数据或信息精心客户化修改,并确保每个用户均只获得特定的信息。

由于波音的 AHM 系统主要是基于机载 CMC 来设计的,飞机实时故障监控功能也主要针对装有 CMC 的 B747、B777 和 B787 机型来实施监控。对于 B737NG 飞机来说,虽然没有 CMC,但飞机上设计并安装了飞机状态监控系统(ACMS),所以只要通过软件改进和适当硬件改装,仍然可以使用 AHM 对飞机进行状态监控。

9.2.2 AHM 的主要功能

AHM 系统是一套以数据驱动的系统,可以帮助航空公司掌握机队健康状态,优化航空公司维修运行效率,能够极大地提高我们飞机运营的效率,降低运营成本。AHM 系统主要包含 3 个模块。

(1) 实时故障管理模块:将飞行中的信息传递给地面站进行诊断,为客户提供快速的排故决策,维修控制中心的工程师根据 AHM 系统提供故障等级和排故方案得以对排故停场时间进行评估,并对后续航班计划及时进行决策或调整,按需安排维修工作并提前部署必要的人员、航材、工装和设备。

(2) 性能监控模块:使航空公司可以通过分析飞机性能数据,合理并精确改进飞机的燃油效率和签派放行规划。

(3) 定制警告与分析模块:系统通过自动监控、收集并传输飞机各舵面位置数据、胎压数据、燃油数据及空调和增压系统、火警探测系统、液压系统、电源系统、导航系统、辅助动力装置和发动机滑油系统等监控信息。

AHM 系统页面组成主要包括以下几个部分。

(1) 机队监控(fleet status):通过处理来自空地数据链的实时数据,获得每架飞机的信息,实现实时航行动态监控、实时故障监控、实时飞机状态参数监控。

(2) 激活任务分析(actionable items):接收来自空地数据链的故障飞行数据,按预先编辑的逻辑将警告信息显示给机务维修人员,由维修工程师筛选虚警,进行任务派发。

(3) 故障详情分析(fault details):综合显示历史故障情况、故障处理流程、相似故障案例,为排故工程师提供与故障相关的详细信息。

(4) 工作任务分析(work items):根据故障现象,通过一定的算法逻辑,综合应用维修类手册、维修历史案例等信息,实现对飞机故障的快速诊断,给出合适的排故方案。

(5) 历史记录分析(history items):显示半年内所有相关故障的处理情况,提供历史数据分析工具。

(6) 报告发布(reports):提供多种分析报表及自定义报表发布功能。

9.2.3　AHM 的优点

AHM 可将数据及时地传输到所需之处,使航空公司快速有效地做出行动决策。AHM 的主要优点在于它可以尽量减少飞机停运时间,如航班延误、航班取消、中途返航及换场着陆等。AHM 降低停运成本的主要方法是:预测、提前准备及按序排故。

(1) 预测:AHM 有助于航空公司在出现故障前预测并调整飞机的健康状态。航空公司可自动识别可能导致 FDE 故障的隐患,而且 AHM 为航空公司提供消除隐患的经济性维修决策。因此,有了 AHM,航空公司可以有计划地监测飞机的健康状态,并做出维修决策,而不是在毫无准备的情况下解决突如其来的问题。

(2) 提前准备:当在飞行中出现故障,AHM 有助于航空公司立即做出可行性决策;若需要维修,可以尽快安排人员、部件和设备,使航空公司降低航班延误次数和延误时间。总之,在飞行途中 AHM 提供的信息和通知便于航空公司提前做好准备。

(3) 按序排故:按照重要性,AHM 为航空公司提供了燃油效率、经济影响和其他性能因素等信息,并帮助航空公司做出最佳行动。

通过 AHM 可减少飞机停运时间,由此为航空公司带来一些潜在优势。

(1) 减少下行航班延误:应用 AHM 计算下行航班延误的可能性并预估停运成本。

(2) 减少错过空管时刻:减少由于技术延误而错过空管时刻。

(3) 改善供应链效率:通过 AHM 的预防维修,航空公司可以更好地预测航线可更换件的失效,减少计划外拆卸及零部件储备。

(4) 减少未发现故障(no fault found,NFF):AHM 降低了 NFF 的可能性,减少了对人工和备件的需要。

9.2.4　AHM 系统的应用

波音公司将健康管理系统(AHM)系统首先在 B777、B747 - 400 民机上使用,并逐步扩展到其他民用飞机上。目前,AHM 在全球 61 家航空公司用户的 2 000 多架飞机上获得了应用,其中超过 75% 的 B777 机队和 50% 的 B747 - 400 机队都采用了波音 AHM 系统[99],国内的国航、国货航、东航等航空公司都是 AHM 系统用户。根据北京飞机维修工程有限公司[100,101]与国货航[102]的使用经验,借助 AHM 系统,能够及时了解和掌握机队的状态,针对飞机重复、重大、疑难故障工程师和生产一线人员一起研究分析,评估维修排故方案;有效地降低了飞机停场时间,并使许多原本应是非计划的停场变成了计划停场,有效提高了飞机利用率;对生产组织、人员安排也起到了积极作用。

9.2.4.1　新加坡航空公司

新加坡航空公司(SIA)是第一家采用波音 AHM 的航空公司,并于 2007 年 11 月与波音签署了关于 AHM 和综合航材管理(IMM)服务协议。目前,SIA 最广泛地采用了波音公司的电子维修和性能软件产品,也完整地评估了波音电子飞行志报告功能。应用表明,AHM 能为飞机提供胎压、氧压和液压油等数据,为系统数据的管理提供了更好的方式,通过跟踪这些系统的性能趋势,可制订维修计划并计算出最佳的维修间隔。

9.2.4.2 泰国国际航空公司

波音公司为泰国国际航空公司(THAI)提供飞机健康管理(AHM)服务。泰国国际航空公司运行的波音空中监控系统,是由波音商业航空服务公司研发的新型数据监测及预测维修服务项目。THAI 是第 3 家签署使用 AHM 的航空公司。此前,新加坡航空公司和日本航空公司分别与波音签署了协议。THAI 运用 AHM 来监测其 B777 和 B747 飞机机队(目前总共 32 架)的运行。

9.2.4.3 阿联酋联合航空公司

阿联酋联合航空公司(Etihad Airways)2006 年引入波音公司的 AHM 系统来监测该公司使用的新型 B777 - 300ER 飞机的飞行中健康状况。AHM 是一种革新的状态监控和预测服务系统,由波音民用航空服务部开发,为航空公司提供维修信息,用于在飞机被迫退出服务之前就能解决飞机存在的潜在问题,确保飞机的可靠性。波音公司指出,这是波音公司首次同时将 AHM 系统和一种飞机型号交付给同一客户使用。这些新飞机将是阿联酋联合航空公司首批使用的 B777 飞机。而通过采用 AHM 系统,阿联酋联合航空公司从飞机使用的第一天起就能吸收波音公司及其他 AHM 客户的集体知识和经验。AHM 可以帮助阿联酋联合航空公司跨入对飞机实施主动、高效维修和管理的航空公司前列。

9.2.4.4 国泰航空公司

国泰航空公司 2006 年开始使用 AHM 系统来跟踪管理其双通道波音喷气机运行状况,能对飞机状况进行实时跟踪,鉴别潜在故障,从而进行预先的、计划性的和及时的维修服务。

国泰航空公司将此系统用于现有的 B777 型和 B747 - 400 型飞机机队。AHM 具有独立的故障传送和预先诊断能力,与其现有的维护和工程系统兼容。

9.2.4.5 英国维珍航空公司

英国维珍航空公司(Virgin Atlantic Airways,简称"维珍航空")2007 年开始采用波音的 AHM 系统来监控其 B747 - 400 机队的飞行状况。

维珍航空的 B747 - 400 飞机采用 AHM 来采集和确定飞机实时飞行条件下的主要飞行数据,该公司可以通过这些信息来确定和解决效率问题。在飞行中飞机的状况方面,AHM 能够为该航空公司提供重要的洞察力。通过提供获取飞行中的燃耗信息的途径,航空公司就能够确定和解决可能造成燃料浪费的问题。有时,航空公司能够通过 AHM 对在空中飞行的飞机进行故障检修。例如,通过将 AHM 确定的故障传送到地面控制器,航空公司获得了将可能非常耗时的地面维修耽搁缩减为最小化或消除乘客调度问题的易于操作的维修的可见性。

通过帮助航空公司主动确定故障并对故障采取预措施,AHM 还为长期的机队可靠性项目提供支持。该系统提供来自其他飞机的机队信息,这些信息可以用于确定排除故障过程中特定维修行动的有效性等。该系统旨在帮助航空公司进行具备最高水平可靠性与效率的经营。

9.4.2.6 快达航空(澳洲)

快达航空的 B747-400 机队由波音的飞机健况管理(AHM)系统进行监控,该系统是帮助航空公司改进对计划外维修事件的管理的软件。快达航空的 30 架波音 B747-400 将利用飞机健况管理在飞机处于实时飞行状态的时候收集并评估关键性的飞行数据,这些信息可用来在航空公司内部确定总体运营效率。飞机健况管理使航空公司能了解飞机在空中飞行的状况,掌握飞行中飞机的油耗信息,航空公司可根据这些信息来判断并纠正可能造成燃耗浪费的问题。航空公司还能获得数据并据此做出相应准备,通过提前准备维修程序来最大限度地减少或完全消除航班延误。全球一共有 20 多家运营商订购波音的飞机健况管理系统,快达也成为其中一员。世界上的 B777 和 B747-400 机队中,超过 44% 的飞机利用了这项技术。

9.2.4.7 新西兰航空公司

波音的飞机健康管理(AHM)系统监视新西兰航空公司的 B777 客机和 B747 客机,为新西兰航空公司提供全球网络服务和 AHM 系统监视服务,从而提升航空公司的信息化水准。

9.2.4.8 AeroLogic 航空公司

波音公司 2008 年 10 月 7 日在 MRO 欧洲大会上宣布 AeroLogic 航空公司采用了其基于网络的"维护执行工具箱"(maintenance performance toolbox,MPT)和"飞机健康管理系统"(airplane health management,AHM),作为该公司 B777 货运飞机的维护文件编制平台的基础,这些飞机 2009 年开始交付。

AeroLogic 将使用波音的"飞机健康管理"来监控其 B777 货运飞机,给该公司一个实时故障管理工具来鉴定维护需要,与地面小组沟通以实现先发制人的、根据计划的和及时的维护操作,并解决潜在的问题。

MPT 和 AHM 的联合提供了互补的能力,能提高航空公司维护和工程操作的生产力。MPT 和 AHM 是波音公司用于飞机维护的"提高执行力"业务包中的关键组件。

9.2.4.9 中国国际航空公司

2009 年 7 月,波音与中国国际航空公司宣布,国航将使用波音的飞机健康管理(AHM)系统监控该公司新一代 B737 机队的航行状况。国航成为波音 AHM 的首家中国客户和全球第 33 家民用客户。

国航使用 AHM 系统收集并分析 B737 机队实时飞行状况下的关键飞行数据。该系统将飞机信息直观地传输给地面的控制员,使航空公司能避免耗时和高成本的维修延期,有计划地、轻松地解决维修问题。飞机健康管理尽可能地为乘客消除航班延误情况的发生,同时提高了飞机的整体利用率。

飞机健康管理还通过帮助航空公司提前识别故障并做出反应来支持机队的长期可靠性。通过在整个机队中应用多个运营商的运营历史数据和知识,一个航空公司的经验可以被用来指导另一个运营相同机型的航空公司做出维修决策,从而提高了可靠性和机队效率。

9.2.4.10　中国货运航空公司

中国货运航空公司 2009 年开始使用波音的 AHM 系统,中货航的新 B777 货机将应用波音三类电子飞行包(EFB),为飞机驾驶舱带来先进的计算机信息的传递和管理。飞机健康管理(AHM)多个组件将在中货航新的 B777 货机和目前已有的 B747 – 400 货机机队中进行安装。中货航是中国首家同时运营波音电子飞行包和飞机健康管理的航空公司,站在了维修及性能技术领域的前沿。

波音三类电子飞行包使用了由波音及其子公司杰普逊开发的软件,集合了机载性能工具和电子文档浏览器,将飞机系统、机组和乘务组的信息提供给航空公司的基地运营部门。机载性能工具为驾驶员提供该机型在任何天气、跑道和业载条件下的最佳速度和发动机调定值,从而提高了效率并增加了航程与业载。电子文档浏览器模块可以即刻获取最新信息,取代了体积庞大的多种纸版文件,最大限度地减少了手动更新和修订的需要。

9.3　空客飞机维修分析系统

从 20 世纪 90 年代开始,空中客车公司一直致力于数字化维修领域的研究探索,提出了"在飞行中、在航线维修和机库维修中实现数字化维修"的维修新理念。早在 1999 年,空客便开始设计研发一款专业的数字化排故及维护管理软件 AIRMAN,其全称为"飞机维修分析"软件(aircraft maintenance analysis)。 AIRMAN 主要适用于空客单通道系列(A318/A319/A320)和长航程系列(A330/ A340)装有机载维护系统(OMS)的飞机,也适用于 A380 大型客机。

AIRMAN 的主要作用是:帮助地面航站基地对整个机队的维修信息进行跟踪管理;简化和优化排故维修工作,提高排故效率;提供更为积极的预防性维修措施,减少非定期的排故维修任务,从而提高调度可靠性,降低维修成本。

9.3.1　AIRMAN 的工作原理

AIRMAN 是基于机载 ACARS (aircraft communication and report system)系统下传实时故障和航后报(post flight report)。同时,AIRMAN 也是一个自动化的维护决策系统,它利用实时采集模块(real time acquisition module, RTA)实时信息获取模块实时收集飞机的关键数据,并对数据进行分析与监控,决定对飞机当前状态或故障所需进行的维护或排故工作,同时针对不同的 ECAM 警告或故障信息,AIRMAN 提供相关的维护文件链接,包括《排故手册》(TSM)、《飞机维护手册》(AMM)等。

飞机维护工程师通过登录 AIRMAN,可以浏览整个机队的实时状态数据。对于正在飞行中的故障,维护工程师可以提前准备好排故程序、人员、所需航材和工具,飞机落地后马上进行相关排故或保留工作,从而减少飞机非计划停场时间,增加飞机的可利用率。例如,A320 系列飞机的中央故障显示系统(CFDS)从各系统的 BITE 收集系统的故障信息,这些信息可以在驾驶舱内显示,或者通过飞机通信寻址和报告系统(ACARS)传送到地面。维修控制中心和航线维修人员利用 AIRMAN

软件管理飞机的计划外维修。在收到故障报告后,地面的工作人员做出快速响应,在飞机降落之前就做好修理准备。AIRMAN 还可以提供预防性维修所需的日常工作清单,以减少计划外的维修。

AIRMAN 的功能是监测飞机系统在飞行途中的状况,把实时信息传送给地面维护部门,依靠这些早期信息,维护人员在飞机着陆前就能清楚判断出故障所在。安装 AIRMAN 能最大限度地缩短由于飞机维护而造成的运营时间延误,从而保证准点签派。这种技术先进的系统也有助于降低飞机的计划外维修次数。通过分析以前的飞机维护和故障资料,该系统还能找到适当措施,预防以后发生类似的维护问题。

9.3.2 AIRMAN 的主要功能

以 AIRMAN2000 为例,AIRMAN 的主要功能包括:

(1) AIRMAN 的实时监控功能。

双击 AIRMAN2000 的图标,出现"进入控制"面板后,可以方便地调出机队中某系列机型某一段时间内的资料。点击某架具体飞机,可以得到该飞机在某具体时段的各种详细资料(见图 9 - 1)。

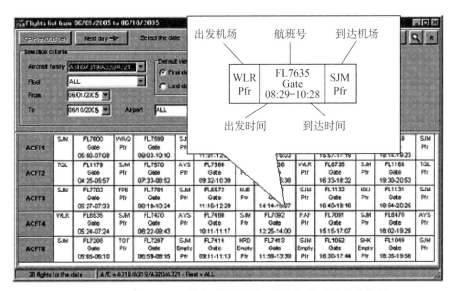

图 9 - 1 **AIRMAN2000 的相关页面显示整个机队某时段的数据**

(2) AIRMAN 的电子排故功能。

AIRMAN 的电子排故(e-trouble shooting)功能主要是通过查看飞机航后报告(PFR)实现。图 9 - 2 显示了某架飞机的航后报告,其上列出了一列故障信息。点击其中一条故障信息,则与之属于同一系统的其他故障信息,也将同时从故障列表中被标识出来。这种设计,有助于维护人员全面地了解某系统的故障情况,判别这些故障是否互相关联。故障信息列表内各种故障信息的颜色和字体粗细有所差别。其含义是,如果这条故障信息以黑色粗体字出现,说明该故障涉及某条新的厂家技

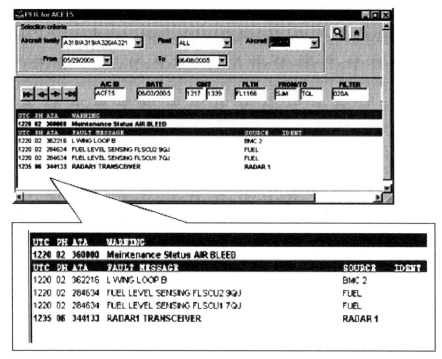

图 9-2　机队内某架飞机的航后报告(PFR)

术跟踪(technical follow-up，TFU)；如果以蓝色字体出现，表示该故障的可靠度较低。

双击列表内的故障信息，会出现该故障信息的详细内容页面，如图 9-3 所示。

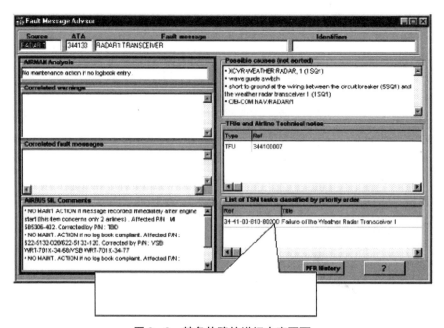

图 9-3　某条故障的详细内容页面

该页面左侧设有 AIRMAN 分析区、相关警告区、相关故障信息区和空客厂家服务信函(SIL)注释区等几个窗口;页面的右侧设有"可能的故障原因"区、"厂家技术跟踪 TFU 与航空公司技术通告"区、"排故手册任务列表"区等几个窗口。

所谓 AIRMAN 的电子排故功能,就是指它能够自动判断故障的可能原因,并直接给出具体的排故程序。AIRMAN 通过内部的专家库系统进行分析后,在"可能的故障原因"区窗口列出故障的可能原因,并且在"排故手册任务列表"窗口给出故障所涉及的章节号代码和排故程序标题。如果同时有多个排故程序可选用,可能性最大的程序将排在最前面。点击该代码和标题,AIRMAN 便可直接显示相应的排故程序的具体内容,这是因为在 AIRMAN 软件内嵌装了空客的排故手册。但如果维修人员还需查阅其他的相关手册,如《图解零件目录》(IPC)、《飞机维护手册》(AMM)等常用手册,则需要使用到空客的其他电子数据处理工具,如 ADOC 系列软件。如果某故障信息涉及相关的厂家服务信函(service information letter, SIL)或技术跟踪(TFU),它们将出现在"空客厂家服务信函(SIL)注释"区和"厂家技术跟踪 TFU 与航空公司技术通告"区的窗口内,维修人员可以点击浏览其详细内容。

（3）AIRMAN 的预防性维修功能。

由于空客机载维修系统(OMS)探查故障的精度比飞行员能发觉到的要高,它往往可以在飞行员发现故障填在飞行记录本之前,就已探查到某部件或系统存在故障。因此,AIRMAN 提供了全新的预防性维修理念。

AIRMAN 具有跟踪故障历史的功能,并能通过统计学运算,预测带故系统的可靠性,并预测某故障会被飞行员发现并报告的可能性的大小,从而给出一个最优化的维修时机,这样可以大幅度减少出现大故障后的非计划性维护活动,减少停场时间。机务维修人员通过查看"航后报告历史"(PFR history)得知何时需对某个已由设备检测出的故障进行预防性维修。"航后报告历史"内给出 3 种情况:一种要求在下一次落地时进行处理,标识为"Still open";一种可以保留到下一次定检再处理,标识为"Long lasting";还有一种是新出现的故障,需要在维修行动开展之前先进行评估,标识为"New today"。如果机务人员希望进一步调查某个故障在历次飞行中的出现情况,可通过"航后报告历史"页面调出 15 d 内与该故障相关的同一系统的所有故障。页面内的各行表示某时段内所飞的所有航班,如果该行出现"X"状符号,说明此航班出现可靠性较低的故障信息;如果出现"♯"状符号,说明该航班出现了故障信息;如果出现"·"符号,说明此航班的航后报告内没有出现故障信息。这一功能非常直观地显示了故障的严重性。

（4）AIRMAN 的维修工程管理功能。

运用数字化技术,AIRMAN 可以方便地统计出任意一段时间内整个机队的故障率以及每架飞机各系统的故障率,并自动生成分析数据和记录,给出整个机队任何时候的状态图表,如图 9 - 4 所示,这样便于维修单位从宏观的角度去衡量维修工作量。AIRMAN 的这一维修信息统计分析功能,使航空维修工作量和进程变得更为透明化,对维修控制中心(MCC)等单位很有用。除以上典型的特征以外,AIRMAN 本身具有较强的客户化适应性,允许客户更新其数据库内的数据,加进航空公司自己的工程注释,并且当机队变动后,AIRMAN 能很容易地更新升级。

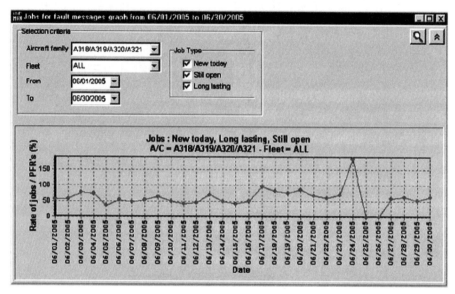

图 9 - 4　故障率统计表

空客在飞机的设计阶段就已经充分考虑飞机交付后的可维修性和健康管理功能。经过多年的探索和实践,空客系列飞机的健康管理机载和地面系统的功能不断扩展和优化。空客在设计世界第一代电传式民用飞机 A320 时,将飞机上的指示/记录系统中与故障和维修有关的信息提取出来提供给维修人员。在 A320 上,维修人员主要通过电子集中监控系统(ECAM)和中央故障显示系统(CFDS)获得相关的发动机和飞机故障信息。通过各个机内自检设备(BITE)探测、定位并储存系统故障;BITE 将维修数据传给中央故障显示接口组件(CFDIU)进行显示或打印,还可以通过 ACARS 传给地面系统。在 A330/A340 上,空客专门设计了机载维护系统(OMS),包括中央维护系统(CMS)、上传下载系统、打印等子系统。A330/A340 上的 CMS 通过 2 台中央维护计算机(CMC1,CMC2)与所有的机内自测设备相连。A380 设计了 OMS 和机载信息系统(OIS),OMS 不但能收集飞机各系统、发动机汇总到驾驶舱的故障信息,还与客舱的监控装置相连。A380 维护信息的空地数据传输通过 OIS 实现。

9.3.3　AIRMAN 的应用

AIRMAN 从 1999 年问世以来,一直深受各类飞机运营商的青睐,这些运营商的机队规模和业务模式各不相同。由于具有极高的数据分配效率,AIRMAN 大大地提高了用户的运营效率,并且显著地降低了直接和间接维护成本。AIRMAN 通过减少计划外的维护工作,从而提高飞机的签派可靠率[103]。

通过安全的互联网技术,人们可以在世界上任何地方访问 AIRMAN 系统。通过友好的用户界面,AIRMAN 提供了通往集中存储的实时维护资料和飞机或机队分析资料的门户,可以很容易地和航空公司的 IT 系统整合一起,为航空公司提高运营效率提供了宝贵知识。AIRMAN 和空客的其他补充性系统之间具有互操作性,用户能从中获得全面一贯的飞机服务。

空中客车公司不断地扩展 AIRMAN 的功能。作为空中客车公司 Air+客户服务的一部分,为配合 A380 投入运营,空中客车不断地推出新的工具,目的是简化运营中对飞机受损的评估和报告程序,加快飞机的放行时间,提高飞机的可用率。作为 A380 飞机的先锋用户,新加坡航空公司称该软件使用很方便。目前,世界上购买并使用 AIRMAN 的航空公司约有 72 家,国内的国航、东航、海航、川航、深航等都是 AIRMAN 的用户。

空客从 A380 机型开始,对研制的所有商用飞机都将安装实时健康监控系统(AirTHM)[104]。AirTHM 系统可以实时监控飞机在飞行中或着陆后各个系统的重要参数(数量超过 25 万个),遥测各部件的运行状态,帮助确认飞行故障的根本原因,还可以提供趋势性监控,比如某些关键参数的长期监视和对比。通过在 A380 飞机上的实际使用表明,该技术可有效降低航班延误率,同时还能降低整体的维修成本。此外,AirTHM 与空客维护控制中心的飞机停场技术中心系统(AirTAC)集成,能够提供实时排故支援,指导备件供应,监控预期故障下的系统健康状态。

9.4 巴西航空飞机健康、分析和诊断系统

巴西航空工业公司于 2006 年 6 月,为 E170/E190 飞机推出了基于网络的飞机健康分析和诊断(AHEAD)系统。截至 2012 年,约有一半的 E-Jet 飞机和 40%的 Embraer 用户在使用。

这个集成软件系统 AHEAD 将飞机系统的数据和网络数据库中的数据合并,对 E-Jet 飞机进行监测并提供维护建议,最新版本 AHEAD-PRO 能够覆盖未来所有的商业飞机。Embraer 与其客户共同接收数据。系统软件 AHEAD 使用程度对于获得的收益是不同的。Embraer 维护和支援副总 Luiz Hamilton Lima 介绍:"精简集成的 AHEAD 软件能够对非计划维护和计划维护间隔、零件库存数量、每个维护点的人力配备及更换退化零部件的最佳时刻做出最佳预测。"他估计使用 AHEAD 软件能够将飞机的可用性提高 35%。

AHEAD 可自动向地面传送飞机系统发出的报警信息,在飞行过程中持续地监控飞机的健康状况,并通过 ACARS 接收飞机数据,更多的数据是在着陆时下载。该系统跟踪零部件状态和实时的报警和维修信息,其中包括在飞行过程中生成但没有在驾驶舱显示的信息,为改进故障分析和确定其发展趋势进行提前筛选,同时还可提供个性化的报告,包括每个机队的信息、故障类型和故障分析等,并推荐纠正和

预防维护措施,航空公司接收到飞机的健康信息后会形成故障报告。巴航航空工业公司称,通过 AHEAD 的使用,可以明显地提高飞机的技术签派率。

9.5　南航的飞机远程诊断实时跟踪系统

中国南方航空股份有限公司的飞机远程诊断实时跟踪系统由南航与中国民航大学于 2001 年共同合作研发,并在 2006 年拥有了自主知识产权,成为同时拥有空客与波音飞机"远程诊断"技术的航空公司。此技术曾获中国民用航空总局科技进步奖二等奖,是处于国际领先地位的系统,由此填补了国内空白。

南航机务工程部于 2000 年成立了专门的航空电子信息部门,主要是通过对原厂家飞机实时监控系统的解读和研究,开发了自己的远程诊断实时跟踪系统,在数据的地面应用、与其他系统衔接和信息综合利用方面有较大突破。该系统利用 ACARS 空地数据链传送位置报、航段报和故障报,将运行飞机和发动机的实时故障发送到地面基站;通过链接《TDMS 系统电子手册》,实现 FRM/FIM -故障号、故障现象、维修信息号、MEL -故障现象、AMM - AMTOSS 号、IPC -件号/图号、WDM -部件号/章节号的检索;同时与 M&E 系统的故障历史链接,自动判断故障并提出解决方案,发布"故障诊断书",为地面人员提供准确及时的技术支持数据。远程诊断实时跟踪系统实现了实时监控飞机和发动机运行状态,报告/预报故障信息,利用已有排故经验和工程技术资料向维修人员提供辅助信息,提高运行管理和维修管理效率。该系统对公司不同型号飞机进行监控,在数据应用、系统衔接和信息综合利用方面有较大突破。但是,该系统研发和使用在一定程度上要依赖于厂家提供的相关数据和技术[105]。

南航通过对原厂家飞机实时监控系统的解读和研究,开发了自己的飞机远程实时监控系统,在数据的地面应用、与其他系统衔接和信息综合利用方面有较大突破。该系统利用 ACARS 空地数据链传送位置报、航段报和故障报,将运行飞机和发动机的实时故障发送到地面基站;通过链接《TDMS 系统电子手册》,实现 FRM/FIM -故障号、故障现象、维修信息号、MEL -故障现象、AMM - AMTOSS 号、IPC -件号/图号、WDM -部件号/章节号的检索;同时与 M&E 系统的故障历史链接,自动判断故障并提出解决方案,发布"故障诊断书",为地面人员提供准确及时的技术支持数据。

南航的飞机远程诊断实时跟踪系统是南航整个运行/维修管理系统(AMMS)中的一部分,结合了公司的航材、工程文件、生产控制、维护经验、运行控制等方面的情况,使其功能更加综合化和客户化。另外,该系统还可以利用飞机机载健康监控设备的客户化功能和地面研发的远程实时监控系统,自行地设定或改变飞机实时监控的部件、参数、警戒值等。飞机下传和上传的报文和指令是通过空地数据链来实现的,所以需要按流量(或相应协议)向民航数据通信有限责任公司(ADCC)和国际航空电信协会(SITA)付费。

　　根据南航工程师介绍,传统的维修方法需要下载储存在卡片中的飞行数据来了解飞机的运行状况。但启用远程诊断实时跟踪系统以后,我们只需要通过该系统与飞行中的飞机进行双向通信,飞机运行时的各种数据与信息就会被实时传输至地面,从而监控机身系统和发动机运行状态,提前发现机载设备故障,地面维修工程师只要根据飞机传递的故障信息,及时查阅维护手册、排故记录和航材信息,就能利用飞机飞行的时间在地面提前准备好排故小组,调拨到所需航材,组织落实维护工具和设备,从而缩短排故时间,提高工作效率,降低航班延误率。

10 相关标准

10.1 概述

在飞机实时监控与健康管理技术标准方面,国外在该领域的标准和规范较多,但多数并不只针对航空领域,相关的标准主要包括:

(1) 航空无线电通信公司(ARINC)系列标准中有较多标准与飞机实时监控与健康管理相关,涉及数据采集、传输、机载维护系统的设计、机载系统之间的通信、数据链地面系统标准和接口规范等。

(2) 国际标准化组织(ISO)发布 26 项相关标准,形成比较完整的状态监控与诊断标准族,为健康管理研发提供了基本的框架。

(3) 机械信息管理开放标准联盟发布 OSA - CBM 标准和 OSA - EAI 标准,用于实时的或分布式系统内部的时间监测和处理,用于信息管理活动驱动的中央或分布式的数据库。

(4) 电子电气工程师协会(IEEE)有 6 项标准与健康管理相关,对测试和诊断信息进行通用描述,为不同开发环境、不同开发平台间数据的交换和集成提供桥梁,指导测试诊断建模与维修管理系统的集成。

(5) 航空无线电技术委员会(RTCA)主要涉及航空领域内的通信、导航、监视和空中交通管理系统问题。

10.2 ARINC 相关标准

ARINC 系列标准中有多项标准与民用飞机实时监控与健康管理相关,涉及数据采集、传输、机载维护系统的设计、机载系统之间的通信、数据链地面系统标准和接口规范等。

对与民机实时监控与健康管理相关的 ARINC 协议簇(见图 10 - 1),本节重点描述其中一些主要的 ARINC 协议和规范。

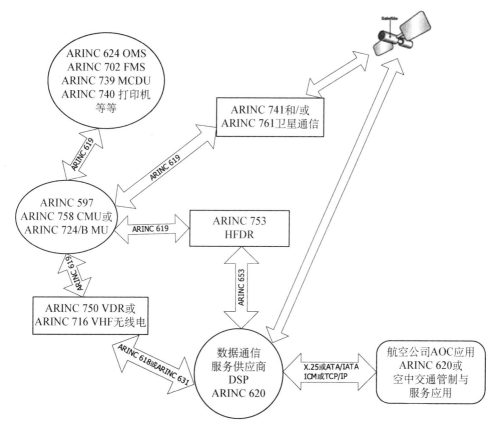

图 10 - 1　与机载实时监控与健康管理相关系统相关的 ARINC 协议簇

10.2.1　ARINC 429 广播数据规范

　　ARINC 429 广播数据规范是机载设备所使用的航空数字信号传输标准。该规范规定了航空电子系统之间数字信息传输的航空运输工业标准,所有系统之间的通信必须遵守这些标准。ARINC 429 规范"标号 33 数字信息传输系统(DITS)"于 1977 年 7 月被 AEEC(航空电子技术委员会)采用。ARINC 429 规范定义了一条广播数据总线,一般用于数据传输。ARINC 429 规范被采用时就定义了面向字符的文件传输协议。这个被用来作为面向字符的文件传输协议描述的指南的定义被整合进了许多 ARINC 设备特性中。1989 年,AEEC(航空电子技术委员会)升级了一个文件传输程序,开发出了一个新协议用来扩展文件传输协议的能力以支持对面向位的信息的传输。文件传输协议的最初的版本已被废止,作为历史记录,它的一个拷贝被保留在附录 F 中。从附录 F 中分离的 ACARS 面向字符文件传输协议被编入 ARINC 619 规范。

　　ARINC 429 协议中还对在基于字符的网络和基于字符的应用程序中传输基于比特的报文时需要使用的循环冗余校验算法进行了定义。该规范定义了一个用于航线可更换部件(LRU)之间的文件传输的机载链接协议。作为一个机载数据总线，此标准通常作为参考收录在 AEEC(航空电子技术委员会)设备标准(ARINC700 系列)之中。

10.2.2 ARINC 618 地地面向字符通信的协议

ARINC 618 是指面向字符的空地通信协议（air/ground character-oriented protocol specification）。该协议规定了飞机系统与通信服务商 DSP 网络系统间以面向字符方式进行数据传输的数据编码格式。即 ACARS 系统中的空地通信协议，候选空地数据链是 VHF、AMSS DATA‐2、HF。

此规范还定义了飞机通信寻址和报告系统 ACARS 中的甚高频通信的空地协议，VHF 数据链在飞机系统和地面系统之间传送面向字符的数据。此通信设备使得飞机操作成了航空公司指令，是控制和管理系统的一部分。

该协议还定义 ACARS 报文格式。此格式称为 A 型报文。这些特性将来会升级到 VDL 2 型 AOA 中。航空运行控制(AOC)及航空公司管理控制(AAC)报文用于飞机和基站之间通信。这些报文或者由用户定义，或者由 ARINC 618/ARINC 633 规范定义。

10.2.3 ARINC 619 机载 ACARS 终端电子系统

ARINC 619 定义了 ACARS 同其他机载航电设备的文件传输规范，实质为由 ARINC 597/ARINC 724/ARINC 724B 定义的 ACARS 管理组件 MU 与飞机其他电子设备内部连接的一系列协议。ACARS 面向字符文件传输协议被编入 ARINC 619 规范。ARINC 619 涵盖了 ACARS 同 FMS、FDAMS、驾驶舱终端、维护计算机、打印机、卫星通信系统及高频收发机系统的文件传输协议。

10.2.4 ARINC 620 数据链地面系统标准和接口规范

ARINC 620 规范全称为《数据链地面系统标准接口说明》(Data Link Ground System Standard and Interface Specification，DGSS/IS)，该规范给出数据链服务供应商与数据链地面用户之间进行数据交互时必须满足的(字符)数据接口特性，同时为地面数据链用户研发相应的应用系统和促成各种数据链服务供应商之间的统一和标准化(便于扩展使用)提供所需的信息。

ARINC 620 涉及的空地通信协议部分的内容与 ARINC 618 的部分内容相同，但 ARINC 620 的描述是以 DSP 为出发点的。数据链的两类使用者——飞机(机载设备)和地面用户，与 DSP 之间进行信息传输的协议和数据格式(空地段)是不同的。DSP 不但要提供合适的信息路由，还要提供在两种不同协议之间信息格式的转换。ARINC 620 对地面用户与 DSP 间进行数据传输的协议和格式进行了说明，同时对飞机与 DSP 间的基于文本的数据交换进行了一些说明。地面用户与 DSP 间的数据交换是通过标准信息文本(standard message text，SMT)的形式进行的，SMT 中使用标准信息标识符(standard message identifiers，SMI)和文本元素标识符

(text element identifiers，TEI)对信息进行描述。DSP 将飞机下传的数据转换为 SMT 格式向地面用户(报文的最终目的用户)转发，同时，地面系统发送至飞机的数据将由 DSP 进行协议的数据格式转换后，再将信息发送至协议的飞机。

ARINC 620 规范同时包含了数据链服务供应商与飞机，地面用户之间接口的一般性和特殊的指导原则，从数据链用户的角度描述了系统中空地之间和地地之间的通信协议，对数据通信服务供应商(DSP)地面系统的输入数据，系统功能以及输出数据进行了说明。ARINC 620 协议说明了地空数据链报文的格式，包括所有上行、下行和地地报文的格式，所有从数据链服务商到民航局(CAA)或航空公司双向的报文格式。它也对报文标签、子标签和报文功能标识符(MFI)进行了定义。该规范对数据链服务供应商系统功能的详细描述，可使用户能够完全理解在不限制 DSP 网络内部实现的情况下，DSP 系统可以达到的功能。ARINC 620 协议中，主要涉及 DSP 的功能为信息传送、飞行追踪、网络管理、DSP 链接服务。不同的 DSP 将有可能提供不同的信息格式和功能，这些不同会影响用户端系统的接口方式，ARINC 620 规范对这些可能出现的差异予以了特别说明。

ARINC 620 定义了地地通信协议，其定义了所有空地数据链报文的详细格式与规范和数据处理逻辑，是开发 AOC 应用中不可缺少的重要理论依据。

10.2.5　ARINC 624 机载维护系统设计指南

ARINC 624 是机载维护系统的具体设计指南标准，综合了传统的 BIT 系统、BIT 接口与访问系统、综合数据处理系统及飞机状态监控系统(ACMS)。ARINC 624 给出了机载维护系统的总体架构，机载维护系统主要由以下设备构成。

(1) 每个成员系统 LRU 中故障检测与 BITE 的硬件及软件，按需实现故障检测和隔离。

(2) 中央维护计算机(CMC)。

(3) 驾驶舱的维护访问终端(MAT)。

(4) 相关接口，包括与监视驾驶舱效应所需的接口、与数据库之间的接口、与数据链之间的接口、与数据加载/备份设备之间的接口、与远程维护访问终端的接口等。

ARINC 624 描述了对机载维护系统组成、功能、用户界面、与其他系统之间接口的整体要求，并给出了机载维护系统各组成部分的详细设计要求。

机载维护系统通过综合和关联机上不同系统的 BITE 结果，并接收和分析来自 ACMS 传感器的信号和数据，准确地报告和隔离故障，提供状态监测功能，实现经济有效地维护。

10.3　ISO 相关标准

ISO 是一个标准化国际专业组织，其中 TC 108/SC 5 机械状态监测和诊断技术委员会发布了一系列状态监测和诊断国际标准，为旋转机械、往复机械的故障诊断技术提供了重要的依据。ISO 目前已发布和在制订中的关于故障诊断、预测的相关标准内容涉及民机健康管理相关的共计 20 余份技术标准。

在机器状态监测与诊断方面,我国近年来颁布了多项标准,实际上是 ISO 相关标准的翻译版,分别是以下标准。

(1) GB/T 22393 - 2008《CM&D 总则》是该系列标准的顶层标准,介绍了机器状态监测与诊断程序的一般流程。

(2) GB/T 20921 - 2007《CM&D 词汇》:给出了机器状态监测与诊断中常用的术语。

(3) GB/T 20471 - 2006《CM&D 基于应用性能参数的一般指南》:给出了机器状态监测与诊断过程中与性能相关的参数和测量方法。

(4) GB/T 22394 - 2008《CM&D 数据解释和诊断技术的一般性指导》:介绍了状态监测与诊断中常用的诊断程序、技术参数和诊断方法。

(5) GB/T 23713.1 - 2009《CM&D 预测—总则》:给出了预测的一般过程、方法和基本数据要求。

(6) GB/T 25742.1 - 2010《CM&D 数据处理、通信和表达—总则》与 GB/T 25742.2 - 2013/ISO - 13374 - 2《CM&D 数据处理、通信和表达—数据处理》:对机器状态监测与诊断软件中各个模块之间的数据处理和通信进行了规范。

(7) GB/T 19873.1 - 2005《CM&D 振动状态监测—总则》与 GB/T 19873.2 - 2009/ISO - 13373 - 2《CM&D 振动状态监测—振动数据的处理分析及显示》:对基于振动的机器状态监测与诊断进行了详细描述。

(8) GB/T 23718.1 - 2009《CM&D 人员培训和认证要求—认证机构和过程要求》与 GB/T 23718.2 - 2009/ISO - 18436 - 2《CM&D 人员培训和认证要求—振动状态监测和诊断》:给出了机器状态监测与诊断的人员培训与认证要求。

10.4　OSA - CBM 标准

装备维护方式的发展经历了 3 个阶段:即早期的事后维护方式、定期预防维护方式、基于状态的维护方式(condition based maintenance, CBM)。相对于传统的维修方式,CBM 关注状态信息的实时获取,要求健康管理系统具备更高的故障诊断和隔离精度、增强故障预测能力,具备开放式结构、强调信息系统的集成和信息共享。CBM 通过利用更先进的信息技术,并通过改进管理手段来实现基于状态的维护,提高装备维护维修的效率。目前,CBM 技术已经在航空航天、国防、电力、冶金、化工等诸多领域取得了良好的应用效果。

CBM 系统包括从数据采集到具体维修建议等一系列功能。目前,CBM 系统结构具有不同的技术标准,其中最重要的是由美国机械信息管理开放系统联盟(Machine Information Management Open System Alliance, MIMOSA)等联合发布的状态维修开放系统结构(open system architecture for condition based maintenance, OSA - CBM)。MIMOSA 的 OSA - CBM 标准是"ISO 13374 机器的

状态监测和诊断"国际标准的功能规范的一个应用。

　OSA-CBM 标准把 CBM 系统分成了 7 个层次不同的技术模块(见图 10-2),使 CBM 结构层次化、组件化,不同的研究机构和公司可以发挥在各自领域的专业技术优势,充分实现技术整合,共同推进 CBM 技术的发展。OSA-CBM 的 7 个层次如图 10-2所示。

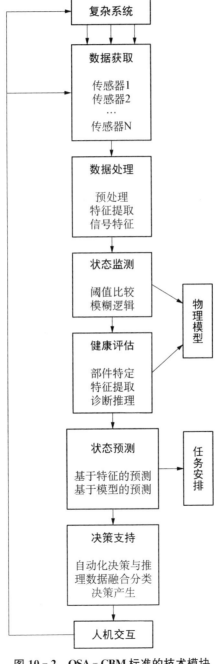

图 10-2　OSA-CBM 标准的技术模块

（1）数据采集层（data acquisition，DA）。

（2）数据处理层（data manipulation，DM）。

（3）状态监测层（condition monitoring，CM）。

（4）健康评估层（health assessment，HA）。

（5）状态预测层（prognostics）。

（6）决策支持层（decision support）。

（7）表示层（presentation）。

CBM 分析的对象是传感器或数据处理系统采集的数据，因此首先需要的是数据采集，所采集的数据一般需进行单位转换、标准化等工作。然后进行数据处理（包括状态检测），从数据提取出信息，并根据一系列状态信息评估对象的健康状态。CBM 强调预测能力，健康评估层之后是状态预测层，预测设备未来的健康状况，无论是当前健康状况还是未来健康状况都会被送至决策支持层。和其他交互式系统类似，CBM 同样需要人的干预，所以第七层被设定为人-机交互层。

10.5　IEEE 相关标准

IEEE 主要有 3 类标准族与实时监控与健康管理相关：

（1）IEEE STD 1232 简称 AI-ESTATE，该标准规定了测试和诊断信息的通用表达方法，采用一种中立的交换格式，同时提供诊断信息的形式化模型，使诊断推理机之间的模型信息交换成为可能。

（2）IEEE1451 标准族由美国国家标准与技术学会 NIST 组织开发，这一标准族的目标是标准化与 PHM 相关的传感器与作动筒。

（3）IEEE STD 1636 系列标准简称为 SIMICA，该标准定义了维修信息采集与分析软件接口，目标是提供一种维修信息的顶层模型。

10.6　RCTA 相关标准

航空无线电技术委员会（Radio Technical Commission for Aeronautics，RCTA）成立于 1935 年，该协会由美国政府和工业界的航空机构组成，其政府的参加成员包括联邦航空管理局（即 FAA）共 9 个，工业界成员共 119 个，其中美国航空无线电公司是其主要成员。

RCTA 把政府部门和工业界的技术专家们以会议的形式邀集在一起，这些专家包括行政官员、设计师、工程师、制造商、飞行员、空中交通管制员、飞机拥有者和航空公司经营者，通过会议或其他活动方式，对航空各个方面（主要涉及电子、电信）的各种共性问题交流各自的观点，并设法提出解决办法。

RCTA 主要针对航空领域内的通信、导航、监视和空中交通管理系统问题，提出一致性建议。民用飞机实时监控与健康管理技术相关的 RTCA 标准包括以下所述。

(1) RTCA/DO-178B《机载系统和设备合格审定中的软件要求》：该标准为机载系统和设备中的软件开发提供指南，以使软件在安全方面以一定的置信度完成其预定功能，并符合适航要求。这些指南是：软件生存周期中各过程的目标、为达到这些目标所进行的活动和设计考虑的说明、表明这些目标已达到的证据的说明。

(2) RTCA/DO-160F《机载设备环境条件和试验程序》：规定了机载设备的一系列最低标准环境试验条件分类和适用的试验程序。试验的目的是提供为确定机载设备在使用过程中会遇到的典型环境条件下的性能特性的试验方法。

(3) RTCA/DO-254《机载电子硬件设计保证指南》：该标准为机载电子硬件设计保证提供指南，包括从概念到初始认证以及随后为保证持续适航而进行的证后产品改进。

参 考 文 献

［1］白若水,严犀斐.服务是对人心的"征服":航空专家汤小平谈现代民机客户服务［J］.大飞机,2013(3):34-37.

［2］汤小平.民机客户服务与标准化［J］.航空标准化与质量,2008(5):4-8.

［3］Staszewski W. Monitoring on-line integrated technologies for operational reliability-monitor［J］. Air & Space Europe, 2000,4(2):67-72.

［4］Zio E, Di Maio F. A data-driven fuzzy approach for predicting the remaining useful life in dynamic failure scenarios of a nuclear system［J］. Reliability Engineering & System Safety, 2010,95(1):49-57.

［5］Pettit C, Barkhoudarian S, Daumann A G. Reusable rocket engine Advanced Health Management System: Architecture and technology evaluation—Summary［C］. Los Angeles, CA, US:1999.

［6］Larder B, Azzam H. Changing the M from monitoring to management［C］. MT, USA:2000.

［7］Sandborn P A, Wilkinson C. A maintenance planning and business case development model for the application of prognostics and health management (PHM) to electronic systems［J］. Microelectronics Reliability, 2007,12(47):1889-1901.

［8］Azzam H, Beaven F, Smith A. FUMS Technologies for Advanced Structural PHM［C］. 2007.

［9］Figueroa F, Schmalzel J, Walker M. Integrated system health management: Foundational concepts, approach, and implementation［C］. Seattle, WA:2009.

［10］张莉,袁海文.飞机电源多 Agent 预测与健康管理系统研究［J］.计算机工程与应用,2010,46(19):227-230,245.

［11］费成巍,艾延廷.航空发动机健康管理系统设计技术［J］.航空发动机,2009,35(5):24-29.

［12］黄伟斌.发动机健康管理的自适应机载实时模型［D］.南京:南京航空航天大学,2007.

［13］魏慕恒,贾秋玲.飞控系统传感器故障诊断的神经网络方法研究［J］.计算机测量与控制,2010,18(1):14-16.

［14］宁东方,章卫国,李斌.一种飞控系统健康管理专家系统的设计［J］.测控技术,2007,26(6):76-78.

［15］陈银超,杨伟.基于贝叶斯决策的电传飞控系统状态监测与健康管理［J］.计算机测量与控制,2012,20(6):1449-1451.

［16］赵四军,王少萍,尚耀星.飞机液压泵源预测与健康管理系统［J］.北京航空航天大学学报,

2010,36(1):14 - 17.

[17] 刘泽华,李振水.基于小波包特征熵的飞机液压系统故障诊断方法研究[J].计算机测量与控制,2009(09):1705 - 1707.

[18] 时旺,孙宇锋,王自力,等.PHM 系统及其故障预测模型研究[J].火力与指挥控制,2009(10):29 - 32.

[19] 宁东方,章卫国,李斌.一种飞控系统健康管理专家系统的设计[J].测控技术,2007(06):76 - 78.

[20] 姜彩虹,孙志岩,王曦.航空发动机预测健康管理系统设计的关键技术[J].航空动力学报,2009,24(11):2589 - 2594.

[21] 韩建军,张华,张瑞,等.航空发动机健康管理系统技术与标准发展综述[J].航空标准化与质量,2013(03):5 - 9.

[22] 李书明,徐淑阁,史少峰.民用飞机健康管理概念与系统研究[J].航空维修与工程,2011(02):38 - 40.

[23] 但敏,诸葛昌炜.民用飞机部附件健康管理方法研究[J].航空维修与工程,2011(04):72 - 74.

[24] Culley D, Garg S. More Intelligent Gas Turbine Engines, Neuilly-sur-Seine Cedex, France:NATO/RTO, 2008.

[25] 任吉林,吴彦,邬冠华.磁光成像技术在航空构件涡流检测中的应用[J].仪表技术与传感器,2001(12):36 - 38.

[26] Beachkofski B K. Micro-Electro-Mechanical-System (MEMS) Requirements for Turbine Engines, Reston, VA: AIAA, 2005.

[27] GJB2547 - 1995,装备测试性大纲[S].

[28] 金德琨.民用飞机航空电子系统[M].上海:上海交通大学出版社,2011.

[29] 杜鸣.ARINC629 数字总线传输系统[J].中国民航学院学报,1996,1(14):7 - 14.

[30] 赵永库,李贞,唐来胜.AFDX 网络协议研究[J].计算机测量与控制,2011,12(19):3137 - 3142.

[31] 李书明,吕文礼,黄燕晓.ACARS 空地数据通信系统及报文解析[J].装备制造技术,2014(02):54 - 57.

[32] Boeing. B777 airplane information management system central maintenance computing function system description document [P].

[33] 曹惠玲,周百政.QAR 数据在航空发动机监控中的应用研究[J].中国民航大学学报,2010(03).

[34] Boeing. Maintenance Performance Toolbox [EB/OL]. http://www. boeing. com/commercial/aeromagazine/articles/qtr_1_07/article_04_1. html.

[35] Airbus. AirN@v [EB/OL]. http://www. airbus. com/support/maintenance-engineering/e-solutions/.

[36] 陈友东,韩美华,叶进军.基于 CBR 的数控设备故障诊断系统知识表示[J].北京航空航天大学学报,2011(12):1557 - 1561.

[37] 田洪伟,黄开达.遥测装备基于故障树的诊断分析方法[J].现代电子技术,2012(07):120 - 121.

[38] 张春华,刘伟.基于故障树的故障诊断专家系统[J].兵工自动化,2009(11):15 - 16.

[39] 倪绍徐,张裕芳,易宏,等.基于故障树的智能故障诊断方法[J].上海交通大学学报,2008(08):1372 - 1375.

[40] 杨昌昊,胡小建,竺长安.从故障树到故障贝叶斯网映射的故障诊断方法[J].仪器仪表学报,2009(07):1481 - 1486.

[41] 刘剑,陈一超,江虹.基于规则的通用专家知识库故障诊断方法[J].计算机与数字工程,2010(06):72 - 76.

[42] 陈安华,蒋玲莉,刘义伦,等.基于知识网格的故障诊断专家系统模型[J].仪器仪表学报,2009(11):2450-2454.

[43] Angeli C. On line expert systems for fault diagnose is in technical processes [J]. Expert Systems, 2008(3):115-132.

[44] 丁艳军,吴占松,张衍国.一种基于故障参数与状态联合估计的多故障诊断方法[J].清华大学学报(自然科学版),2001(12):92-94.

[45] Magni J F, Mouyou P. On residual generation by observer and parity space approaches [J]. IEEE Transactions on Automatic Control, 1994,2(39):441-447.

[46] 周璇,喻寿益,都珂.基于系统参数估计时间序列的小波分析故障诊断方法[J].系统仿真学报,2001(S1):176-178.

[47] Kamal H, Meisam P, Hosein M. Fault diagnosis and classification based on wavelet transform and neural network [J]. Progress in Nuclear Energy, 2011(15):4774-4779.

[48] Saravanan N, Ramachandran K I. Incipient gear box fault diagnosis using discrete wavelet transform (DWT) for feature extraction and classification using artificial neural network (ANN) [J]. Expert Systems with Applications, 2010,37(6):4168-4181.

[49] 蒋蘋,何清华,王奕.基于模糊层次分析的柴油机智能故障诊断[J].中国工程机械学报,2009,7(1):86-91.

[50] Liu X, Ma L, Mathew J. Machinery fault diagnosis based on fuzzy measure and fuzzy integral data fusion techniques [J]. Mechanical Systems and Signal Processing, 2009,23(3):690-700.

[51] 夏兴宇,王竹林,张自宾.基于支持向量机的控制系统故障诊断研究[J].中国测试,2009,6(35):116-118.

[52] Lin Y, Lee P, Chang T. Practical expert diagnosis model based on the grey relational analysis technique [J]. Expert Systems with Applications, 2009,36(2,Part 1):1523-1528.

[53] 孙雅囡,杨晓东.基于模糊神经网络的故障诊断新方法[J].兵工自动化,2008,27(7):32-33,35.

[54] Sun Y, Zhang S, Miao C. Improved BP nerual network for transformer fault diagnosis [J]. Journal of China University of Mining & Technology, 2007,1(17):138-142.

[55] Liu X, Ma L, Mathew J. Machinery fault diagnosis based on fuzzy measure and fuzzy integral data fusion techniques [J]. Mechanical Systems and Signal Processing, 2009,23(3):690-700.

[56] 汤银才,侯道燕.三参数 Weibull 分布参数的 Bayes 估计[J].系统科学与数学,2009,1(29):109-115.

[57] 李欣欣,闫志强,谢红卫.基于 Weibull 过程的可靠性增长试验 Bayes 分析[J].兵工自动化,2007(11):30-31.

[58] 周源泉,李宝盛.故障终止时,HPP 故障数的双样和多样预测[J].强度与环境,2008(05):49-54.

[59] 郭建英,孙永全,陈洪科,等.基于条件分布的陆军装备系统分析中心模型可靠性增长预测[J].机械工程学报,2012(04):188-192.

[60] 王立,李晓阳,姜同敏.基于退化量分布时序分析的产品寿命预测[J].北京航空航天大学学报,2011,37(4):492-498.

[61] 邓爱民,陈循,张春华,等.基于性能退化数据的可靠性评估[J].宇航学报,2006(03):546-552.

[62] 刘君强,谢吉伟,左洪福,等.基于随机 Wiener 过程的航空发动机剩余寿命预测[J].航空学

报,2015,36(2):564-574.

[63] 周经伦,厉海涛,刘学敏,等. 维纳过程寿命预测的一种自助法[J]. 系统工程理论与实践, 2011(08):1588-1592.

[64] Ahmad K E, Jaheen Z F. Approximate Bayes estimators applied to the inverse Gaussian lifetime model [J]. Computers & Mathematics with Applications, 1995,29(12):39-47.

[65] 朱磊,左洪福,蔡景. 基于 Wiener 过程的民用航空发动机性能可靠性预测[J]. 航空动力学报,2013(05):1006-1012.

[66] 任淑红. 民航发动机性能可靠性评估与在翼寿命预测方法研究[D]. 南京航空航天大学,2010.

[67] 李瑞莹,康锐. 基于 ARMA 模型的故障率预测方法研究[J]. 系统工程与电子技术,2008,30(8):1588-1591.

[68] 安潇潇. ARMA 相关模型及其应用[D]. 燕山大学,2008.

[69] 朱明英. ARMA 模型的几种定阶方法[D]. 东北师范大学,2007.

[70] Ofsthun S. Integrated vehicle health management for aerospace platforms [J]. IEEE Instrumentation & Measurement Magazine,2002,3(5):21-24.

[71] 张宝珍. 国外综合诊断预测与健康管理技术的发展及应用[J]. 计算机测量与控制,2008,16(5):591-594.

[72] Technical Report:727 to 787 Evolution of Aircraft Maintenance Systems [EB/OL]. http://www.aviationtoday.com.

[73] Hess A, Fila L. The Joint Strike Fighter (JSF) PHM Concept:Potential Impact on Aging Aircraft Problems [C]. New York:IEEE,2002.

[74] Hatzfeld J J, Gaston-Johansson F G. Disparities in U. S. Air Force preventive health assessments and medical deployability [J]. Military Medicine,2010,1(175):25-32.

[75] 代京,张平,李行善,等. 综合运载器健康管理健康状态评估技术研究[J]. 宇航学报,2009(04):1711-1721.

[76] Machinery information management open standards alliance (MIMOSA), Open Systems Architecture for Condition Based Maintenance (OSA-CBM), v3. 3. 1 [S].

[77] Lebold M S, Reichard K M, Ferullo D, et al. Open System Architecture for Condition-Based Maintenance:Overview and Training Material [Z]. 2003.

[78] B777 Airplane Information Management System (AIMS) Airplane Condition Monitoring System (ACMS) System Description Document (SDD) [Z]. 1993.

[79] Airplane Health Management Reference Manual v3. 6 [Z]. 2011.

[80] 吴明强,房红征,文博武,等. 飞行器故障预测与健康管理(PHM)集成工程环境研究[J]. 计算机测量与控制,2011(01):98-101.

[81] 景博,杨洲,张劼,等. 故障预测与健康管理系统验证与确认方法综述[J]. 计算机工程与应用,2011(21):23-27.

[82] 马小骏,左洪福,刘昕. 大型客机运行监控与健康管理系统设计[J]. 交通运输工程学报,2011,6(11):119-126.

[83] DoD Instruction 5000. 2 Operation of Defense Acquisition System [EB/OL]. http://www.dtic. mil/whs/directives/corres/pdf/500002p. pdf.

[84] DoD Directive 4151. 18 Maintenance of Military Material [EB/OL]. http://www. acq. osd. mil/log/mppr/general_policy/4151_18_march04. pdf.

［85］ Air Force Instruction 63‐107 Integrated Product Support Planning and Assessment［EB/ OL］. http：//www. e-publishing. af. mil/pubfiles/af/63/afi63‐107/afi63‐107. pdf.

［86］ Department of the Navy. Marine Corps Order 4000. 57A Marine Corps Total Life Cycle Management（TLCM）of Ground Weapon Systems，Equipment and Material［EB/OL］. http：//www. marines. mil/news/publications/Documents/MCO 4000. 57A. pdf.

［87］ Department of the Navy. OPNAVINST 4790. 16 Condition based Maintenance（CBM） Policy［EB/OL］. http：//www. acq. osd. mil/log/mpp/cbm＋/Navy/OPBAV 4790 _ 16. pdf.

［88］ Condition Based Maintenance Plus DoD Guidebook［EB/OL］. http：//www. acq. osd. mil/ log/mpp/cbm＋/CBM_DoD_Guidebook_May08. pdf.

［89］ DoD Instruction 4151. 22 Condition Based Maintenance Plus （CBM ＋ ） for Material Maintenance［EB/OL］. http：//www. dtic. mil/whs/directives/corres/pdf/415122p. pdf.

［90］ Department of Defense. MIL‐STD‐3034 Department of Defense Standard Practice： Reliability Centered Maintenance Process［S］. 2011.

［91］ SAE G11 Reliability Centered Maintenance（RCM）Subcommittee. JA1010 Maintainability Program Standard［S］. 2011.

［92］ SAE G‐11M‐Maintainability，Supportability，and Logistics Committee. A Guide to the Reliability‐Centered Maintenance（RCM）Standard［S］. 2011.

［93］ Wang H. A survey of maintenance policies of deteriorating systems［J］. European Journal of Operational Research，2002,3(139)：469‐489.

［94］ Wang H，Pham H. Reliability and Optimal Maintenance［M］. London：Springer，2006.

［95］ 王凌. 维修决策模型和方法的理论与应用研究［D］. 杭州：浙江大学，2007.

［96］ Aven T，Jensen U. Stochastic Models in Reliability［M］. Springer，1998.

［97］ 王文义，张洪芬. 维修策略的概念、方法和模型［J］. 运筹与管理，1997,2(6)：95‐103.

［98］ Khalil Z S. Availability of series systems with various shut-off rules ［J］. IEEE Transactions Reliability，1985(34)：187‐189.

［99］ 波音公司. 波音飞机健康管理：掌控机队状况，优化维修运行［J］. 航空维修与工程，2014 (1)：16‐17.

［100］ 张娜，吴亮亮. Ameco 使用健康管理系统提高机队管理水平［J］. 国际航空杂志，2010(6)：34‐35.

［101］ 靳功. 应用波音 AHM 系统保障国航 B747‐400 机队安全运行［J］. 中国民用航空，2010 (6)：65‐67.

［102］ 张林. 飞机健康管理(AHM)系统在航空运行中的应用和作用［J］. 科技传播，2012(3)：158‐165.

［103］ 罗飞. 应用空客 AIRMAN 系统保障深航 A320 机队安全运行［J］. 科技创新导报，2012 (22)：82.

［104］ 庄敏. 用心聆听，创新服务——专访空客中国公司客户服务副总裁李克思［Z］. 2013：28‐33.

［105］ 李春生，张磊，张雷. 飞机健康实时监控技术现状［J］. 中国民用航空，2013(10)：65‐67.

缩　略　语

AAC	airline administrative control	航空管理控制
ACARS	aircraft communication addressing and reporting system	飞机通信寻址和报告系统
ACARS	aircraft communication addressing and reporting system	飞机通信寻址和报告系统
ACMF	aircraft condition monitoring function	飞机状态监控功能
ACMS	aircraft condition monitoring system	飞机状态监控系统
AD	accidental damage	偶然损伤
ADCC	Aviation Data Communication Corporation	民航数据通信有限责任公司
ADS	aircraft diagnostics solutions	飞机故障诊断解决方案
ADS	automatic dependent surveillance	自动相关监视
AEEC	Airline Electronic Engineering Commission	航空电子技术工程委员会
AFDX	avionics full duplex switched ethernet	航空电子全双工交换式以太网
AG	advisory generation	提出建议
AHEAD	aircraft health analysis and diagnosis	飞机健康分析和诊断系统
AHM	aircraft health monitoring	飞机健康监控
AHMU	aircraft health monitoring unit	飞机健康监控单元
AHMU	aircraft health monitoring unit	飞机健康监控单元
AIRMAN	aircraft maintenance analysis	飞机维修分析
AMM	*Aircraft Maintenance Manual*	《飞机维护手册》
AMP	amplifier	放大器
AMSS	aeronautical mobile satellite service	航空移动卫星服务
AMTOSS	aircraft maintenance task oriented support system	飞机维护工作指导支持系统

AOA	ACARS over AVLC(aviation VHF link control)	基于 ACARS 的航空甚高频链路控制
AOC	Airline Operation Center	航空运行中心
AOC	airline operational control	航空公司运行控制
AOC	airplane operational control	飞机运行控制
APM	aircraft performance monitoring	飞机性能监控
APU	auxiliary power unit	辅助动力装置
ARINC	Aeronautical Radio Incorporation	航空无线电通信公司
ARINC	Aeronautical Radio, Incorporated	航空无线电公司
ARMA	auto regressive and moving average model	自回归滑动平均模型
ATA	Air Transport Association of America	美国航空运输协会
ATA	Air Transportation Association of America	航空运输协会
ATC	air traffic control	航空交通管制
ATG	air to ground	空对地
ATN	aeronautical telecommunication network	航空电信网
ATS	air traffic service	空中交通服务
AVMH	airborne vibration monitoring for high-pressure rotor	高压转子振动监测
AVML	airborne vibration monitoring for low-pressure rotor	低压转子振动监测
AWCU	airport wireless communication unit	机场无线通信单元
A-SHM	automated system/structural health monitoring	自动系统/结构健康监测
BIT	built-in test	机内测试
BITE	built-in test equipment	机内自检装置
BIU	bus interface unit	总线接口单元
CAN	controller area network	控制器局域网络
CAS	crew alerting system	机组警告系统
CBM+	condition based maintenance plus	增强型视情维修
CBR	case-based reason	基于案例的推理
CCS	cabin core system	客舱核心系统
CDMA	code division multiple access	码分多址
CDU	control display unit	控制显示组件
CFDS	central fault display system	中央故障显示系统
CM&D	condition monitoring and diagnostics	状态监测和诊断

CMC	central maintenance computer	中央维护计算机
CMCF	central maintenance computing function	中央维护计算功能
CM	condition monitoring	状态监测
CMF	central maintenance function	中央维护功能
CMF	central maintenance function	中央维护功能
CMS	central maintenance system	中央维护系统
CMS	central maintenance system	中央维护系统
CMU	communication management unit	通讯管理组件
CPDLC	controller pilot data link communications	管制员和驾驶员数据链通信
CPU	central processing unit	中央处理机
CSA	control and status application	控制和状态应用
CSIHM	complex system integrated health management	复杂系统综合健康管理
CVR	cockpit voice recorder	舱音记录器
DA	data acquisition	数据获取
DET/DI	detailed inspection	详细检查
DFDAU	digital flight data acquisition unit	数字飞行数据采集单元
DM	data manipulation	数据处理
DMZ	demilitarized zone	隔离区
DS	decision support	决策支持
DSP	datalink service provider	数据链服务提供商
EAFR	enhanced airborne flight recorder	增强型机载航空记录器
ED	environmental deterioration	环境退化
EFB	electronic flight bag	电子飞行包
EFIS	electronic flight instrument system	电飞行仪表系统
EGT	exhaust gas temperature	排气温度
EGTM	exhaust gas temperature margin	排气温度裕度
EHM	engine health management	发动机健康管理
EICAS	engine indication and crew alerting system	发动机指示与机组警告系统
ELB	electronic log book	电子飞行日志
ESP	electronic system platform	电子系统平台
ETOP	extended twin-engine operation	双发延伸航程运行
EV-DO	evolution data only	
FAA	Federal Aviation Admiration	联邦航空局

FANS	future air navigation system	未来导航系统
FDAMS	flight data acquisition and management system	飞行数据采集与管理系统
FDE	flight deck effect	驾驶舱效应
FD	fatigue damage	疲劳损伤
FDR	flight data recorder	飞行数据记录器
FDR	flight data recorder	飞行数据记录仪
FFA	functional failure analysis	功能故障分析
FF-SDG	functional failure signed directed graph	功能故障有向图
FIM	*Fault Isolation Manual*	《故障隔离手册》
FIS	flight information service	飞行情报服务
FMC	flight management computer	飞行管理计算机
FMEA	failure mode and effect analysis	故障模式及影响分析
FMEA	failure mode and effects analysis	故障模式与影响分析
FMES	failure mode and effect summary	故障模式及影响摘要
FMS	flight management system	飞行管理系统
FRM	*Fault Reporting Manual*	《故障报告手册》
FTA	fault tree analysis	故障树分析
GIPC	general information processing computer	通用信息处理计算机
GIS	geographic information system	地理信息系统
GPRS	general packet radio service	通用分组无线服务技术
GSM	global system for mobile communications	全球移动通信系统
GSS	ground support system	地面支持系统
GVI	general visual inspection	一般目视检
HA	health assessment	健康评估
HUD	head up display	平视显示器
IATA	International Air Transport Association	国际航空运输协会
ICAO	International Civil Aviation Organization	国际民航组织
IEEE	Institute of Electrical and Electronic Engineers	电气与电子工程师协会
IFE	in flight entertainment	机上娱乐
IMA	integrated modular avionics	综合模块化航空电子
IPC	*Illustrated Parts Catalog*	《图解零部件手册》
ISHM	integrated systems health management	综合系统健康监测
IS	information system	信息系统
IVHM	integrated vehicle health management	航天器综合健康管理

LGC	left generator contactor	左发电机接触器
LGCU	left generator control unit	左发电机控制器
LLC	logical link control	逻辑链路控制
LOPU	left overvoltage protection unit	左过压保护装置
LRM	line replaceable module	航线可更换模块
LRU	line replaceable unit	航线可更换单元
LTE	long time evolution	长期演进
LVFG	left variable frequency generator	主变频发电机
MAC	media access control	介质访问控制
MAT	maintenance access terminal	维护访问终端
MCC	Maintenance Control Center	维修控制中心
MEL	minimum equipment list	最低设备清单
MEMS	micro electro mechanical system	微机电系统
MEMS	micro-Electro mechanical system	微电子机械系统
MIMOSA	Machine Information Management Open System Alliance	机械信息管理开放系统联盟
MMEL	master minimum equipment list	主最低设备清单
MMEL	master minimum equipment list	主最低设备清单
MMSG	maintenance message	维护信息
MRBR	maintenance review board report	维修大纲
MRO	maintenance, repair & operations	维修、修理服务
MSG	maintenance steering group	维修指导小组
MSI	maintenance significant item	重要维修项目
MSN	manufacture serial number	厂商序列号
ND	navigation display	导航显示器
NFF	no fault found	未发现故障
NMDPS	network management data process system	网络管理数据处理系统
OFDM	orthogonal frequency division multiplexing	正交频分复用
OIS	onboard information system	机载信息系统
OMS	onboard maintenance system	机载维护系统
OOOI	out/off/on/in	滑出/起飞/着陆/滑入
OSA-CBM	open system architecture condition-Based maintenance	开放架构状态维修
PA	prognostics assessment	预测评估
PFD	primary flight display	主飞行显示器

PFR	post flight report	航后报文
PHM	prognosis and health management	故障预测和健康管理
PMD	portable maintenance device	便携式维修设备
QAR	quick access recorder	快速存储记录器
RBR	rule-based reason	基于规则的推理
RCM	reliability centered maintenance	可靠性为中心的维修
RCTA	Radio Technical Commission for Aeronautics	航空无线电技术委员会
RDIU	remote data interface unit	远程数据接口单元
RF	radio frequency	射频
RGS	remote control ground station	遥控地面站
RGS	remote ground station	远端地面站
RTCA	Radio Technical Commission for Aeronautics	航空无线电技术委员会
RTF	real time fault	实时故障
RTW	real time warning	实时警告
SAN	storage area network	存储区域网络
SATCOM	satellite communication	卫星通信
SDI	special detailed inspection	特别详细检查
SD	state detection	状态检测
SHM	system/structural health monitoring	系统/结构健康监测
SIL	service information letter	服务信函
SITA	Société Internationale de Télécommunications	国际航空电信公司
SQL	structured query language	结构化查询语言
SRU	shop replaceable unit	车间可更换单元
SSA	system safety assessment	系统安全性评估
SSI	structure significant item	重要结构项目
SSL	secure sockets layer	安全套接层
SSM	*System Schematics Manual*	《系统原理图手册》
S-SHM	scheduled system/Structural health monitoring	计划系统/结构健康监测
TATEM	technologies and techniques for nEw maintenance concepts	民用飞机维修方式研究计划
TDL	tunable diode laser	可调二极管激光
TD-SCDMA	time division-Synchronous code division multiple access	时分同步码分多址

TFU	technical follow-Up	技术跟踪
TSM	*Trouble Shooting Manual*	《排故手册》
UDP	user datagram protocol	用户数据报协议
ULB	underwater locator beacon	水下定位信标
UWB	ultra-Wideband	超宽带
VC	view and controller	视图和控制器
VDL	VHF data link	甚高频数据链
VHF	very high frequency	甚高频
VHF	very high frequency	甚高频
VPN	virtual private network	虚拟私人网络
WCDMA	wideband code division multiple access	宽带码分多址
WDM	*Wiring Diagram Manual*	《线路图手册》
WOW	weight on wheels	轮载

索　引

大飞机出版工程
书　　目

一期书目（已出版）

《超声速飞机空气动力学和飞行力学》（译著）

《大型客机计算流体力学应用与发展》

《民用飞机总体设计》

《飞机飞行手册》（译著）

《运输类飞机的空气动力设计》（译著）

《雅克-42M 和雅克-242 飞机草图设计》（译著）

《飞机气动弹性力学和载荷导论》（译著）

《飞机推进》（译著）

《飞机燃油系统》（译著）

《全球航空业》（译著）

《航空发展的历程与真相》（译著）

二期书目（已出版）

《大型客机设计制造与使用经济性研究》

《飞机电气和电子系统——原理、维护和使用》（译著）

《民用飞机航空电子系统》

《非线性有限元及其在飞机结构设计中的应用》

《民用飞机复合材料结构设计与验证》

《飞机复合材料结构设计与分析》（译著）

《飞机复合材料结构强度分析》

《复合材料飞机结构强度设计与验证概论》

《复合材料连接》

《飞机结构设计与强度计算》

三期书目（已出版）

《适航理念与原则》

《适航性：航空器合格审定导论》（译著）

《民用飞机系统安全性设计与评估技术概论》

《民用航空器噪声合格审定概论》

《机载软件研制流程最佳实践》

《民用飞机金属结构耐久性与损伤容限设计》

《机载软件适航标准 DO‑178B/C 研究》

《运输类飞机合格审定飞行试验指南》(编译)

《民用飞机复合材料结构适航验证概论》

《民用运输类飞机驾驶舱人为因素设计原则》

四期书目(已出版)

《航空燃气涡轮发动机工作原理及性能》

《航空发动机结构强度设计问题》

《航空燃气轮机涡轮气体动力学:流动机理及气动设计》

《先进燃气轮机燃烧室设计研发》

《航空燃气涡轮发动机控制》

《航空涡轮风扇发动机试验技术与方法》

《航空压气机气动热力学理论与应用》

《燃气涡轮发动机性能》(译著)

《航空发动机进排气系统气动热力学》

《燃气涡轮推进系统》(译著)

《燃气涡轮发动机的传热和空气系统》

五期书目(已出版)

《民机飞行控制系统设计的理论与方法》

《民机导航系统》

《民机液压系统》(英文版)

《民机供电系统》

《民机传感器系统》

《飞行仿真技术》

《民机飞控系统适航性设计与验证》

《大型运输机飞行控制系统试验技术》

《飞行控制系统设计和实现中的问题》(译著)

《现代飞机飞行控制系统工程》

六期书目(已出版)

《民用飞机构件先进成形技术》

《民用飞机热表特种工艺技术》

《航空发动机高温合金大型铸件精密成型技术》

《飞机材料与结构检测技术》

《民用飞机构件数控加工技术》

《民用飞机复合材料结构制造技术》

《民用飞机自动化装配系统与装备》

《复合材料连接技术》

《先进复合材料的制造工艺》(译著)

七期书目(已出版)

《支线飞机设计流程与关键技术管理》

《支线飞机验证试飞技术》

《支线飞机电传飞行控制系统研发及验证》

《支线飞机适航符合性设计与验证》

《支线飞机市场研究技术与方法》

《支线飞机设计技术实践与创新》

《支线飞机项目管理》

《支线飞机自动飞行与飞行管理设计与验证》

《支线飞机电磁环境效应设计与验证》

《支线飞机动力装置系统设计与验证》

《支线飞机强度设计与验证》

《支线飞机结构设计与验证》

《支线飞机环控系统研发与验证》

《支线飞机运行支持技术》

《支线飞机项目发展历程、探索与创新》

《飞机运行安全与事故调查技术》

《基于可靠性的飞机维修优化》

《民用飞机实时监控与健康管理》

《民用飞机工业设计的理论与实践》